高等学校"十二五"经济管理类规划教材

管理信息系统实用教程

（第2版）

U0122013

张志清　主编

杨中华　秦　岭　副主编

电子工业出版社·

Publishing House of Electronics Industry

北京·BEIJING

内 容 简 介

本书根据管理信息系统的最新发展,结合管理信息系统教学的需要,以管理信息系统开发、实施、应用与发展为主线,结合大量的应用案例,系统地介绍管理信息系统的理论、方法以及应用等。本书强调在知识经济环境下管理信息系统所表现出的新特点,理论与实践相结合、技术与管理相结合,将流程管理、系统集成等内容单独成章进行介绍,结构新颖,语言简练,内容详实,案例丰富,实用性较强。

本书既可作为高等院校管理类及计算机专业的教材,也可作为企事业单位从事信息系统工作的相关人员的参考书。

图书在版编目(CIP)数据

管理信息系统实用教程 / 张志清主编. —2 版. —北京:电子工业出版社,2011.1
高等学校"十二五"经济管理类规划教材
ISBN 978-7-121-12620-8

Ⅰ. ①管… Ⅱ. ①张… Ⅲ. ①管理信息系统-高等学校-教材 Ⅳ. ①C931.6

中国版本图书馆 CIP 数据核字(2010)第 249687 号

责任编辑:凌 毅 特约编辑:张 莉
印 刷:北京市顺义兴华印刷厂
装 订:三河市双峰印刷装订有限公司
出版发行:电子工业出版社
 北京市海淀区万寿路 173 信箱 邮编 100036
开 本:787×1 092 1/16 印张:18.75 字数:480 千字
印 次:2011 年 1 月第 1 次印刷
印 数:4000 册 定价:30.00 元

第2版前言

自本书第一版在 2005 年 1 月出版后得到了广大同行的认可,众多高校和机构将本书作为教学、培训和考研的指定教材,使用中也提出了很多极具参考价值的意见和建议。作者在近年的教学中也在不断总结,尤其是在和国外一些高校的交流过程中,提升了对管理信息系统本质的认识,本书就是在这样的背景下形成的。

本书具有以下特征。第一,编者具有一定的国际化特征。如全球信息系统是和美国 Washburn 大学的 Bob Boncella 教授合作的结果,荷兰 Eindhoven 理工大学闫志强博士参与了"业务流程管理"一章的撰写等。第二,根据学科的发展引入了一些新的内容,教材体系和完整性得到加强,更加符合现代信息系统的发展现状。第三,作为信息系统的基础和重要内容,本书对业务流程管理和优化进行了加强,而现行教材体系一般只讲业务流程重组等概念,这对掌握管理信息系统本质是不够的。第四,对信息系统集成进行了单独探讨。因为在信息化过程中,欲实现顺畅的信息流、加强对基层的控制和解决信息孤岛等问题,必须进行信息系统集成。此外,本书对特别技术化的内容和案例等进行了适当调整,主要是考虑到管理信息系统的教学对象未来直接从事信息系统开发的并不多,应重点掌握管理信息系统的基本原理以及采用信息系统改造组织流程,创造企业价值和竞争力。

本书共 12 章。张志清负责第 1 章管理信息系统概论、第 3 章信息系统战略规划、第 5 章系统调查与分析、第 6 章系统设计、第 7 章系统实施、第 8 章系统维护与评价、第 11 章信息系统发展、第 12 章管理信息系统开发实例的修订,以及第 4 章部分内容的撰写和全书的整理工作;秦岭负责第 2 章系统开发模式与方法及第 10 章管理信息系统应用与集成的修订和编写工作;张云川对第 9 章系统开发管理进行了重新组织;闫志强参加了第 4 章业务流程管理部分内容的编写工作;Bob Boncella 和严红参加了 11.5 节全球信息系统的编写。

本书的第一版和修订版得到了电子工业出版社的大力支持,尤其是凌毅编辑一直关注本书的进展,在此表示感谢。

作者希望本书不断进行完善,更加符合管理信息系统的发展规律和教学要求。在本书即将提交之际,第 3 版已经在构思之中,比如将信息系统管理、数据分析、物联网、云计算等纳入教材体系,也希望得到广大同仁的持续支持,在使用过程中有什么体会和要求,请直接和作者联系。

编者

2010 年 12 月于武汉

目　　录

第 1 章 管理信息系统概论

 **教学要点**

当今社会已经进入信息和知识经济时代,信息在人们生活、工作和学习中扮演着越来越重要的角色。在这样的竞争环境下,信息系统的作用日益明显,可以说,如果没有信息系统,很多行业会处于无所适从的状态(如金融机构、证券机构等)。企业竞争环境日益紧张,全球化浪潮完全打破了企业传统的价值产生结构,企业要在这样的环境下制胜,就必须依靠信息技术来降低成本,提高应对的敏捷性,提高服务水平和质量,加强对竞争对手的了解,这样的措施将有利于提升自己的核心竞争力。

本章主要从信息系统的环境入手进行分析,讨论信息系统在经济全球化、知识经济和信息经济环境下的特点和要求,提出现代信息系统应该具有的功能和特点(如敏捷化、柔性化等);讨论数据、信息、系统和管理信息系统的基本概念、结构等,重点是理解信息系统在现代社会的重要性,树立信息意识,具备信息素质,自觉维护信息道德。

本章的主要内容有:

(1) 现代信息系统环境;

(2) 数据、信息、系统和管理信息系统的基本概念;

(3) 管理信息系统的结构与分类;

(4) 现代信息系统的特点;

(5) 信息化概念;

(6) 信息人才的概念及其构成;

(7) 信息道德与信息素质。

当前,无论是社会、企业还是个人,每天都在不断地收集、处理、传播和利用信息,利用信息进行个人或组织决策。作为处理和利用的主体内容——信息,有其自身的规律,信息系统也有自身的特点。在信息系统的整个生命周期中必将受到各种因素尤其是环境因素的影响。

1.1 管理信息系统环境与信息化

随着信息技术的快速发展,网络数字化信息经济时代已经来临。与传统的经济模式相比,许多方面都发生了巨大的变化,几乎所有的商业规则都在改写。企业经营模式由具体到虚拟,从竞争走向合作,从控制走向学习,从独立走向整合,从集中走向分散,出现了许多新的概念和模式。如信息经济(Information Economy)、全球化(Globalization)、虚拟组织(Virtual Organization)、外包(Outsourcing)、电子商务(Electronic Commerce)、企业再造(Business Reengineering)、价值链(Value Chain)、客户关系管理(Customer Relationship Management)、供应链管理(Supply Chain Management)、物联网(the Internet of Things)以及云计算(Cloud Computing)等。企业在如此复杂多变的环境下，必须尽快适应环境和及时作出调整才能立于不败之地。信息技术，尤其是信息系统将是企业进行改造和适应环境的使能器(Enabler)。

1.1.1　当代管理环境的变化

1. 经济全球化

20世纪90年代以来，由于科学技术不断进步和经济的不断发展，全球化信息网络和全球化市场形成及技术变革的加速，围绕新产品的市场竞争也日趋激烈。技术进步和需求多样化使得产品寿命周期不断缩短，企业面临着缩短交货期、提高产品质量、降低成本和改进服务的压力。所有这些都要求企业能对不断变化的市场作出快速反应，源源不断地开发出满足用户需求的、定制的"个性化产品"去占领市场，以赢得竞争，市场竞争也主要围绕新产品的竞争而展开。

【案例1.1】　海尔的全球化竞争战略

海尔是世界白色家电第一品牌，1984年创立于中国青岛。2008年3月，海尔第二次入选英国《金融时报》评选的"中国十大世界级品牌""。2008年6月，在《福布斯》"全球最具声望大企业600强"评选中，海尔排名13位，是排名最靠前的中国企业。2008年7月，在《亚洲华尔街日报》组织评选的"亚洲企业200强"中，海尔集团连续五年荣登"中国内地企业综合领导力"排行榜榜首。2008年海尔入选世界品牌价值实验室编制的《中国购买者满意度第一品牌》，排名第四。海尔已跻身世界级品牌行列，其影响力正随着全球市场的扩张而快速上升。

海尔集团发展目标有"3个1/3"：1/3国内生产国内销售，1/3国内生产出口海外，1/3国外生产国外销售。"无内不稳，无外不强"。海尔认为"如果在国内没有竞争力，就不可能打到国际市场；如果国内市场做得很好，而不进入国际市场，那么优势也是暂时的。"海尔到国外打市场，曾经非常艰难。有人说："国内有很多'肉'可以吃，为什么要到国外去啃'骨头'？"集团首席执行官张瑞敏却认为，如果中国企业都在国内吃"肉"，那么这块"肉"很快会成为"骨头"。

随着海尔国际化战略的推进，海尔与国际著名大公司之间也从竞争向多边合作关系发展。2002年与日本三洋公司等建立合作关系，实现优势互补、互换市场、资源共享、双赢发展。截至2009年，海尔在全球建立了29个制造基地，8个综合研发中心，19个海外贸易公司，全球员工超过6万人。2009年，海尔全球营业额实现1243亿元，品牌价值812亿元，连续8年蝉联中国最有价值品牌榜首。

改编自百度百科：http://baike.baidu.com/view/4949.htm

【案例1.2】　波音公司与中国

波音与中国航空航天业的伙伴关系意义深远，双方致力于保持长期互惠互利的关系。波音的目标是和中国的合作伙伴们一起努力，通过项目合作使他们可以获得实际的技术和制造经验以及商业利益，并能保持健康、持续的增长态势。

——卡罗琳·科威(Carolyn Corvi)，波音民用飞机集团副总裁兼飞机项目总经理

高大宽敞的厂房里一派繁忙景象，工人们正在紧张而有序地加工或组装波音公司研制的新型飞机波音787的方向舵。这是记者在成都中航工业成飞民用飞机有限责任公司(成飞民机)工厂见到的情景。成飞民机总经理陈良驹告诉记者："成飞民机公司是波音787方向舵的

唯一供应商,也是波音 747—8 副翼和扰流片唯一供应商。此外,公司还负责生产新一代波音 737 的前登机门、翼上紧急出口,以及波音 747—8 的水平安定面零部件和次组件。"

波音公司与中国在航空工业方面的合作始于 20 世纪 70 年代中期。中国在民航制造业中具有日益复杂和重大的责任,参与了所有波音机型的制造,包括波音 737、波音 747、波音 767、波音 777 和最新、最具创意的波音 787 梦想飞机。目前,穿梭于全球各地的波音飞机中有 4,200 架使用了中国制造的零部件和组件,在全世界共约 12000 架飞机的波音机队中占 35%。到目前为止,波音在中国购买的航空硬件和服务总价值已超过 10 亿美元。波音和波音的供应商伙伴们与中国航空业签署的有效合同价值达 25 亿美元。波音在中国的采购量远高于其他航空公司。同时,波音在航空航天安全、高效、可靠性和质量方面向中国航空工业提供专业技术技能和国际运营经验。精益管理可以帮助中国的合作伙伴提高生产力,这种管理经验在中国广受欢迎而且得以谨慎应用。

波音公司负责工程、制造、质量和计划方面的专家小组常驻在中国的飞机制造厂,为生产波音飞机部件的工厂提供现场培训,确保以有竞争力的价格实现具有国际水平的安全、可靠和高质量的组装生产。

从以上案例可以看出,经济全球化、市场全球化、竞争全球化是所有企业的共识。很多企业(包括中、小企业)都在全球范围内寻找着机会,都在试图向跨国型企业发展与转型,实现全球化的生产、经营与合作。

2. 组织环境的变革

(1) 组织结构扁平化

扁平化组织是一种通过减少管理层次,压缩职能机构,裁减人员而建立起来的一种紧凑而富有弹性的新型团体组织,具有敏捷、灵活、快速、高效的优点。扁平化的组织结构是一种静态构架下的动态组织结构。其最大的特点就是等级型组织和机动的计划小组并存,具有不同知识的人分散在结构复杂的企业组织形式中,通过未来凝缩时间与空间,加速知识的全方位运转,以提高组织的绩效。扁平化组织结构的竞争优势在于不但降低了企业管理的协调成本,还大大提高了企业对市场的反应速度和满足用户的能力。

传统组织表现为层级结构。一个企业,其高层、中层、基层管理者组成一个金字塔状的结构。董事长和总裁位于金字塔顶,他们的指令通过一级级的管理层传达到执行者,基层的信息通过一层层的筛选到达最高决策者。

层级结构在相对稳定的市场环境中是效率较高的一种组织形式。但在目前遇到了两方面的强大挑战:一是企业组织规模越来越庞大,产生了一大批被称为"恐龙"的超级跨国公司,企业管理层人数过多难以有效运作;二是外部环境的快速变化要求企业具备快速应变和极强的适应性,而管理层次众多的层级结构所缺少的恰恰是一种对变化的快速感应能力和适应性。

组织扁平化是在传统金字塔组织结构的基础上,应用现代信息处理手段达到扁平化的基本目的。即在传统层级结构的基础上,通过计算机实现信息共享,不必通过管理层次逐级传递,从而增强组织对环境变化的感应能力和快速反应能力;通过计算机快速和"集群式"的方式传递指令,达到快速、准确发布指令的目的,避免失真现象。

【案例1.3】 通用电器组织扁平化案例

不少管理者认为,应该避免用一些带强烈感情色彩的词语。然而杰克·韦尔奇明显不是这一观点的支持者,他经常使用一些让他强烈的感情外露的词语。痛恨,就是他嘴边出现频率颇高的一个词。当杰克·韦尔奇说这个词的时候,宾语大多都是"官僚体制"。

杰克·韦尔奇从通用电气的第一天开始,就是官僚体制的挑战者。他始终认为,官僚体制是热情、创造和反应的障碍,这些管理等级制内在的战略性计划、控制和形式只不过是在扼杀通用迫切需要的企业家精神,所以"任何等级都是坏的等级"。他经常作这样生动的形容——"当你穿着六件毛衣出门的时候,你还能感觉得到气温吗?官僚体制就是我们那六件毛衣!"这种对官僚体制的极端痛恨,差一点还成了杰克·韦尔奇离开通用电气的原因。

杰克·韦尔奇的"一腔怒火",终于使通用电气的官僚体制在1981年之后走向了末日。从担任总裁开始,杰克·韦尔奇就着手大刀阔斧地改造通用电气的组织结构,迅速地砍掉大量的中间管理层次,并裁减管理层职位,甚至连副总也难以在这场"扁平化的风暴"里幸免于难,最终通用电气从原来的9个管理层次变成了今天4到3个的管理层次……通用电气的确就是一个扁平化改造的典范。

通用组织管理的经验,一直被引为商界的经典,杰克·韦尔奇以"扁平化"延续了这个经典。在杰克·韦尔奇"扁平化"变革之前,通用电气也有两次非常著名的组织变革:波契(Boych)主持的"战略事业单位"的变革和琼斯(Jones)主持的"超事业部制"变革。

从通用电气的组织管理的持续成功,我们可以得到一个清晰的结论:改善组织灵活性的有效手段并不是组织结构扁平化,而是充分的授权,尽量去缩短"决策点"与信息源之间的距离。

值得一提的是,在"决策点"与信息源距离相同和组织人员素质相同的情况下,传统金字塔式的组织会比扁平化的组织更有效率。道理非常简单:人的精力是一定的,当他处理3个事务时,他分配在每个事务上的平均精力是总精力的三分之一;当他处理10个事务时,他分配在每个事务上的平均精力则只能是总精力的十分之一。传统金字塔式的组织在管理幅度比较窄,每个管理者所关注的问题并不很多,在这样的情况下,他对信息的反应速度自然就会比较高;相反,扁平化的管理体系,每个管理者所关注的问题都相对比较多,在这样的情况下,他对信息的反应速度就大大地降低了。

讨论问题:从通用电气扁平化案例对我们有什么启发?

(2) 组织业务分散化

许多企业开始把精力集中到关键工作上,其余的通过网络进行分解。小巧玲珑的组织架构已成为当今世界一切组织的普遍追求。可以预见,随着传统观念的逐渐破除,企业的组织结构将会逐步走向小型化。资产运营、委托生产、业务外包等已经为企业组织业务分散提供了实现的条件。现在很多企业开始将不重要的业务外包给专业化的公司运作,如交通、IT、餐饮等,只保留核心的具有决定性的业务,将组织业务分散有利于培养自己的核心竞争力。

(3) 柔性化

与扁平化组织几乎同时出现的还有各种"柔性化"组织结构,包括"变形虫"组织结构等。柔性化组织强调组织的柔性,即灵活性,包括组织组成的柔性、管理的柔性、工作时间的柔性等。"变形虫"组织则强调组织成分的随机组合,打破单位内部的组织壁垒,吸收组织内外最适合做某种工作的人组成一个临时性组织,在完成某项任务后自行解散,当有新项目时再重新组织。可以预见,组织柔性化和分散化对信息平台的要求将越来越高。

1.1.2　环境对信息系统的影响

1. 环境对信息系统的驱动

认识环境,要分析动力何在,如何激励。开发信息系统的动力来自内力和外力两种。

内力驱动是来自内部的提高效益或改进技术的需要。如信息交流困难、组织决策难度较大、组织效率低下等。外力驱动则主要是市场驱动或上级驱动,如同行在实施信息管理后效率和效益大增造成的压力、上级对基础数据和信息的需求、市场竞争的日益激烈等。

信息系统规划实施中需要考虑到各种因素,包括当前企业生产经营需要解决的需求、制约企业发展的瓶颈问题、企业未来的发展方向、企业现有的信息技术基础、企业的人员素质、信息技术的发展趋势等。内力驱动一般比外力驱动更容易识别与实施,外力驱动只有深刻认识到时才会有较大的推动力。因此,针对不同的推动力应该制定不同的开发和实施策略,切实认识到组织实施过程中的约束条件和具备的条件。

2. 信息系统与环境之间的关系

针对信息系统有较多的解释和定义,但是 Laudon 从企业角度认为"信息系统是企业组织应对环境的挑战,以信息技术为基础所提出的一个组织和管理上的解决方案"。这种理解非常有意义,因为传统的定义主要将信息系统作为技术的系统看待,技术系统有自身的规则、规律和解决方法。但是该定义则将信息系统理解为企业和组织应对环境挑战的解决方案,是企业或组织应对环境变化的一种方法和措施,是企业生存的基本条件。从另外的角度来说,环境对信息系统的成败则有决定性的影响和作用,信息系统必须面对环境、适应环境,才能起到积极的作用。

1.1.3　企业信息化

企业信息化(Enterprises Informatization)实质上是将企业的生产过程、物料移动、事务处理、资金流动、客户交互等业务过程数字化,通过各种信息系统网络加工生成新的信息资源,提供给各层次的人们洞悉、观察各类动态业务中的一切信息,以作出有利于生产要素组合优化的决策,使企业资源合理配置,以使企业能适应瞬息万变的市场经济竞争环境,求得最大的经济效益。目前信息化建设方兴未艾,各行各业都在进行信息化,电子商务、电子政务、ERP 等概念层出不穷。在这种信息化浪潮中有许多成功的案例,也有众多失败或没有达到预期效果的案例。据有关资料显示,国内外实施信息化(MIS、MRP、ERP 等)的成功率约 25%,即有 3/4 是失败或半失败的,因此信息化应该科学规划,认真对待。从信息化的外延来看:①企业信息化的基础是企业的管理和运行模式,而不是计算机网络技术本身,其中的计算机网络技术仅仅是企业信息化的实现手段。②企业信息化建设的概念是发展的,它随着管理理念、实现手段等因素的发展而发展。③企业信息化是一项集成技术。企业建设信息化的关键点在于信息的集成和共享,即实现将关键的、准确的数据及时地传输到相应的决策人的手中,为企业的运作决策提供数据。④企业信息化是一个系统工程。企业的信息化建设是一个人机合一的有层次的系统工程,包括企业领导和员工理念的信息化;企业决策、组织管理信息化;企业经营手段信息化;设计、加工应用信息化。⑤企业信息化的实现是一个过程,包含了人才培养、咨询服务、方案设计、设备采购、网络建设、软件选型、应用培训、二次开发等过程。

1. 科学的战略规划是信息化成功的必备基础

成熟的企业信息化战略是在长期的理论准备和实践积累的基础上完成的。企业信息化建设不是一项简单的技术工程,而是与企业未来的生存和发展密切相关的庞大而复杂的系统工程。因此,一个科学的战略规划是信息化成功的关键所在。

2. 信息化建设必须以提高企业效益为目标

信息化过程中有一些误区,误区之一就是信息化产品的选择问题。信息化中强调选择先进的设备、先进的软件,不考虑自己的管理基础和真实需求。信息化和 MIS 只是企业的子系统,这个子系统在企业里的生死存亡,关键不在于它的技术有多先进,界面有多好看,而在于它是否能提高企业办事效率,提高企业对市场的响应速度,为企业合理利用资源、节约资源、降低成本、提高效益发挥作用。因此,信息化建设必须以提高企业效益为目标。

【案例 1.4】 海尔集团信息化案例

海尔要创国际知名品牌,建成国际化的海尔,必然要在国际市场上同欧美、日等国家的知名品牌竞争,国际化的信息、技术开发网络是海尔产品取胜的保证。海尔集团以高额的投入加快国际化的进程,并力争达到全面与国际化接轨。国际化信息网络由"紧跟国际先进技术产品分析、评审"的内部机制与由首尔、东京、里昂、洛杉矶、蒙特利尔、阿姆斯特丹、硅谷、悉尼、台湾、香港等建立的 10 个信息分中心组成的外部网络构成。通过内外部的统一,获得并利用最新的信息开展技术创新工作,实现满足国内外市场不断变化的需求。

1. 海尔信息化模式概述

海尔的全面信息化以业务流程再造为基础,以订单信息为中心,带动物流和资金流的运动,实现零库存、零营运资本和与用户的零距离的目标,解决了三码(人码、定单码、物码)不合一,不能及时有效管理;信息系统不支持定单执行全过程管理;系统不支持用户和客户管理等问题。

海尔的企业全面信息化构建了:全集团统一营销、采购、结算,并利用全球供应链资源搭建起全球采购配送网络,辅以支持流程和管理流程。以市场链为主线实现了企业内外信息系统的集成和并发同步执行,带动了供应链内配套的中小企业的信息化。

2. 海尔的全面信息化

海尔利用"前台一张网 后台一条链"的闭环系统,已经实现全供应链的集成和应用的OneFace(统一界面),实现对客户、对供应商、对最终用户的增值服务:供应链系统、ERP 系统、物流配送系统、资金流管理结算系统、分销管理系统、客户服务响应系统,各子系统之间无缝连接。

(1) 与用户:通过 2000 年建立的 B2C 电子商务网站实现了与用户之间"零距离"。海尔从2001 年实现了电子商务交易,网上结算,拓展出新的结算功能:资金的清算、异地资金的在线管理、银行账的网上核对等。海尔的客户服务系统 HCSS:覆盖全国、拥有超过 800 个座席的Call Center,覆盖超过 12000 个服务网点的维修服务管理系统,为用户提供从电话(或网站)沟通、销售、服务、维修、服务质量跟踪与产品质量改善的全面立体的客户服务系统。

(2) 与客户:海尔通过 B2B 的 OneFace 采销以销售驱动采购,实现集中采购、集中管理库存、集中业务处理,有效改变了传统业务操作模式中的无效环节:海尔各经营体一个窗口面对市场,统一进行订单采购、开提货单、三单合一、费用结算、残次处理、账务对接、货款结算。借助网络远程制单,实现信息共享,数据集中处理,对外统一销售,专人专门接口,集中处理问题,现场沟通。降低客户商品库存,减少库存成本,加快商品周转,缩短供货周期。海尔与客户信息共享、同步协作:合同管理、采购管理、退换货管理、工作流管理,实现网上"标准"的采购管理和网上"便捷"的账务结算功能,数据交互透明化。终端的顾客需求第一时间传递到海尔信息系统,将最大程度的满足用户,也实现了客户服务增值,给顾客提供实惠和便利。

（3）与分供方:供货看板方面通过供应商的 OneFace 监控差异化要素 46 项,要素控制点91 个。开发 6 大模块、23 项差异化要素、57 个要控点,实现"齐套率"系统自动取数,准确性极大提高。通过:一个平台(采购支持平台)、一个全流程精准的信息流、单据成本、高效物流,实现流程优化 5 个,新增流程 6 个,消灭 11 类 22 种"小单子"。效率提高 39%;采购人员提效22%;发料人员提效 17%。供应链成本平均每年降低 329 万元;降低库存呆滞、单据优化、数据精准、管理精细化、减员增效。

（4）其他——海尔的制造业信息化:管理信息化和生产过程信息化(主要指生产工具的信息化和生产流程的信息化)——生产工具(装备)数字化、网络化的基础上,实现全生产过程信息化,并与企业的管理信息化集成,融入海尔市场链管理模式中,与信息流、物流、资金流等主流程同步运行,协同作战。

3. 海尔全面信息化效果

海尔分支机构和生产车间遍布全球——48 个联合研究中心,10 个信息分中心,员工总数5 万多人;海尔制造的 13000 多种产品通过全球 58000 多个营销网点销往 160 多个国家和地区;每月有 60000 多个订单超过 350 万台(型号数量超过 2200 个);管理超过 38 万种物料;通过 12000 多个服务网点每月为超过 80 万个用户提供上门服务。2007 年起海尔通过 GVS 将集团内 ERP 无缝集成于一体:原材料集中采购、原材料库存、仓储运输、生产计划、工位原材料配送、成品下线、原材料倒冲、销售、财务等业务。

实现全面企业信息化之后,海尔由库存生产转变为按单生产和大批定制。定单平均响应由 36 天降到 10 天。实现了 JIT 采购与配送,呆滞物资降低 73.8%,仓库面积减少 50%,库存资金减少 67%,物流中心吞吐当量提高 40 倍。人力资源缩减了到 10%,库存资金周转天数由30 天降到 10 天,采购周期由 10 天减到 3 天。100% 的采购订单由网上下达,2006 年,B2B 采购额达到 300 亿元,B2B 销售额达到 9.9 亿元,B2C 销售额近 1 亿元。同期对比,B2B 采购、B2B 销售和 B2C 销售分别增长了 20.4%,33.0% 和 70.8%。

案例改编自:http://bii.qingdao.gov.cn/cn/down/海尔集团信息化案例.doc

3. 信息资源是企业的重要资源

随着信息技术的发展,商品的流通体制正在日益发展,由于地域时滞造成的商业机遇正在逐渐变少,只有对用户需求及技术创新提前响应的企业才有可能持续取得可观的利润。整个地球已经从过去的短缺经济时代过渡到了过剩经济时代。这个时代的企业,争相将其产品和服务展现在用户面前,用户购买了某公司的产品,相当于对该公司的生存和发展投了一张赞成票,顾客的忠诚度和信任度成为企业生存的基础之一。

信息化的目的就是要提高反应能力,数据平台的建设至关重要。把企业生产经营中人、财、物、产、供、销最基础的原始数据,用数据库(数据仓库)保存起来,形成企业的主营业务数据,同时收集本行业的行业数据及与社会有关的综合数据,运用数据挖掘、分析技术作出有关的分析图表,为企业决策提供依据。因此,只有将信息资源理解为企业或组织的重要资源,才会有成功的信息化建设。

1.1.4 信息化战略规划与企业发展

20世纪80年代中期,人们已经开始认识到IT可以成为一项有力的竞争武器,能给企业带来新产品、新服务及额外的市场和庞大的利润。同时,他们也认识到,IT规划是至关重要的。

【案例1.5】 沃尔玛(Wal-Mart)的物流信息系统

利用信息技术改善供应链与物流管理体系方面的核心竞争能力,不仅使沃尔玛获得了成本上的优势,而且加深了它对顾客需求信息的了解、提高了市场反应速度,赢得了宝贵的竞争优势。沃尔玛被称为零售配送革命的领袖,其独特的配送体系,大大降低了成本,加速了存货周转,成为"天天低价"的最有力的支持,使沃尔玛折扣店的商品售价比对手低10%~20%,山姆会员店中则要低30%~40%。

沃尔玛采取过站式物流管理方式,即由公司总部"统一订货、统一分配、统一运送"的物流供应模式。同时也授权给各分店,可直接从供应商甚至是国外供应商处订货,从而使补货时间从行业的平均水平(6周)减少到36小时。沃尔玛完整的物流系统不仅包括配送中心,还有更为复杂的资料输入采购系统、自动补货系统等。

1. 自动补货系统

沃尔玛的自动补货系统采用条形码技术、射频数据通讯技术和电脑系统自动分析并建议采购量使得自动补货系统更加准确、高效,降低了成本,加速了商品流转以满足顾客需要。

早在1986年,沃尔玛便采用全电子化的快速供应QR这一现代化供应链管理模式。QR模式改变了传统企业的商业信息保密做法,将销售信息、库存信息、生产信息、成本信息等与合作伙伴交流分享。

沃尔玛通过EDI系统把POS终端数据传给供应方,供应方可以及时了解沃尔玛的销售状况、把握商品需求动向,及时调整生产计划和材料采购计划,供应方利用EDI系统在发货前向沃尔玛传送ASN(预先发货清单),这样沃尔玛可以做好进货准备,省去货物数据录入环节,提高商品检验效率。沃尔玛在接受货物时用扫描仪读取机器的条码信息,与进货清单核对,判断到货和发货清单是否一致。利用电子支付系统向供应方支付货款,把ASN和POS数据比较,就能迅速知道商品库存的信息。

沃尔玛把商品进货和库存管理职能移交给供应方,由供应商对沃尔玛的流通库存进行管理和控制。供应方对POS信息和ASN信息进行分析,把握商品销售和沃尔玛的库存动向。在此基础上,决定送货的时间、品种和方式,发货信息预先以ASN形式传送给沃尔玛,以多频度小数量进行连续库存补充,减少双方的库存,实现整个供应链的库存水平最小化。沃尔玛可以省去了商品进货业务,节约了成本,能够集中精力于销售活动,并且能够事先得知供应方的商品促销计划和商品生产计划,能够以较低价格进货。

2. 信息化的物流配送中心

沃尔玛在物流方面的投资主要集中在物流配送中心建设方面。运输环节成本和效率是沃尔玛整个物流管理的重点。沃尔玛较早认识到配送中心作为零售店轴心的作用,卖场一般都设在配送中心周围,以缩短送货时间,降低送货成本。通常以320千米为一个商圈建立一个配送中心,以满足周围 100 多个的分店的需求。目前沃尔玛每个配送中心离最远的分店不超过 500 千米,只有一天的路程。从零售店下定单到货物上架的响应时间只需要 48 小时,而其大部分竞争对手配送响应时间至少 120 个小时。

沃尔玛的配送中心是典型的零售型配送中心。沃尔玛第一配送中心于 1970 年建立,占地 6000 平方米,负责供货给 4 个州的 32 间商场,集中处理公司所销商品的 40%。沃尔玛的总部至今仍在阿肯色州本顿维尔市的第一配送中心附近。沃尔玛在美国拥有 100% 的物流系统。沃尔玛随着经营规模的发展壮大而不断完善其配送中心的组织结构。2005 年沃尔玛在全球已经建立了 110 个信息化、自动化水平很高的物流配送中心,为 3703 家分店提供服务。沃尔玛每个配送中心一般有 600~800 名员工,平均面积有 10 万平方米,相当于 23 个足球场那么大,里面装着商品种类超过 8 万种。配送中心的一端是装货平台,另一端是卸货平台。每天有 160 辆货车开进来卸货,150 辆车装好货物开出。配送中心 24 小时不停地运转,许多商品在配送中心停留的时间总计不超过 48 小时。配送中心每年处理数亿次商品,99% 的订单正确无误。

在配送中心,计算机信息系统掌管着一切。沃尔玛各分店的订单信息通过公司的高速通讯网络传递到配送中心,配送中心整合后正式向供应商订货。供应商可以把商品直接送到订货的商店,也可以送到配送中心。

沃尔玛要求供应商的商品必须都要有条形码,商品送到配送中心后,先经过核对采购计划、商品检验等程序,卡车将停在配送中心收货处的数十个门口,把货箱放在高速运转的激光控制的传送带上,在传送过程中经过一系列的激光扫描,读取货箱上的条形码信息,分别送到货架的不同位置存放,计算机会记录下货物的方位和数量。一旦分店提出需求计划,计算机就会查出这些货物的存放位置,并打印出印有商店代号的标签,以供贴到商品上。整包装的商品将被直接送上传送带,零散的商品由工作人员取出后,也会被送上传送带。商品在长达几公里的传送带上进进出出,通过激光辨别物品上的条形码,把它引向配送中心另一端正待完成某家分店送货任务的卡车。传送带上一天输出的货物可达 20 万箱。

在推广使用 RFID 电子标签后,供应商按照沃尔玛配送中心发来的订单分捡好商品,交付运送;在商品通过配送中心的接货口时,RFID 阅读器自动完成进货商品盘点并输入数据库。配送中心在按照各个分店的要求进行配货后,商品被直接送上传送带装车;在商品装车发往分店的途中,借助 GPS 定位系统或者沿途设置的 RFID 监测点,就可以准确地了解商品的位置与完备性,从而准确预知运抵时间;运抵门店后,卡车直接开过接货口安装的 RFID 阅读器,商品即清点完毕,直接上架出售或暂时保存在门店仓库中,门店数据库中的库存信息也随之更新。商品一旦进入到 RFID 阅读器覆盖的场所,RFID 系统就自动承担起商品的电子监控功能,有效地防止商品失窃现象。由于顾客改变了购买决策而随意放置的商品,也可以通过覆盖分店的 RFID 阅读器找到由店员归位。顾客选购商品后,只需将购物车推过安装有 RFID 阅读器的收银通道,商品的计价即自动完成。随着商品减少,装有 RFID 阅读器的货架即自动提醒店员进行补货。这样,商品在整个供应链和物流管理过程中就变成了一个完全透明的体系。

为了取得充分的灵活性、为一线商店提供最好的服务和摆脱第三方运输公司的影响,沃尔玛不失时机地扩大了自己的车队规模。沃尔玛的送货车队也可能是美国最大的。为满足美国国内连锁店的配送需要,沃尔玛在国内拥有近 3 万多个大型集装箱挂车,6000 多辆大型货运卡车,24 小时昼夜不停地工作。公司运输卡车全部安装了 GPS 卫星定位系统,调度中心在任何时候都可以掌握这些车辆及货物的情况。沃尔玛通常为每家分店的送货频率是每天一次,而凯玛特平均5天一次。这使得沃尔玛在其竞争对手不能及时补货时始终保持货架的充盈。一般来说，物流成本占整个销售额的10%左右，有些食品行业甚至达到20%或者30%。但是，沃尔玛的配送成本仅占它销售额的2%，而凯玛特是8.75%，西尔斯则为5%。灵活高效的物流配送使得沃尔玛在激烈的零售业竞争中技高一筹赢得了竞争优势。

组织规划一般可以分为战术级和战略级。战略(Strategy)是组织领导者关于组织的概念的集合，包括：组织的使命和长期目标、组织的环境约束和政策、组织当前的计划和计划指标的集合等。战略规划是一个组织较长时期的思考和努力方向，将对组织的发展起到决定性的作用。

IT战略规划是关于管理信息系统的长远发展的计划，是企业战略规划的一个重要部分。IT战略规划的制定是非常复杂的工作，主要体现在：① IT在不同的企业中显示出不同的战略角色，角色的不同会显著影响到IT规划和IT结构；② 新技术的管理具有太多的不确定性因素，风险很大；③ 信息战略的推动取决于诸多因素，如组织形态、组织文化、价值体系、人力资源政策、管理程序等。

管理信息系统战略规划又是IT战略规划的重要组成部分，管理信息系统的战略规划一般包括以下内容：

(1) 组织的战略目标、政策和约束、计划和指标的分析，IT规划应该了解企业的整体战略，包括产业情况、市场特征、公司利基等；

(2) 管理信息系统的目标、约束及计划指标的分析；

(3) 应用系统或系统的功能结构、信息系统的组织、人员、管理和运行，还包括信息系统的效益分析和实施计划等。

1.1.5　企业 IT 人才及其构成

信息管理和信息化是以人为主导的行为，因此人是至关重要的因素。一般而言，企业的IT人才包括：

(1) 系统分析员。系统分析员的主要职责是对组织的需求进行调查分析，发现组织的真实需求并设计出系统的逻辑模型和物理模型。

(2) 程序设计员。程序设计员的职责是将系统分析员所设计的模型设计成实际可以运行的系统。

(3) 数据库管理员。数据库管理员的职责是对系统所使用的数据库进行创建、管理和维护。

(4) 网络工程师。网络工程师的职责是负责网络的维护、扩展和管理。

(5) 电脑操作人员。这是基本的信息人员，他们的职责是负责使用系统，负责向系统输入真实的数据。

(6) 计算机维护人员。该类人员负责企业或组织的计算机硬件及软件的安装和维护工作，负责应用的一般性管理。

事实上，在不同的组织中，这些角色有较大的差异。对组织健全和信息化工作完善的组织，IT人才较多，角色划分相对比较清晰。但是在一些较小的组织和不完善的组织中，IT人才没有清晰的界限，有的人身兼数职，既是分析员又是系统管理员和程序设计员。

由于企业竞争的日益激烈，企业急需降低成本，因此很多企业现在将这一部分的内容外包给专业化的IT公司，借助外部的力量进行信息系统的开发、维护和设备的管理与维护等。详细内容见后续章节。

1.2 数据与信息

1.2.1 信息的概念

信息已经成为当今社会妇孺皆知的词汇，是信息系统的核心概念。要理解信息的概念，必须先理解什么是数据。数据(Data)一般指那些未经加工的事实或对特定现象的描述，是事实性的数字、文本和多媒体等数据，数据最终将被转换为信息。例如，当前的气温、一个人的体重、身高等。信息(Information)是指经过加工后的数据，它对接受者的行为能产生影响，它对接受者的决策具有价值。也有学者将信息定义为"信息是信号、符号或消息所表示的内容，用以消除对客观事物认识的不确定性，并实现对系统的控制"。不同的定义揭示了信息的不同属性，但是其本质是相同的。

(1) 信息的表现形式是数据。信息总要以一定的形式表示，其一般表现形式是数据。

(2) 信息对决策有价值，即信息必定有人的参与，必定包含在人的决策活动中。决策活动是信息存在的必要条件，这个属性可以很好地区分数据和信息。

(3) 信息可以用来消除对事物理解的不确定性，即提高了对事物的了解程度。人作为决策的主体在进行决策时会有很多的不确定性，如对现状的不确定和对未来的不可预知，信息则可以消除这种不确定性。信息量越大，则认识越清楚。

在实际使用中，数据和信息常常混淆，难以辨别。数据和信息的辨别有时取决于语义环境。例如，一个职工的工资对其个人来说是信息，但是对代办工资的银行系统来说就是数据了。

一般意义上讲，数据可以认为是信息的原材料，信息是数据加工后的结果，但是这个定义也有一定的偏颇。数据到信息不一定都要经过加工处理。例如"武汉 2004 年 7 月 28 日最低气温 31℃，最高气温 39℃"，这里所包含的内容到底是不是信息取决于对决策者的价值。如对武汉人或到武汉旅游出差的人来说，对自身的决策有价值，因此是信息。但是对外地与武汉无关的人来说，没有决策价值，因此不是信息，充其量只能是数据。在这个例子中，信息与数据之间没有经过加工和处理过程，只是进行了价值判断，因此如何判断是数据还是信息，需要从本质上和应用环境看它是否有助于决策，即决策价值。

当前在企业中应用的信息系统其主要目的就是将数据转换为信息，供企业作出决策、销售产品或进行其他的活动。作为信息原材料的数据可以是以多种形式存在，可以是纸质的(Hardcopy)，也可以是电子的(Softcopy)。无论以何种形式存在，其目的就是供系统作为输入，以便产生特定的输出。

信息也有量的特质，即所包含信息的多少。信息量大，则对事物的不确定性减少；反之，则不确定性增加。例如"张三是大学生"与"张三是武汉科技大学信息管理与信息系统专业 2004级 1 班的学生"所包含的信息量有较大的差别，显然后者的信息量大，对张三这个人的不确定性减少了很多。

1.2.2 信息的维度

信息作为重要的资源备受重视，我们要利用信息进行工作和作出决策，把信息作为一种产品进行生产，因此我们必须了解信息的维度，以便获取和提供正确的信息。

1. 时间维

信息的时间维是指信息的及时性，即在合适的时间提供及时的信息。例如，对股票交易来说，如果你想当天进行交易，则当天的股票价格对交易者来说才最有价值，历史的信息只有参考价值。

2. 主体维

信息的主体维是指信息提供应该具有相关性。注重信息接受主体的研究和识别，提供与主体行为有关的信息才具有价值。例如，天气预报、股票价格等，只有提供给需要的相关主体才有价值和意义。

3. 空间维

信息的空间维是指信息提供有空间的限制和约束。例如，习惯于网络信息的用户在没有上网条件的地域就会有信息传送与接收的障碍。空间维的另一层含义是，信息在一定的空间内传输和访问，即受限于特定的空间。例如，现在很多企业将自己的网络通过防火墙等技术与外部网络隔开，这样内部的信息就只在自己的内部进行流动和访问。

4. 形式维

信息的形式维是指信息的提供应采取对信息接受主体偏好相吻合的形式。信息的提供方式是多种多样的，包括硬拷贝和软拷贝等多种方式。在信息提供时，需要针对不同的接受主体选择不同的信息表现形式。如对教育程度不高的主体可以采取多媒体的方式，对孩子采取生动活泼的提供方式，对企业等组织来说采用正规的报告形式等。

5. 组织维

信息的组织维是指信息在组织内部流动时有方向性，根据组织的结构可以分向上、向下、向外和横向等方向。其中向下流动的主要是组织的目标、指令等，向上流动的主要是基于日常事务处理的组织当前状态，横向流动的是职能业务部门之间或小组成员之间的信息交互，向外流动的则主要是与顾客、供应商、经销商等有关的信息。

1.2.3　信息的属性

（1）事实性。在信息管理领域有个著名的原则——"输入的是垃圾，输出的一定也是垃圾"，简称"GIGO（Garbage in，Garbage out）原则"。其意思就是说输入的数据错误或没有意义，则经过处理和输出的信息也一定没有参考价值，因此信息应该是基于正确数据的处理结果，要具备事实性。

（2）扩散性。俗话说"一传十，十传百"，这指的就是信息的扩散性。信息可以经过网络、电话、交谈、会议等特定的方式进行扩散。信息的扩散性很强，因为作为主体的人具有先天性进行信息扩散的愿望和能力。

（3）传输性。信息可以依靠特定的媒介进行传输，如网络、电话、印刷品、广告等。信息总是以一定的形式存在，可以是电子的信息，也可以是纸质的信息；可以通过报纸、杂志等传统的手段进行传输，也可以通过网络、视频等现代的技术进行传输。

（4）共享性。共享是信息的主要特征之一。信息不同于其他物质类资源，不具备独占性，不会因为信息的传播而损失。信息可以复制，可以共享，事实上，这也成为信息的另一个不可避免却又难以解决的问题。因为信息的共享性导致信息的扩散难以控制，盗版物的泛滥和知识产权的保护成为信息经济时代迫切需要解决的问题。

（5）增值性。所谓增值，一方面是指信息在使用的过程中会产生价值，另一方面也是指信息在传输和扩散的过程中会不断丰富。信息的主要作用在于有利于信息的持有者根据信息进行决策，利用信息创造机会和价值。另外信息在不断传输的过程中会有所变化和增值，典型的例子就是教师通过授课传授信息，但是在传授的过程中会不断增值，即产生新的知识。

（6）不完全性。由于对事物本身认识的局限性导致信息总是不完全的。市场经济中完全竞争理论的前提是信息对称，即交易双方有完全的信息。但是由于人们认识能力的局限，这个假设一般是不成立的，信息的不完全性导致很多不良行为的发生，如价格欺骗等。现在许多信息提供组织或个人就是为了消除信息的不对称性，使组织或个人在进行交易或其他活动时尽可能具有完全的信息，当前信息咨询已经成为非常有市场的行业。

（7）等级性。信息是和相应的接受主体相关的，即由于接受主体的不同会有不同的信息偏好和需求。图1.1(a)所示的就是信息的等级性。根据管理学的基本理论，组织一般分为作业级、战术级和战略级三级。作业级进行基本的业务处理，战术级进行中层控制，而战略级则决定组织的未来。基于这样的分级理论，不同级别所需要的信息也是不同的，战略级主要关心企业运行环境的信息，包括国家政策、区域政策、竞争对手情况、组织运行状况等；作业级则主要关心日常工作中产生的信息，如会计数据、库存数据、产品的生产信息等；战术级则进行组织内部的监控，主要利用经过处理后的业务数据和信息。针对不同层次的信息也有不同的特征。图1.1(b)从来源、寿命、精度、加工方法和保密要求等方面对信息进行了比较。对战略级信息来说，其主要来源是外部媒体、机构或组织，其寿命较长，一般伴随着一个战略决策周期，其加工方法灵活多变且有较高的保密性。但是对作业级信息则恰恰相反，其信息来源主要是组织内部，信息的寿命短、精度高，加工方法基本固定，结构化程度高，保密性较低。

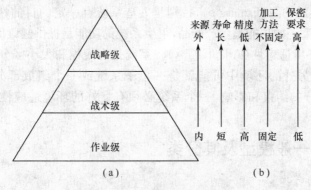

图1.1 信息的三级结构及其属性比较

（8）滞后性。信息的滞后性是说信息需要进行加工处理或传播，因此信息总是落后于事务的发生时间。

（9）效用性。从信息的定义可以看出，信息对决策有价值，即有效用。在经济学中将拥有该信息和不拥有该信息作出的决策所取得的收益差，再减去获取该信息的成本，即可得到该信息的效用。

另外，作为信息应该具有可用性（Availability）、可理解性（Comprehensibility）、相关性（Relevance）、有用性（Usefulness）、及时性（Timeliness）、可靠性（Reliability）、正确性（Accuracy）、一致性（Consistency）和易读性（Readability）等品质。

1.2.4　信息的生命周期

信息和其他事物一样具有产生和消亡的过程，这就是生命周期（Life Cycle）的含义。所谓信息的生命周期就是指信息从产生到应用直至失去使用价值为止的时间。根据图1.1可以看出，不同组织层次信息的生命周期有较大的不同。战略级的信息生命周期最长，而作业级的信息生命周期最短。因为战略级信息对组织决策有较长时间的意义，而作业级信息中有许多属于临时性或过渡性信息，会随着事件的过去而失去意义。当然，现在基于数据仓库和数据挖掘的研究也日益重视历史数据的研究和利用，但是相对战略信息而言，它的生命周期还是短暂的。

1.3　系统及其分类

1.3.1　系统的基本概念及主要特性

正确地理解系统对理解信息系统有重要的意义。系统（System）是由相互联系和相互制约的若干组成部分结合成的、具有特定功能的有机整体。系统的主要特征有：

（1）系统由若干要素（Elements）组成。在该定义中非常强调"有机"，即系统各要素之间不是杂乱和混沌的，而是有机地组合在一起，相互作用、相互影响。

（2）系统有一定的结构（Structure）。一个系统需要完成特定的功能，需要有一定结构的要素协调进行。如教育系统，有管理部门、教育机构和教育资源等，这些要素之间相互作用、相互影响，缺一不可。

（3）系统有一定的功能（Function），特别是人造系统有一定的目的性。如教育系统的功能是培养人才，生产系统的功能是生产产品，卫生系统的功能是提供健康保障等。

（4）系统要有环境适应性（Adaptability）。系统是有规模和大小区分的。系统的概念是相对的，一个系统在另外的环境中可能就是一个子系统或一个组成部分，因此它必将受到其他系统或组成部分的约束和影响，一个系统必须有良好的环境适应性才能稳定地存在与发展。

1.3.2　系统的一般模型及其分类

系统的常见类型有：

（1）自然系统（Natural Systems）。自然系统又包括物理系统（Physical Systems）和生物系统（Living Systems）。物理系统又分为恒星系统和分子系统等，生物系统则包括所有的动物与植物系统。

（2）人造系统（Man-made Systems）。人造系统包括社会系统（Social Systems）、运输系统（Transportation Systems）、通信系统（Communication Systems）、生产系统（Manufacturing Systems）和财务系统（Financial Systems）等。

（3）自动化系统（Automated Systems）。自动化系统通常包括以下组件：计算机硬件（Computer Hardware）、计算机软件（Computer Software）、人（People）、数据（Data）和程序（Procedures）。自动化系统又分为批处理系统（Batch Systems）、在线系统（On-Line Systems）、实时系统（Real-Time Systems）和决策支持系统（Decision-Support Systems）等多种。

1.4 管理信息系统概念

1.4.1 管理信息系统的定义

1. 人作为信息处理主体的一般模型

人作为信息处理的主体有其自身的特点，图1.2所示描述的就是人作为信息处理器的一般模型。

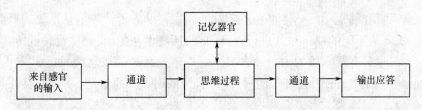

图1.2 人作为信息处理器的一般模型

人进行信息处理具有以下特点：

（1）人输入信息和输出信息是有限的。人作为信息处理的主体，其输入、处理和输出均是有限的，当信息量超出其限度时，决策效率和回应均会下降。

（2）人处理信息有多通道的特性。由于人所具有的器官的多样性决定了人在获取信息时可以进行多通道的输入和输出，如视觉、听觉和触觉等多通道的输入，声音、动作等多通道的输出等。

（3）人需要信息的压缩。为了避免信息的低效性，人类在进行信息的接受过程中需要进行必要的识别、过滤和压缩，这一般取决于个人的经验、背景、习惯等，具有因处理主体不同而有所差异的特点。

（4）个性化。即人在信息输入、处理和输出时有依赖于个人的特性，包括人的信息接受习惯、处理方法和习惯性的信息表达方式等。

（5）人的记忆特征和处理特性。根据一些学者的研究发现，人的短期记忆存取速度较快，但记忆维持的时间很短，且记忆容量有限；人的长期记忆容量无限，但存入速度较慢。另外，人在瞬间处理信息采用的是顺序而非并行的方式。

2. 计算机信息处理和人工信息处理的比较

计算机的发明为人们解决信息管理领域的问题提供了可行方案，计算机处理信息有自身的一系列优势，但也有无法与人比拟的劣势，表1.1从几个方面对计算机信息处理与人工信息处理进行比较。

表 1.1　计算机与人工信息处理的比较

比 较 内 容	人 工 处 理	计算机处理
处理速度(Processing Speed)	慢	快
灵活程度(Agility Degree)	高	低
精度要求(Precision Requirements)	低	高
信息结构化程度(Information Structuring)	低	高
稳定性(Stability)	低	高
出错(Error)	高	低
可靠性(Reliability)	低	高
修改(Modification)	灵活	不灵活
决策能力(Decision Capacity)	强	弱

3. 管理信息系统(Management Information System,MIS)的定义

管理信息系统和其他学科一样都在不断发展和完善。关于管理信息系统的概念也在不断丰富和发展,学者从不同的视角对其进行诠释,有的从技术视角,有的从管理视角,但是管理信息系统作为一门学科有其本质的内容和含义。管理信息系统的概念最早是在 1970 年由 Walter T. Kennevan 给出的:"以书面或口头的形式,在合适的时间向总经理、职员以及外界人员提供过去的、现在的、预测未来的有关企业内部及其环境的信息,以帮助他们进行决策。"该定义是从管理角度给出的。之后产生了许多其他的定义,其中具代表性的定义有:

(1) 管理信息系统是一个具有高度复杂性、多元化和综合性的人机系统,它全面使用现代计算机技术、网络通信技术、数据库技术及管理科学、运筹学、统计学、模型论和各种最优化技术,为经营管理和决策服务。

(2) 管理信息系统是为决策科学化提供应用技术和基本工具,为管理决策服务的信息系统。

(3) 不仅把信息系统看成是一个能对管理者提供帮助的基于计算机的人机系统,而且把它看成是一个社会技术系统,将其放在组织与社会这个大背景中去考察,并把考察的重点从科学理论转向社会实践,从技术方法转向使用这些技术的组织和人,从系统本身转向系统与组织、环境的交互作用。

(4) 管理信息系统是一个由人、计算机硬件、计算机软件和数据资源组成的,能及时收集、加工、存储、传递和提供信息,实现组织中各项活动的管理、调节和控制的人机系统。

从以上定义可以看出管理信息系统的本质:①它不仅是技术系统,也是社会系统;②它能够为决策服务;③它具有多学科交叉的性质;④它是基于计算机的信息系统(Computer-Based Information System,CBIS)。

4. 管理信息系统的基本功能

从系统的角度进行分析,管理信息系统是由若干部分组成的一个有机整体,各部分有自己的功能,管理信息系统一般包括以下几个基本功能。

(1) 数据的采集与输入(Input)。信息是由数据加工、处理和转换而来,数据是信息的原材料,因此,管理信息系统需要输入大量的数据,包括基本数据、中间数据和各种采集数据。这

里的数据有的是即时数据,有的是原始数据,也有的是加工数据。数据的输入形式可以分为批处理方式和联机方式。批处理方式就是把业务数据组成一个文件,把该文件一次性输入到计算机中的方式。这种方式效率较高,许多系统都有数据输入与输出接口,可以重复利用原有的数据和批量输入新鲜的数据。但批处理方式也有其不足之处,即数据的即时性较差,不适用于对数据即时性要求较高的系统,如订票系统等。联机方式就是将数据录入和处理统一的一种方式,也是最常用的方式。联机录入在当前图形化的界面中,采用了多种选择方式,因此效率较高。数据录入可以利用键盘、鼠标、触摸屏、扫描仪、POS 终端、话筒、光笔等多种介质。

(2) 数据的传输(Transmission)。数据传输是管理信息系统的另一个功能。数据在输入或经过处理和加工以后必须要进行传输,传输有的是基于单机,有的是基于网络,这取决于系统本身的架构。基于单机的系统则只能进行本地传输,基于网络的系统则可采用本地和网络传输等多种方式。

(3) 信息的存储(Storage)。信息系统中输入的数据和产生的信息均要进行存储,存储技术包括文件、数据库、数据仓库等。不同的存储方式有不同的优势和用途。文件存储比较简单,可以用于简单的应用,但是文件检索和处理时较不方便;数据库有强大的数据存储与检索功能,可以满足一般性的应用要求,但是难以支持某些决策性问题,由此产生了数据仓库技术,针对不同的主题可以通过数据仓库和数据挖掘等技术进行支持。

(4) 信息的加工(Processing)。信息的加工一般基于结构化的方法,如会计、财务、库存等信息的处理。信息的加工是系统核心的内容,主要体现为系统的业务逻辑和处理方式,不同系统的处理方式有较大的差异。

(5) 信息的维护(Maintenance)。信息的维护就是指信息的修改、出错处理和必要的备份和恢复等。系统在使用过程中信息维护很重要,因为信息系统有自身的脆弱性,系统本身、管理等多方面的因素可能会导致信息出错,因此通过信息维护可以减少因此而造成的损失。信息维护必须有相应的人力资源、资金、设备、组织和制度等保障。

(6) 信息的输出(Output)。信息的输出是管理信息系统的主要目的所在,信息系统输出就是为用户提供信息,是信息系统价值的体现。信息系统输出按照输出特点可以分为 3 类:内部输出、外部输出和反馈输出。

内部输出就是为组织内部的各种用户提供的信息输出。内部输出的信息基本上是企业的内部数据,包括业务数据、汇总和统计数据及决策数据等,尤其是一些诸如年报、月报等汇总报表、实时查询及出错与异常报告。外部输出主要为组织外部用户和组织机构提供信息,主要是组织的查询数据和汇总数据等,如计算机硬件厂商网站提供的产品信息和驱动下载等均属于外部输出。外部输出有时比内部输出有更高的要求,如对界面、功能和数据要求很高,系统要足够强壮等。反馈输出的目的是为了输入,典型示例是填写的回执等。

信息输出的主要方式有打印输出、显示输出、电子文档输出和多媒体输出等多种。打印输出也称硬拷贝(Hardcopy),是常用的输出方式,就是通过打印机输出结果,打印输出一般作为凭证使用,如 ATM 的交易记载、购物交款凭证、存取款时存折的打印等。显示输出也称软拷贝(Softcopy),一般用于在线查询等,其显示媒介包括显示器、POS 终端等,显示的格式可以是报表的方式,也可以是网页等方式。电子文档输出正在成为重要的输出格式,无纸化成为当前组织提高办公效率的主要形式,如 E-mail、HTML 文档和电子报表等。利用声音、图像的多媒体输出已成为一种趋势,如收银台用扩音器输出的应交款、实交款、应退款等信息。

1.4.2 管理信息系统的特点

1. 主题性

管理信息系统的主题性可以理解为管理信息系统是面向具体管理决策的,即管理信息系统是为解决某一领域的问题而存在,是面向具体管理决策的人机系统。如进行设备管理的设备管理系统、用于无纸化网络办公的办公自动化系统和用于财务管理的财务会计系统等。

2. 系统性

管理信息系统的开发具有系统性,包含多个层次的含义:①管理信息系统开发涉及人、财、物等多方面的资源,需要进行各个方面的协调;②管理信息系统开发要综合考虑各个方面的因素,如系统的应用环境、投资的大小、预期的希望值、员工的素质等;③管理信息系统的开发需要软、硬件的协作以完成特定的系统功能,相互配合、相互补充;④管理信息系统是人机交互的系统,需要管理和技术的双重支持。因此,系统开发应该有系统的思维方式,综合考虑各方面的因素。在信息系统开发时一般采用自顶向下(Top-Down)的方法进行系统的总体结构分析与设计。

3. 人机系统

虽然信息系统在计算机发明之前已经存在,但是现在的信息系统一般指基于计算机的信息系统(CBIS)。计算机在信息系统中扮演着重要的角色,因为计算机的存储与运算能力是人所不及的,计算机是信息系统赖以存在和运行的物质基础。但是人是信息系统决定性的因素,因为系统需求的提出、系统分析、系统设计、系统实施、系统维护和评价、系统的使用均是由人进行的,因此,系统应用成功与否主要取决于人。

4. 现代管理方法与手段相结合的系统

对于信息系统,不同的人有不同的认识,有的从技术视角,有的从管理视角,有的从应用视角,但是普遍的认同是信息系统有助于提高管理水平。信息系统的开发应该从管理角度进行分析,引进先进的管理思想,改造传统的不合理的业务流程,如引进敏捷制造、客户关系管理等现代管理理论和方法的敏捷信息系统和客户管理信息系统等。因此,现代信息系统是与现代管理方法与手段紧密结合的系统。

5. 交叉多学科的边缘学科

管理信息系统是综合了计算机科学、应用数学、决策理论、运筹学、管理学等多学科的一门学科,其边缘学科的特点非常明显,因此正确认识和理解管理信息系统需要有相应学科的基础知识。

1.4.3 管理信息系统的结构

管理信息系统的结构是指管理信息系统各组成部分所构成的框架。针对不同的信息系统组成部分的理解有不同的结构,主要有概念结构、层次结构、功能结构、软件结构、物理架构等。

1. 管理信息系统概念结构

管理信息系统从总体概念看,可以分为信息源、信息处理器、信息用户和信息管理者4个组成部分,如图 1.3 所示。其中信息源是信息的产生地,信息处理器完成信息的接受、传输、加工、存储、处理和输出等任务,信息用户是信息的具体使用者,信息管理者则进行信息的总体管理和协调。该模型对信息处理的一般性组成进行了描述,体现了从信息源到信息用户的单向流动和信息管理者总体控制的特点。

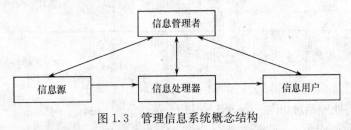

图 1.3　管理信息系统概念结构

2. 管理信息系统层次结构

由于一般组织结构是分层的,对应于管理的高层、中层和基层,由战略管理层、管理控制层、作业管理层和事务处理层形成管理信息系统的纵向结构,如图 1.4 所示。其中事务处理主要针对组织日常工作中的各类统计、报表、信息查询和档案管理等;作业管理则主要是具体的计划执行;管理控制则对组织规划的具体落实情况进行控制,集中在实现过程;战略管理则是对组织长远目标和总体方针政策的制定。从横向来看,由组织的一般性管理职能分为若干维度,如市场营销、生产管理、物料管理、人力资源、财务会计等。针对不同层次管理需求的信息也有较大的不同,表 1.2 对各个层次信息的需求特点进行了比较。

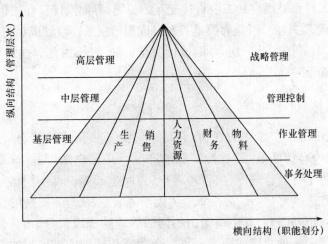

图 1.4　管理信息系统的层次结构

从表 1.2 可以看出,不同的管理层次有不同的信息需求,不同层次的信息有不同的特点。因此,针对不同层次设计的信息系统就应有所区别与侧重,其开发策略和设计风格也会有较大的不同。如战略层信息系统注重决策能力和模型的应用,运行控制层信息系统注重业务逻辑的处理和数据的及时性与完整性,管理控制层信息系统则注重统计分析工具的使用,强调报表和查询分析功能。

表 1.2　不同管理层次的信息特性

信 息 特 性	运 行 控 制	管 理 控 制	战 略 管 理
来源	系统内部	内部	外部
范围	确定	有一定确定性	很宽
概括性	详细	较概括	概括
时间性	历史	综合	未来
流通性	经常变化	定期变化	相对稳定
精确性要求	高	较高	低
使用频率	高	较高	低

3. 管理信息系统的软件结构

一个组织的管理信息系统可分解为以下 6 个基本组成部分。

(1) 电子数据处理系统(Electronic Data Processing System,EDPS)部分。它主要完成数据的收集、输入,数据库的管理、查询、基本运算、日常报表的输出等。

(2) 分析部分。在 EDPS 基础之上,对数据进行深加工,如运用各种管理模型、定量化分析手段、程序化方法、运筹学方法等对组织的生产经营情况进行分析。

(3) 决策部分。MIS 的决策模型以解决结构化的管理决策问题为主,其结果是为高层管理者提供一个最佳的决策方案。

(4) 数据库部分。它主要完成数据文件的存储、组织、备份等功能,数据库部分是管理信息系统的核心部分。

(5) 接口部分。接口部分在信息系统中有举足轻重的地位,因为系统不是孤立的,总要和系统之外的数据和系统进行数据交换,因此数据的输入和输出成为系统必备的功能。

(6) 界面部分。界面是用户和系统直接交互的关键,界面设计良好的信息系统便于使用,容易赢得用户的认可和兴趣。因此界面是否友好成为信息系统设计成功与否的重要因素和衡量标准。随着 4GL 设计语言的出现,界面设计变得更加容易,因此界面设计很多情况下需要具有一定的美学基础和素养。

4. 管理信息系统的功能结构

管理信息系统不是一个孤立的事物,它是为解决某个具体的管理问题而存在,因此它必须和具体的管理内容相联系,是一种特殊的产品。从用户角度看,设立管理信息系统总有一定的目标,如为了有效管理库存、管理客户、控制生产等。而不同的信息系统之间存在必要的联系,构成有机的整体,形成一个个功能子系统。图 1.5 描述的就是管理信息系统的功能结构图(或称矩阵图)。其中横向由不同的管理功能组成,如市场营销、生产管理、物料供应等,每一列代表一种功能或职能。每一个功能和管理的纵向层次交叉就形成信息系统的一个应用领域。如基于市场销售管理的决策支持系统、基于人力资源管理控制的人力资源管理信息系统等。

5. 管理信息系统的物理架构

管理信息系统的物理架构可以理解为组成管理信息系统的硬件构成,包括网络、计算机系统等。管理信息系统的物理架构随着信息系统及信息技术的发展有较大的变化。如早期基于

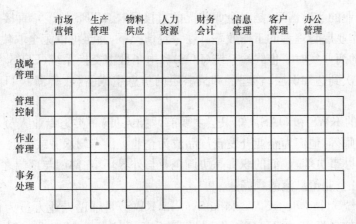

图 1.5　管理信息系统功能结构图

大型机(终端)的信息系统架构,基于 Internet/Intranet/Extranet 的 B/S 架构的信息系统等。信息系统的具体物理架构取决于应用的具体环境和需求,没有固定的模式,并且将随着信息技术的快速发展而不断产生新的架构。

1.4.4　管理信息系统的分类

　　管理信息系统的应用面非常广,随着信息技术的快速发展,其应用架构也发生了巨大的变化,其分类方式有多种。信息系统的概念是随着计算机技术的发展而逐步形成的。自从 1946 年第一台计算机诞生以来,人们就开始了管理领域内的计算机应用。20 世纪 50 年代,计算机在数据处理技术上的突破,给计算机的应用拓展了空间,于是陆续出现了数据统计系统、数据更新系统、数据查询系统、数据分析系统、系统状态报告系统等。同期,还出现了电子数据处理系统(Electronic Data Processing System,EDPS),有力地推动了信息系统的发展。企业纷纷投资于计算机设备,以追求它的高处理速度、大存储能力和广阔的应用领域,计算机系统的投入给企业带来了巨大的经济效益。所以,信息技术也得到重视,人们对计算机的发展充满信心和期望。20 世纪 60 年代后期到 20 世纪 70 年代时产生了管理信息系统(MIS)和决策支持系统(Decision Support System,DSS)。20 世纪 80 年代,出现了为企业最高层决策服务的经理支持系统(Executive Support System,ESS);在人工智能领域,出现了专家系统(Expert System,ES);在加工制造企业中,计算机集成制造系统(Computer Integrated Manufacturing System,CIMS)的应用使企业生产经营环节实现了自动化。进入 20 世纪 90 年代后,信息技术更加发展,出现了群体决策支持系统(Group Decision Support System,GDSS)和智能决策支持系统(Intellegent Decision Support System,IDSS)等系统架构。因此,信息系统根据不同的标准有不同的类型。

1. 基于管理层次划分

　　根据管理层次,信息系统可以分为战略层系统、管理层系统、知识层系统和作业层(执行层)系统。

　　(1) 作业层的事务处理系统。事务处理系统 (Transaction Processing System,TPS)又称为电子数据处理系统(EDPS),它面向企业最底层的管理活动,对企业日常运作所产生的事务信息进行处理。TPS 是信息系统的最初形式,其特点是处理问题的高度结构化,但功能单一、设计范围小,如订票系统、会计成本核算系统、库存物资统计系统、员工工资发放系统等。它所提供的信息是企业的实时信息，是对企业状况的直接反映。TPS 的运行直接简化了人们的日常工作，提高了作业层管理者的工作效率。在一定情况下，甚至可以完全取代作业层的手工操作，如当今流行的商业实时零售终端系统(POS)和电子数据交换系统(EDIS)等。TPS 通常是信息自下而上依次到达知识层、管理层和战略层的信息生成器(收集器)，TPS 的开发是信息系统开发的基础。

（2）知识层的 KWS 和 OAS。知识层主要有两类人员：一类是专业人员，如工程师、建筑师、会计师、经济师等，他们为企业开发新产品或为企业提供专门服务或咨询；另一类是行政管理人员，如文秘、办事员等，他们的职责是协调企业与外界环境、部门与部门之间或部门内部的信息传递，并保证企业信息流的顺畅。

知识工作系统 (Knowledge Working System, KWS) 是辅助专业人员为企业开发新产品而使用的专业化信息系统，如 CAD 工作站、投资分析系统等。KWS 是一种利用专业领域内的知识对企业内部或外部的信息进行处理的信息系统。

办公自动化系统(Office Automation System, OAS) 是辅助企业行政管理人员协调信息流的信息系统，通过先进技术的应用，将人们的部分办公业务物化于人以外的各种设备。这种由这些设备和办公人员共同完成办公业务的人机信息系统，能够快速、有效地加工、传递和管理办公信息。如文字处理系统、视频会议系统、电子邮件系统等。

办公自动化系统是在 20 世纪 70 年代中期，发达国家为解决办公业务量急剧增加，对企业工作效率产生巨大影响问题的背景下，发展起来的一门综合性技术。它的基本任务是利用先进的科学技术，使人们借助各种设备处理一部分办公业务，达到提高工作效率和质量，方便管理和决策的目的。OAS 的知识领域覆盖了行为科学、管理科学、社会学、系统工程学等学科，并且 OAS 体现了多学科的相互交叉、相互渗透性，所以 OAS 的应用是企业管理现代化的标志之一。OAS 具有面向非结构化的管理问题，工作对象主要是事务处理类型的办公业务，强调即席的工作方式等特点。

（3）管理层的 MIS。管理信息系统(MIS)是在 TPS 基础之上产生的，管理信息系统的任务是针对企业各种事务的全面、集成的管理。在一个管理信息系统中，集中、统一规划的数据库是必不可少的，信息在数据库中集中存放，保证了共享信息的一致性。管理信息系统常常利用数学模型分析数据、辅助决策，如资源消耗的投资决策模型、生产调度的调度模型、制造业资源规划系统 MRPII 等。

（4）战略层的 DSS 和 ESS。决策支持系统(DSS)比管理信息系统更高一层，它支持中、高层管理者针对具体问题形成有效的决策，运用数据库、模型库、知识库等更新的技术解决半结构化和非结构化的问题，如运输路程最短问题、最优经济订货批量决策、合理优化的生产调度等。DSS 注重的是经济效益而不是效率，它的运行需要利用从 MIS 中抽取的决策所需的综合数据，还要利用大量与决策有关的外部信息。DSS 的界面友好、易于操作，具有较强的灵活性和适应性。

经理支持系统(ESS)是专门为企业最高管理层决策者设计的，具有相当的计算能力和通信能力。ESS 帮助高层领导解决一些不断变化的宏观、战略方面的非结构化问题，如是否引进一条新的生产线，是否在某地区开拓市场，是否加大广告宣传的投入，是否要与某企业合作或联营等。

ESS 还可以为企业决策者提供企业内部的信息和竞争对手的信息，这些信息是经过前面的低层次信息系统加工并综合而来的。ESS 不需要有太多分析模型，它只提供决策参照，企业决策者则要根据这些信息，通过自己的思维和判断，作出最终的决策。

2. 基于纵向管理职能划分

信息系统按照纵向管理职能可以分为销售管理系统、生产管理系统、财务管理系统、人力资源管理系统、设备管理系统、仓库管理系统等。

（1）仓库管理子系统。在生产和销售型企业中库存占有非常重要的作用。库存管理系统就是对企业的基本生产资料或产品进行管理，其主要功能包括：库存的控制、库存台账的管理、订货计划的制定和仓库自身管理等。

（2）生产管理子系统。生产管理子系统主要功能包括：产品设计、生产设备计划、物料需求计划、主生产计划、生产调度和日常生产数据的管理分析等。

（3）人力资源管理子系统。人力资源管理子系统主要功能包括：人员的档案管理、人员考勤情况管理、人员各种保险基金的管理和人员培训计划的制定等。

（4）财务管理子系统。财务管理子系统包括财务和会计两方面的管理内容，其主要功能包括：会计日常账目管理、财务账目管理、生产经营成本管理、财务状况分析和财务计划的制定等。

（5）销售管理子系统。销售管理子系统主要包括营销和销售两方面的内容，其主要功能有：销售计划的制定、销售状况分析、销售人员管理、顾客信息的管理和销售合同的管理等。销售管理具有一定的难度，涉及的数据更多来自于外部，包括市场信息、竞争对手信息和环境等方面的数据和信息等。

（6）成本管理子系统。成本管理子系统在有的系统中并没有单独分出来，而是集成在财务管理系统中。在 ERP 系统中将成本管理子系统单独处理，用于对采购、库存、物料、人工、设备等与生产和销售有关的消耗进行管理和控制，尽可能降低自己的成本以获取竞争优势。

（7）质量管理子系统。质量管理子系统主要在制造型企业中存在，用于对生产过程中的产品和中间品的质量进行管理和控制分析。

3. 基于技术架构进行划分

按照技术架构信息系统可分为单机系统、主机/终端（Host/Terminal）系统、客户/服务器（C/S）架构信息系统、浏览器/服务器（B/S）架构信息系统等。这样的划分可以理解为是信息技术和信息系统的发展历程，从单机逐步向信息共享的网络化方向发展。

4. MIS 的综合结构

MIS 可以划分为横向综合结构和纵向综合结构。横向综合结构指同一管理层次各种职能部门的综合，如劳资、人事部门；纵向综合结构指具有某种职能的各管理层的业务组织在一起，如上下级的对口部门。

🖊 1.5 现代信息系统的发展趋势

1.5.1 传统信息系统的缺点

很多企业或组织已经深刻地认识到信息系统在其发展中的重要地位和作用，越来越多的企业或组织将信息系统作为重要的项目进行思考、选择和应用。但是按照传统 MIS 进行开发有一些方面尚不够完善,不能适应不断增长的多方需求,主要体现在以下几个方面。

(1) 传统 MIS 多是封闭式单项系统,不同系统之间无法交流,容易形成信息孤岛。根据诺兰等人的研究发现,在信息化的初始阶段由于没有系统开发和应用经验,缺乏系统的分析和规划,很容易将信息系统设计成单项的系统,产生信息孤岛。而企业一般会将最初的系统设计成单个的基于传统架构的系统,如设备管理系统、人事管理系统、劳资管理系统等。不同的系统可能来源于不同的公司和部门,每个系统采用不同的开发工具和架构,数据库设计完全不同,因此系统之间很难进行数据通信和共享。

(2) 同一应用系统需要多种操作系统版本,即针对不同的操作系统需要开发不同的应用程序版本。应用系统均是基于某些软硬件环境进行的开发,针对不同的软硬件必须有不同的设计版本,应用系统缺乏通用性。比如 Windows 版、UNIX 版、Linux 版、Mac 版等,根据操作系统的不同需要选择不同的版本。

(3) 不同的系统以及不同的设计人员设计的系统用户界面风格不一,使用繁杂,不利于推广应用。由于没有统一的规范,对系统的业务流程由于不同的系统和人员设计在操作上会有较大的差异,操作不同的系统需要进行专门的培训。

(4) 由于系统结构的不同和设计的不同使系统开发和维护复杂,移植困难,升级麻烦。

(5) 无法兼容已有系统,造成重复投资。由于传统信息系统一般将数据库和应用程序集成在一起,其兼容性较差,对原有系统无法使用,造成前期投资的浪费。

(6) 不能接纳新技术,限制了其扩展性。传统信息系统的开发技术一般具有较强的刚性,当系统无法满足需求或需要进行必要的功能扩展时难度较大,与其他新技术的兼容性较差,因此扩展性受到了限制。

(7) 缺乏系统性和具有前瞻性的结构框架。设计出来的系统操作很复杂,从而影响到 MIS 的使用。

1.5.2 现代信息系统及其基本特征

关于传统和现代信息系统并没有严格的定义。现代信息系统可以认为是基于 TCP/IP 通信协议和 WWW 技术规范,方便地集成各类已有的系统,是开放、分布、动态的双向多媒体信息系统;是对现有网络平台、应用技术和信息资源的重组与集成以及客户在内的整个企业的信息中心。现代信息系统解决了多平台互连及兼容性等技术问题,实现了信息采编录入、个性化定制、信息审核与发布、信息分类检索、信息订阅、信息交换、企业主页定制、企业社区等。这些信息包括:新闻类信息、产品与服务信息、供求信息、管理信息、进销存信息、人才信息、客户信息、订单信息、交互信息、财务信息等。

现代信息系统为企业创造了一种新的不受地域、时间和计算机约束的信息交流、共享和协作方式,这种新的方式给企业带来了新的机会和挑战。它不仅仅意味着企业自动化程度的提高、管理费用的降低。实际上,它带来的是企业内部及企业与市场之间信息交流的重大变革,这些变革应用于企业生产和经营的核心环节,给企业业务流程、管理模式、组织结构乃至整体的发展带来新的机会,从而导致产业结构及企业经营方式的革命。在竞争激烈的现代商业社会,能否及时获得信息并迅速作出反应,已成为衡量一个企业竞争能力强弱的重要标志,为企业建立全新的经营模式提供了技术保障。

从技术角度来看,现代网络信息系统的主要优点有以下几个方面。

（1）它的协议和技术标准的公开性。现代信息系统不局限于任何硬件平台或操作系统，可以同时支持多种机型和操作系统平台。Web 采用的是超文本传输协议，使用的文档格式是 HTML。这种公开的协议和文档格式保证了数据在各种平台、不同浏览器下的一致性。Web 的基本模式是浏览器/服务器的组合。它扩展了客户/服务器的概念，使开发者只需将注意力集中到 Web 服务器端后台应用支持的开发，省去了客户端前台交互界面软件的开发，全网用户使用通用的多媒体浏览器。这不仅可节省开发费用和加快开发速度，更重要的是实现了跨越多平台的开发。也就是说，实现了开发环境和应用环境的分离，使开发环境独立于用户前台应用环境，避免了为多种不同操作系统开发同一应用系统的麻烦，也便于用户群的扩展、变化及应用。在浏览器/服务器结构中，通过一个浏览器可以访问多个应用服务器，形成点到多点、多点到多点的结构模式。使用浏览器与某一台主机或系统进行连接，并不需要更换软件，或是再启动另一套程序。在现代信息系统结构中，用户界面主要是 WWW 页面，用户界面具备友好性和一致性。用户根据浏览器端显示的 Web 页面信息进行操作，从而完成从浏览器端向服务器提交服务请求的动作，这些请求包括对数据库的查询、修改、插入等，服务器端负责对请求进行处理，并将处理的结果通过网络返回浏览器端。Web 与数据库之间实现有效、动态的信息交换减少了很多工作量，而把注意力转移到怎样更合理地组织信息、提供对客户的服务上来。

（2）在传统信息系统结构中往往要混合多种传输协议，而在现代信息系统结构中，所有的系统都使用 TCP/IP 和 HTTP 进行通信。用户界面简单易学，终端用户几乎不需要培训，并且可以随时随地地进行信息管理、查阅，不再需要固定的客户端。

（3）在传统信息系统结构中往往需要在客户端运行庞大的应用程序，同时需要不断地使用新的软件版本，用以更新最终用户系统。而在现代信息系统结构中，客户只运行 Web 浏览器和操作系统，由服务器执行数据的查询、处理和表示。只要进行服务器端的数据库或业务逻辑处理程序更新即实现了整个系统的更新，无须在客户端分发和安装新的系统。

（4）在传统信息系统结构中无法包容已有系统，造成重复投资。而现代信息系统结构的 MIS 可以跨平台、兼容性好、保护企业原有投资。不摒弃现有的平台，而是通过适应目前已有的成熟技术，将它们融合成为一个开放的、基于标准的通信环境。企业原有设备可以利用，原有的网络线路、操作系统、数据库也都可容易地加以利用。

（5）从管理角度，信息更新速度快，充分体现了互联网信息的及时、快速、灵活、多变的特性；完全实现信息的采编自动化；实现了信息的资源化，系统化和标准化，为信息的进一步挖掘和整理提供了可能；操作简单，将重复的工作自动化，复杂的工作简单化；管理工具智能化，大大减轻了网站维护的工作量；通用性好，可以适合不同形式、不同系统、不同规模网站的使用要求。

（6）现代信息系统可以在全球范围进行企业、产品、服务的宣传，借助于现代信息技术，现代信息系统可以进行广泛快捷的产品宣传和进行高质量的"一对一服务"，利用推技术（Push）等进行有针对性的宣传和服务。可以非常方便地与客户进行交流，获取他们的反馈信息。

此外，从发展方向来看，现代信息系统日益体现出网络化、分布式、敏捷化等特点。

（1）网络化。信息系统的结构经过了主机/终端、单机、客户/服务器、浏览器/服务器等多个发展阶段，从基于单机的事务处理系统到基于网络的分布式信息系统，其规模和复杂度均有较大的提高。当前基于 Internet/Intranet/Extranet 的信息系统成为主流的信息系统架构。

（2）柔性化。信息系统可以划分为 3 个层次：业务层、方案层和技术实现层。业务层主要处理企业的业务活动,与企业管理应用密切关联;方案层则定义了信息系统必须提供的应用功能,协助用户完成自己的任务;技术实现层则是系统具体的软、硬件单元,属于技术实现的范畴。柔性化就是要求信息系统能够按照系统环境的变化而重新组合或设计,包括数据、系统、功能等多个层次。数据的柔性可以理解为数据的灵活整理和输出,可以满足多种需求而不需要系统进行大的改变;系统柔性主要是指系统由于运行环境的变化(如子公司的增加与削减、市场的拓展等),而进行灵活的扩充和重组;功能柔性则是指可以根据环境和需求的变化进行动态增减和组装。当前许多软件理论与技术均支持系统的柔性需求。

(3)敏捷化。系统除了具有柔性之外,很多情况下还需要具有敏捷性,即系统要根据环境的变化进行快速调整与重组。敏捷性由可重构(Reconfigurable)、可重用(Reusable)和可扩充(Scalable)共同构成。敏捷化是市场急剧变化的要求,是产品快速更新的要求,也是提高企业核心竞争力的要求。信息系统是一种由人、计算机(包括网络)和管理规则组成的集成化系统。该系统利用计算机的软、硬件,手工规程,分析、计划、控制和决策用的模型、数据库,为一个企业或组织的作业、管理和决策提供信息支持。敏捷的信息系统必须能够随着虚拟企业的建立而迅速成型,随着虚拟企业的变化而动态变化。

(4)个性化。个性化需求是很典型的。现在市场上有许多通用的软件产品,这些产品去除了个性的东西,但是不可否认的是,软件系统必须要和具体的应用环境相适应,包括企业或组织的结构、文化、员工的素质等方方面面,即使是最成熟的软件也是如此。如 SAP 公司在为联想公司设计 ERP 系统时,根据中国的国情和联想公司的具体情况做了很多修改;中国台湾中钢在为武汉钢铁公司实施 ERP 时也做了大量的改动。信息系统必须要考虑用户的个性化需求,通用软件的二次开发因此成为必不可少的环节。

(5)发展性。随着市场环境的变化加剧,对于商业需求和技术进化的对应性、灵活性要求在不断提高。发展性就是要求信息系统能够适应企业未来的规模,能够适应未来的技术,能够适应未来的管理。

(6)先进性。管理信息系统要不断融入先进的管理思想。如将精益生产(JIT)、供应链管理、企业经营过程重构(Business Process Reengineering,BPR)、客户关系管理等思想引入信息系统,使信息系统充分融入和体现现代的管理思想。

(7)集成性。集成性就是要求系统能够和其他系统或模块进行无缝对接,这就要求系统有良好的设计规范和标准接口。设计规范包括数据规范、文档规范、代码规范、编码规范等。

(8)学习性。学习性是对系统的较高要求。信息系统不同于事务处理系统(TPS)的显著特点,就是系统能够对组织决策进行必要的支持,尤其是系统发展的高级阶段,如知识管理系统等。系统具有知识性和学习性,可以对某些决策问题进行不断地学习,丰富知识库,具有人所具有的学习属性。

(9)智能化。人工智能等技术的发展为信息系统的发展提供了智能化的条件。如决策支持系统、经理信息系统、智能代理系统等,可以引入人的一些特质,提供智能化的决策方法。

1.6 信息素质与信息道德

伴随着信息化时代的到来,人们每天都在不停地制造、传播和利用信息。可以说在信息时代,不会查找、识别和利用信息就会失去很多机会,因此现代组织和个人特别强调信息素质或信息能力的培养。无论是领导者、决策者还是一般的企业员工，均需要具备一定的信息素质。同时，在获取和利用信息的过程中要注意采取正当的方法，遵守信息法律，不违背信息道德。

1.6.1 信息素质

信息素质(Information Literacy)最早是由美国学者提出来的。1974 年，美国信息产业协会主席 Paul Zurkowski 在美国图书馆与情报科学委员会提出信息素质这一概念。他认为"信息素质就是利用大量信息的信息工具和主要信息源使问题得到解答的技术和技能"。认为"信息素质包括具有运用信息工具和信息源并将信息有效地使用的知识和技能"。之后又有许多学者对信息素质进行了描述，但是其核心主要包括以下内容：

（1）在需要解决的问题中准确应用信息的能力。信息的主要作用在于可以帮助决策者作出准确的决策，但是其中有的是需要的信息，也有很多属于"信息噪声"，如何分辨和准确应用信息是信息素质的主要组成部分，也是信息素质的最终体现，正确使用信息是信息的最终归宿，是信息素质的核心。如一个人能够非常熟练地利用搜索引擎、数据库等工具和资源，但是在获取到这样的数据和信息后并不能进行识别、组织和利用，那他的信息素质就不是完整的。

（2）具有获取各种信息源的基本知识。信息素质不是先天就具有的能力，必须经过后天的学习、培训和锻炼才能够掌握。获取信息的基本知识由于环境和教育的不同会有较大的差别。如一个闭塞的人和一个受过良好 IT 教育的人在遇到问题时就会有非常大的差别，受过良好教育的人首先会想到网络和搜索引擎等手段，而闭塞的人则可能只会采取低效的工具和方法。

（3）信息的存储与组织能力。信息具有一定的存在形态，在信息的获取过程中不可能是完全适用的信息，获取的信息一般均需要进行必要的整理和再加工。因此，获取到的信息需要进行必要的存储和组织，才能够去伪存真。

（4）具有获取信息的策略与方法。当遇到一个生词时，有人会问他人，有人会查传统的字典，有人会查电子词典，有人会在网络中查找，这就说明人们获取信息的手段和方法是千差万别的。因此一个人需要有尽可能先进的手段和方法，采取灵活有效的策略来获取需要的信息。

通俗地讲，信息素质包括能力和文化两个层次。所谓能力就是指具有信息搜索、识别、确认、评价和应用的技能；所谓文化就是指具有查找和运用信息的意识和策略，是一种意识层面的活动，并对信息的取向有决定性的作用。因此，我们应该加强信息素质的培养和信息文化氛围的建立，使各种人员具备现代社会生活和工作必须的信息素质和信息文化。

1.6.2 信息道德

在管理信息系统开发、实现与使用的过程中，无时无刻离不开信息，离不开对信息的收集、处理和使用等活动。这些活动中涉及的各类人员（包括信息技术人员、服务人员及使用人员）的信息道德(Information Ethics)，对信息系统的安全起着至关重要的作用。

越来越多的组织和个人依赖于由信息和信息技术所构建的虚拟世界，然而，不同的组织或个人由于其所处的社会背景、文化价值观念的不同，往往在网络上表现出不同的信息行为取向，从而出现了一系列的问题，如信息超载、信息侵权、信息欺诈等。由于网络的相对虚拟性和无形性导致信息的复制和传播非常容易，数字化形态为知识的搜集、处理、传播和共享带来了极大的便利,但另一方面又给知识产权的保护带来了无穷的隐患。因此,客观上需要建立一套与信息化发展相适应的人文管理机制,来综合解决信息化发展过程中生出的种种弊端。在这种背景下,近30年来,信息道德学研究在西方世界悄然兴起。它从道德学的角度对信息人和道德人如何契合的问题进行研究,通过建立信息社会的道德,来协调信息社会中人与人之间的关系,规范信息社会中人的行为,促进信息社会的发展。它不仅要对信息化过程(如信息开发、信息传播、信息使用等)的道德要求、道德准则、道德规约等作出解释,还要对在信息化过程中出现的非道德问题提出解决的办法。

1. 信息道德的含义及内容

所谓信息道德就是指在信息活动中,调节信息生产者、信息加工者、信息传播者及信息使用者之间信息关系的行为规范的总和。其主要内容包括:信息交流与社会整体目标协调一致,遵循信息法律法规,抵制违法信息行为,尊敬他人知识产权,正确处理信息开发、传播、使用三者之间的关系等。信息道德不是国家强制制定和执行的,而是依靠社会舆论的力量,人们的信念、习惯和教育的力量来维持的。与现实世界拥有强大的法律、脆弱的道德相反,网络上应该有强大的道德、脆弱的法律。因此有人将道德和法律之间的关系进行了比较,“礼禁于未然,法禁于已然”,指出法律和道德并举才能有效地维护信息世界的良好秩序。

信息道德的具体内容主要包括:

(1) 遵守信息法律、法规,尊重知识产权,保护个人隐私;

(2) 保守商业秘密,维护信息安全;

(3) 不制作、传播和消费不良信息;

(4) 不制作和传播病毒等有害的东西;

(5) 不非法窃取和盗用的信息;

(6) 不非法进入他人的系统;

(7) 不利用信息能力进行计算机犯罪。

作为信息工作者,在工作的过程中会遇到许多与信息道德有关的问题。如在信息技术工作中遇到的信息引用、复制、咨询等知识产权问题,网络信息规范化管理与应用的问题等,这些都需要信息技术人员具有规范化管理的信息道德意识。信息系统的开发人员以及相关的技术人员应自觉遵循一定的信息道德准则,并以此规范自己的行为与活动。

信息道德具体表现为:在信息传递上,要真实、准确、及时,勿传虚假信息;在信息交流上,要以诚相待,尽量做到信息互补和共享;在信息生产上,要多出好产品,以利于提高社会生产力和人们生活质量,但要“坚决制止坏产品的生产、进口和流传”;在信息咨询上,要认真负责,防止信息失实,绝对不能以虚假信息哄骗人;在信息消费上,要尽量满足人们求知、求新、求真、求快的心理需要;在信息沟通上,要平等待人,反对自私动机和恩赐观点;在信息开发上,要合法合理,力求实现社会效益和经济效益的最佳统一;在信息利用上,要发扬民主作风,反对信息垄断、封锁和独占;在信息广告中,要真实,不得蒙骗、误导、伤害广大受众;在信息发送中,不得损害国家的、社会的、集体的利益和其他公民合法的自由和权利。

2. 提高信息道德的手段

提高信息道德意识可以保障信息系统安全,使其能够安全、有效、正确地运行。加强信息道德教育,使信息活动中的各类人员都能够从思想上、行为上约束自己,不损害国家和企业的利益。应在全社会开展信息道德建设,树立信息道德风尚。同时,还应制定相应的信息道德规范,包括行为标准和职责等,以此来约束他们的行为。

习题 1

1. 现代企业面临的竞争环境有何特点与趋势?
2. 现代企业环境对信息系统有何要求?
3. 如何理解环境和信息系统之间的关系?
4. 什么是数据和信息? 二者有何区别与联系?
5. 什么是管理信息系统? 请结合身边的信息系统的案例谈谈你是如何理解的。
6. 简述人和计算机在信息处理中的优、缺点。
7. 简述人作为信息处理器的模型及其对信息系统理解的作用。
8. 什么是系统? 系统有哪些基本要素?
9. 简述管理信息系统的基本结构。
10. 简述信息系统的分类。
11. 现代管理信息系统有何趋势?
12. 什么是信息素质? 你认为信息素质在现代社会的作用如何?
13. 什么是信息道德? 请查阅信息道德和信息法律的资料,谈谈二者之间的关系。
14. 结合自己谈谈信息道德的建设问题。
15. 在信息化项目外包中,项目乙方会接触到很多甲方的核心数据和资料。你认为如何控制信息的流失?

【案例讨论 1】

市房管局发布武汉将启用第二套房认定查询系统

来源:武汉晨报 2010 年 09 月 14 日

2010 年 9 月 13 日,武汉市房管局正式发布了第二套房认定查询办法,凡在房产登记系统和购房合同备案系统中,名下登记有房产的,都将被视为二套房而不能享受低首付和利率折扣。这套新的系统可将购房者本人及配偶、未成年子女名下所有已办证房产和已备案的购房合同全部查出来。

为了保证查询的合法性和全面性,银行要求查询前,必须提供《查询清册》,填写包括借款人及其家庭成员的姓名、身份证号码和联系方式等信息,如借款人以及现有家庭成员已拥有住房,还需填写房产证号或合同备案号、房屋坐落、房屋用途、房屋面积等情况,另加借款人签署同意的授权书等。

市房产信息中心在接到查询申请后,会出具"查询结果通知单",记录借款人以及家庭成员在查询时已拥有住房的权属证书号或合同备案号、房屋面积、发证或备案时间,以及住房总套数和总面积等,作为银行确定购房首付比例和贷款利率折扣的依据之一。

如果借款人对查询结果有异议,可持查询通知单及借款人身份证明和现有家庭其他成员相关资料,向市房产信息中心申请复查。银行、个人申请查询住房信息都需交费,具体标准将由物价部门另行制定。

市房管局有关人士介绍,全市的房子,只要在全市房管部门的发证系统和备案管理系统里"留底"的,都将列入到二套房查询。不过,因为房产信息补录尚未最后完成,有的远城区房子和年代久远房子目前尚不在查询范围之内。下一步,市房管局将建立专门的查询系统与银行对接,目前还有一些准备工作没有完成,预计全市范围内全面开通查询还需一个多月时间。

据了解,以往二套房的认定只能通过贷款记录,而在2005年合同备案系统建立以前的未办证房产在房产部门也查询不到,部分未成年子女的信息也未与其父母关联,导致"认房又认贷"标准存在认定漏洞。

讨论问题:该问题解决的关键是什么? 从信息系统角度来看,在该问题中的作用如何?

【案例讨论2】

张莉是某校信息管理系副教授,最近负责为某公司开发一个设备管理系统,在开发过程中遇到了一系列困难。

项目描述:该项目是针对某子公司的设备管理系统,需要和总公司先前建立的基于大型机、用COBOL语言编写的字符操作界面的设备管理系统进行接口,老系统只能管理备品、备件和设备的基本资料,不能进行领用等过程管理。

开发中遇到的主要问题有:

(1) 数据交换的问题。基于安全性的考虑,总公司不同意该系统对原系统进行直接的数据访问,在和总公司系统负责人反复商谈以后,她决定采用定期备份的方式进行,专门编了程序用于定期下载(上传)、数据恢复。该操作在每天零点进行,将公司下载的数据恢复到自己开发的系统中,备品、备件等数据直接录入到总公司的系统中,而其他操作在自己信息开发的系统中进行,这样做的结果是工作人员要维护两个系统。

(2) 开发周期严重超期的问题。该项目立项时的合同开发周期为一年半,但是开发的实际时间达到三年以上。主要原因有四:一是在开发初期公司的网络和硬件没有到位,一年以后才接通了网络;二是在开发过程中主管的公司领导进行了调整,其管理思路发生了变化,导致系统初期的设计思路改变;三是公司一些主管人员变换频繁,换了两次岗;四是有人对计算机信息管理系统有顾虑和抵触情绪,担心失去自己的岗位和透明化管理造成的压力与"不便"。

讨论问题:

(1) 你认为上述的系统会出现哪些问题?

(2) 你对张老师以后的项目开发有何建议?

(3) 你是如何理解一把手在信息系统开发中的作用的?

(4) 你觉得系统开发延期的主要原因是什么?

第2章 系统开发模式与方法

教学要点

管理信息系统的开发过程是一个复杂的系统工程,它不仅涉及技术方面的问题,而且还涉及企业的组织、管理、资源和能力等方面的问题。企业开发管理信息系统可以采用不同模式:可以从头开始自行开发,也可以通过购买应用软件包来开发,或者采取终端用户开发的方式,甚至利用资源外包建立信息系统。

选择管理信息系统的开发方法是一个重要的企业决策,它对于系统开发的时间、费用、资源需求和最终产品都有着很大的影响。管理者应该清楚每一种系统建立方法的优点和缺点,以及每种方法最适合哪种企业需求、解决哪种类型的问题。

本章的主要内容有:

(1) 掌握系统建立的方案:传统系统生命周期法、原型法、应用软件包、终端用户开发和资源外包。

(2) 比较每一种方法的优点和局限性。

(3) 评价解决由这些方法所引发的管理问题的方案。

2.1 传统的系统生命周期法

系统生命周期(System Lifecycle)是一种最传统的建立信息系统的方法,一些复杂或大型系统项目的开发至今仍在运用这一方法。该方法把一个信息系统开发过程看成像产品一样,具有生命周期,也就是要经过开始、中间过程和结束。一个信息系统开发的生命周期大致可分为6个阶段:立项、系统分析、系统设计、编程、安装和后期运行。图2.1所示为上述几个阶段,可以看出只有在完成上一个阶段基本活动之后才开始一个新阶段的活动。一个典型的中型开发项目需要两年的时间才能完成,并具有3~5年的期望寿命。

生命周期法是一种非常规范的系统建立方法,它将系统开发过程分为6个阶段,各阶段紧密衔接、顺序完成,每个阶段具有特别转折点和阶段性成果。

生命周期法对最终用户和信息系统专业人员有非常明确的分工,如系统分析员和程序员这类技术专业人员主要负责的是系统分析、系统设计和实施,而最终用户的参与主要局限于提供信息需求和对技术人员的工作进行评审。各阶段完成后,需要最终用户和技术专家达成共识。

图2.1还描述了生命周期的各阶段结束时输出的阶段性结果。立项阶段产生开发新系统的申请报告,系统分析阶段提出了几种可选方案和含有可行性分析的系统分析报告,系统设计阶段生成被选定系统方案的设计说明书,编程阶段生成系统实际的软件编码,安装阶段输出对系统性能的测试结果,后期运行阶段要对新系统运行原始目标的满足程度进行检测和评估。下面详细描述生命周期的各个阶段。

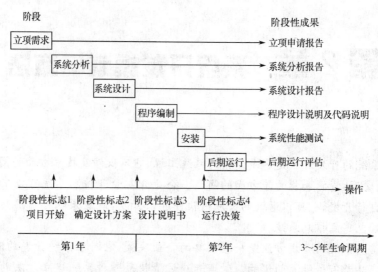

图 2.1　信息系统开发的生命周期

2.1.1　系统生命周期的阶段划分

(1) 立项（Project Definition）阶段。该阶段要回答的问题是："我们为什么需要一个新的系统项目？"和"我们要完成什么？"等。该阶段主要是确定组织是否存在问题，以及存在的问题能否通过一个新的信息系统或修改现行系统得以解决。如果要建立一个系统项目，那么该阶段就要确定项目的总体目标，界定项目的范围，并向管理层提交一份项目计划报告。

(2) 系统分析（System Analysis）阶段。该阶段任务是详细分析现行系统（人工的或者自动的）存在的问题，找出解决这些问题的方案和所要达到的目标，并说明可供选择的解决方案。系统分析阶段还要分析可选方案的可行性。该阶段要回答的问题是："现行系统正在做些什么？"、"它们的优缺点、难点和问题是什么？"、"一个新的或修改的系统要解决这些问题应做些什么？"、"方案需要满足用户的信息需求是什么？"、"可选方案中哪些选项是可行的？"及"它的成本和收益是多少？"等。

要回答上述问题，就需进行广泛的信息调查和收集工作，详细查阅现行系统的文档、报告和工作记录，观察这些系统的工作过程，对用户进行问卷调查，并进行面谈。在系统分析阶段所获得的全部信息将被用于确定系统需求。最后，系统分析阶段将详细说明生命周期法后几个阶段的活动和任务。

(3) 系统设计（System Design）阶段。该阶段生成解决方案的逻辑设计和物理设计说明书，由于生命周期法特别强调规范化的说明书和文档工作，因此有许多设计和建立文档的工具可用于该阶段，如程序结构图或系统流程图等。

(4) 编程（Programming）阶段。该阶段任务是按照设计阶段形成的设计说明书来编制软件程序代码。系统分析员与程序员共同为系统的各个程序准备程序设计说明。这些程序设计说明具体描述了每个程序将做些什么，使用的编程语言、输入/输出、处理逻辑、处理顺序和控制描述等。现代编程较多采用的是第三代程序设计语言（如 COBOL、C）或高效的第四代编程语言。由于一般大系统都含有成千上万行程序，所以常常需要由多个程序员组成的程序设计小组共同合作并完成任务。

（5）安装（Installation）阶段。该阶段的任务包括将新的或修改后的系统投入使用的最后几步：系统测试、人员培训和系统转换。对软件进行测试的目的是确保其从技术和业务上准确无误。为使业务和技术人员能够有效地使用新系统，还需要对他们进行培训。另外还需制定一份完善的系统转换计划，以便提供投入新系统所要进行的各项活动的具体安排。

（6）.后期运行（Postimplementation）阶段。该阶段包括系统安装投入使用后对系统的使用和评审，还包括为完善系统所进行的系统修改。用户和技术人员将在新系统投入运行后对系统进行跟踪审查，以确定新系统是否达到原定目标，是否还需进行修订和更改。系统调试完毕之后，可能还需进行一些纠错、改善处理效率等维护工作。经过一段时间后，系统可能需要进行更多的维护才能保持有效地工作并满足用户目标，直到系统有效生命周期的结束。一旦系统生命周期结束，则会要求一个全新的系统来替代老系统，一个新的周期可能再次开始。

2.1.2 生命周期法的局限性

系统生命周期法适用于大型事务处理系统和高度结构化且完全可定义的管理信息系统的开发。它对复杂的技术性系统，如航天发射、航空指挥和炼油管理等也较为适用。这些应用都需要有严格且规范的需求分析、预先可确定的说明书及对整个系统建立过程严密的控制。然而系统生命周期法存在着严重的局限性，即它不能很好地适用于 20 世纪 90 年代以来已成为主流的小型台式机系统。另外，它的局限性还体现在如下几点。

（1）需要大量的资源。用生命周期法进行系统开发需要花费大量时间搜集信息并准备详细的说明书。这样在一个系统被最后安装之前，它可能要花费几年时间，但如果花费时间太长，信息系统运行之前信息需求就可能发生变化，那么花费多年和大量资金开发的系统，在还处于设计过程阶段时就可能过时了。

（2）缺乏灵活性，不适合需求的多变。当然为确保需求得到满足，生命周期法也允许对系统进行修改。当需求不正确或遇到错误时，就需要按照生命周期活动的顺序反复进行修改，除产生必要的附加文档外，事实上还增加了开发时间和成本。因此这一方法更加适合于开发过程一开始需求就完全确定的系统，一旦用户同意了说明书内容，则它就基本是确定不变的了。但用户不可能单凭说明书去想像一个最终的系统，实际上，用户可能需要亲眼见到并实际操作一个系统，才能确定系统是否满足他们的需求，而用生命周期法要做到这一点几乎是不可能的。所以用户对说明书尚未完理解就签字通过，到编程测试阶段才发现其不完整或不符合需求的现象时有发生。

（3）不适合面向决策的应用。因为决策问题可能是高度非结构化和不固定的，需求经常变化。另外，决策应用往往缺乏很好的可定义模型及过程，决策者对自己的信息需求常常无法预先确定，他们可能需要借助一个实际系统来进行试验。规范化的需求说明可能会影响系统开发者探索和发现问题，所以对这些高度不确定性问题不适合用生命周期法进行解决；同样，生命周期法也不适合许多小的桌面系统，这些系统往往缺少结构化，而更加具有个性。

2.2 原型法

原型开发法是出于一种朴素的原理：先按照用户提出的需求，快速、低成本地建立一个系统原型,然后提供给用户试用,在试用过程中不断完善。通过与系统原型的交互作用,用户能够不断明确自己的信息需求,被用户最终认可的原型,即可作为系统的最终开发结果。

信息系统的原型只是一个初始的、较粗略的框架,并不一定要求非常完善。投入运行以后,这个原型还要被进一步精练,直到精确地符合用户需求为止。许多应用在最终设计被认可之前,其原型将被反复修改、扩充和提高,一旦设计被确定下来,那么这个原型即成为系统的最终成果。

原型法开发过程需要经过用户需求、建立初步原型、试用并精练原型和修改原型4个阶段,其中试用并精练原型和修改原型两个阶段要经过多次反复。我们注意到前面介绍的传统的生命周期法也会有一些再处理和再精练的过程,但原型法比生命周期法具有更明显的重复机制。可以说,原型法用有规则的重复代替了无计划的再处理,且每次重复都能更精确地反映用户的需求。

原型并不一定是一个完善的最终系统,其报表、文件和输入的内容可能并不全面,处理也不一定很有效,但它可提交给用户进行评价,能引发用户对系统的兴趣,确定用户喜欢什么,不喜欢什么;想做什么,不想做什么。因为绝大多数用户并不具备将自己的需求以文字形式进行全面描述的能力,要想准确地知道他们的需求,可采用原型法的方式让他们在系统应用中不断精练需求。

原型法不像生命周期法那样规范,它只是快速地生成一个系统的工作模型,并不生成详细说明书和验收文档。需求是在构造原型时动态地确定下来的,系统分析、系统设计和实施过程都是同时进行的。

2.2.1　原型法的步骤

图 2.2 给出了原型法的 4 个步骤。

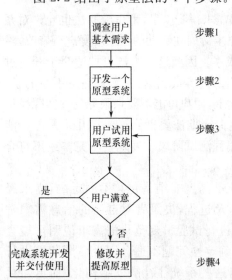

图 2.2　原型法的 4 个步骤

（1）确定用户基本需求。系统设计者（通常是信息系统专业人员）和用户一起工作一段时间,以便获得用户的基本信息需求。

（2）建立一个系统的初步原型。系统设计者快速建立一个工作模型,最好采用第四代软件工具实现快速开发。该原型可能只完成系统的主要功能。

（3）试用原型,精练用户需求。为了确定原型是否满足用户需求并提出改进原型的建议,应鼓励用户试用系统进行工作。

（4）修改并提高原型。系统开发者记录下所有用户提出的修改意见,并对原型做相应的精练。当原型被修改完毕后,再返回到（3）,重复（3）和（4）,直到用户满意为止。

当上述循环过程结束时,原型即被认可为一个可使用的系统,并给出最终的应用说明书。实践证明,原型法比系统生命周期法更快捷、重复性好且受规范化限制较小。

2.2.2 原型法的优缺点

1. 适用性

对有些类型的信息系统而言,用原型法开发比用生命周期法更有效,特别是当需求不能完全确定时,原型法显得更为实用。有些项目可能难以事先确定需求,事实上在系统实现过程中需求可能是经常变化的,特别是那些面向决策的应用,信息需求往往不十分明确。管理者们可能觉得好信息固然需要,但需求是什么却无法肯定。例如,一个大型证券公司可能需要用一些综合信息来分析经营绩效,那么绩效用什么来衡量呢?所需信息能全部从人事系统中获得吗?还是必须把委托人单据的数据也收集起来?报表中哪些项目该做比较?要否包括对某些统计进行分析的中间处理过程?对许多决策支持的应用来说,很难在开发初期就把全部需求确定下来,因为管理者们无法预见系统是怎样工作的,他们也无法清晰地想像出最终的系统是什么样子的。

原型法对信息系统终端用户界面(End-User Interface) 的设计尤其有用,如联机显示和输入屏幕或报表格式。因为用户的需求与行为无法完全预知,它们对环境有很强的依赖性,原型法能够确保用户对将使用的系统中的某些问题立即作出响应。案例2.1说明了原型法在这方面的优越性。

【案例2.1】 用原型法开发一个公事包管理程序

某零售证券经纪人要开发一个联机的公事包管理程序,系统终端用户界面是按原型法建立的。屏幕的第一版本是按照用户提供的跟踪约会和活动的日历的说明来建立的,如图 2.3(a)所示。但是,当用户在实际使用日历屏幕工作时,他们建议在屏幕上增加月份、年份的标记和一个暗示该约会是否已经履行或者一个活动是否被完成的标记。这些经纪人还提出,他们需要访问系统中保存的关于他们约定的顾客的全部信息,于是系统设计人员又增加了一个链接,使经纪人能够直接从日历屏幕上移动到顾客记录,修改之后的原型如图 2.3(b)所示。

(a)

喂，苏珊！这是你今天约会和活动的日历。

	S	M	T	W	T	F	S
	30	31	1	2	3	4	5
	6	7	8	9	10	11	12
	13	14	15	16	17	18	19
	20	21	22	23	24	25	26
	27	28	29	30	31	1	2

2000 年 3 月 18 日　　　星期五

完成	时间	活动	标记	
☐	6:00am			链接
☐	7:00am			链接
☒	8:00am	公事包　审核　早餐	罗伯特	链接
☐	9:00am			链接
☐	10:00am			链接
☒	11:00am	销售电话	菲奥里	链接
☐	12:00pm			链接
☐	1:00pm			链接

确定　　月　　下一步　　上一步

(b)

图 2.3　原型法开发一个公事包管理程序

　　还有一种情况，系统开发者对最终用户需求可能十分清楚，但对设计方案的某一技术特点没有把握，例如，一个大型超市连锁店打算改进其库存控制系统，允许从不同地点方便地联机访问它的主文件。这一应用可能需要大量联机数据输入和主要信息输出的屏幕显示格式，但系统开发小组对屏幕格式应如何从一个联机屏幕转到另一屏幕及应该如何调整屏幕格式没有把握。因此，开发小组决定采用能够建立人机对话界面的实用工具来开发多个屏幕格式原型，这些屏幕格式能很快地被开发出来，并展示给用户。

　　原型法鼓励用户参与到整个系统开发过程中去。由于用户从开发设计过程一开始就与系统打交道，在对原型进行评价和精练的过程中，用户自始至终都积极地参与设计工作，因此，原型法开发的系统更容易满足用户需求。特别是当原型法被用于决策应用开发时，有可能避免开发成本超支，并减少由于需求不能被一次满足而产生的设计错误。经过很短时间用户就能得到一个实际的工作系统，尽管它可能是初步的，但用户的满意程度和使用信心会逐步提高。

2. 局限性

　　原型法并非对所有应用都适合。它不可能取代细致的需求分析、结构化的设计方法及详尽的文档资料，也不可能完全取代传统的开发方法和工具。另外，目前能用于进行原型法开发的方法和工具还十分有限。

　　对那些简单的数据操作和记录管理的应用比较适合用原型法开发，而对那些批处理或大量计算和有着复杂逻辑过程的系统，一般不适合用原型法处理。原型法更适合较小的应用开发，对大型系统就需要分成几部分，再逐一地分别建立原型。如果缺乏用传统方法进行透彻的需求分析，就无法对大型系统进行划分，因为一开始很难分辨系统各部分之间存在哪些相互的影响。

　　原型法的不足是它可能会忽略掉系统开发中的一些基本步骤，基本的系统分析和需求分析被削弱。快速开发原型的需求可能会导致开发小组在尚未捕获起码需要的情况下，单纯为建立工作原型而仓促行动。在大型系统开发中，这一点无疑将构成问题。

若原型法不以全面、彻底的需求分析为先导，那么就不能明确如何建立一个系统原型，将原型转换成一个完善系统的最后步骤也就无法进行了。

一旦原型建立起来，往往就成了最终的应用系统。如果原型工作很理想，那么管理者们可能就会认为无须再重新编程和设计了，但这些草率建立起来的系统在规范的生产环境中进行维护和支持可能都十分困难。因为原型没有通过细致地建立过程，它们的技术性能可能是低效的，所以在一个生产环境中，它们可能无法适应大量数据或大量用户处理需求。

另外，原型法开发的系统仍需建立详细的文档并进行测试，但通常这些步骤有所简化。因为构造原型十分容易，所以管理者们就觉得测试工作可由用户自己完成，测试中的任何疏漏也都能被随后纠正。但由于系统非常易于更改，所以文档内容很难做到与系统更新同步。

✎ 2.3 利用软件包开发信息系统

另外还有一种可选择的信息系统开发战略就是通过购买应用软件包建立信息系统。应用软件包（Application Software Package）是指可从开发商那里买到的预先编写好的应用软件程序。对于企业而言，当有合适的软件包可选用时，建立信息系统就无须再为那些固定的功能编写自己的软件程序了，从而也减少了设计、测试、安装和维护的工作量。

应用软件包可大可小，它可以是一个简单的任务（如在计算机上打印出数据库中的一段记录），也可以是一个复杂的、具有 50 万行程序 400 多个程序模块的大型主机系统软件。软件包之所以流行是因为有很多应用对于大多数组织来说非常近似，如工资处理、应收账款、总分类账及库存控制等。所以，对于这些具有标准程序的统一功能，开发商只需编写一个通用的软件包就可以满足许多组织的需求。表 2.1 就列举了一些商品化的应用软件包的例子。

表 2.1 应用软件包举例

应付账款	人力资源
应收账款	库存控制
建筑设计	分批核算
银行系统	分批成本计算
债券和股票管理	图书馆系统
支票系统	人寿保险
计算机辅助设计	数学/统计模型
数据管理系统	订户登记
电子工程	工资计算
教育	绩效评价
电子邮件	过程控制
财政控制	房地产管理
预报和建模	路程安排
格式设计	销售和分配
总分类账	储蓄系统
政府购买	股票管理
制图	税核算
健康保险	字处理
饭店管理	工作安排
	工资计算

因为对工资处理、应收账款、总分类账或库存控制等这样一些职能，各组织之间都存在许多共同的信息需求，所以这类应用软件包已非常普及。对标准操作的财务职能来说，一个通用系统即可满足众多组织的需求，所以企业就不需要自己编写程序了，这种预先设计、预先编写、预先测试的软件包是可以满足需求的。由于软件包开发商已做了大部分设计、编程和测试工作，所以开发一个新系统的周期和成本将大大减少。

下述情形适于选择购买软件包的开发战略：

① 具有与其他很多企业相同的职能时。例如，每个公司都有工资管理系统，可以打印工资条和工资报表，这是一种典型的职能完全相同的系统。事实上这类应用软件包已被广泛应用。

② 自行开发信息系统的资源不足时。很多企业由于缺乏受过专门训练、有经验的系统专业人员而不具备自行开发项目的条件。在这种情况下，购买软件包是一种能保证新系统建立的唯一方法。

③ 最终用户采用计算机作为开发平台时。目前已有许多运行在计算机平台上操作简单的应用软件包问世，而且都是些基本应用，因此购买软件包建立系统是一种快捷的策略。

2.3.1 利用软件包的优缺点

长期以来，人们就期望将购买软件包作为降低软件开发成本、提高软件性能的有效工具，并且购买应用软件包能简化系统设计、测试、安装、维护工作。当然，利用软件包也存在许多优点和局限性。

(1) 软件包的优点

一般来说，系统的设计活动约占整个开发过程的 50% 以上，但是利用软件包的开发战略时，由于设计说明书、文件结构、处理逻辑、事务报表等已由软件包开发商负责，因此大部分设计工作已在系统建立之前完成。另外，软件包程序在投放市场前已进行过充分的测试，主要的技术问题均已解决，所以对要安装的软件包测试工作只需较短周期就能完成。许多开发商都提供了样本测试数据，并能协助进行测试工作，还提供对系统的长期维护和支持。例如，人力资源或工资管理系统，开发商就负责按管理机构规章的变化随时对系统做相应的调整。另外，开发商还能定期为系统提供升级或修改服务，这些都使企业内部人员的应用更加容易。

建立在软件包基础上的系统所需的信息系统内部资源较少。因为 50%～80% 的系统预算可能都用在维护上，所以用软件包建立系统的方法是降低系统开发成本的有效途径。软件包开发商能为用户提供应用软件包技术上的长期支持，不会因信息系统工作人员的调离或工作变更而使系统受到影响，因为开发商仍能继续为企业提供系统的帮助支持。另外，系统和用户说明书是由开发商预先编好的，所以内容能保持最新。

(2) 软件包的缺点

人们很少注意到软件包的缺点，事实上它是不可忽视的。一般来说，软件包都是针对单独的某一种应用而设计的，对一个复杂的系统来说，建立一套技术性能完善、多用途的软件包尚未达到商品化的程度。设计、编写完成单一功能的软件比建立一个具有大量、复杂处理功能的系统要容易得多。例如，很多人力资源软件包开发商就不得不开发一些专门处理员工退休金或后备人才记录的软件包，因为在多用途的人力资源综合软件包中完成这些功能将比较困难。

在某些情况下，由于系统转换成本的提高，实际上购买软件包可能会给开发工作带来不利。虽然软件包开发商能提供转换软件的服务及咨询帮助，但实际上软件包可能反而会拖延系统转换过程,特别是当从一个很复杂的自动化系统转换到用软件包处理时。在这种情况下,系统的转换成本就可能非常大。而从简单的手工应用或不很复杂的自动化应用转换成软件包应用是最容易的。

　　软件包不可能满足一个组织的全部需求,相对来说,它更适用于所有组织中比较通用的一些需求。为了使其市场最有吸引力,软件包力求满足所有组织共同的需求。如果一个组织具有该软件包不能够解决的独特的需求,软件包开发商将提供不改变基本软件的定制特色的定制(Customization)服务,允许改变软件包来满足某个组织的独特需求,且不破坏该软件包的完整性。例如,某个软件包保留部分文件或者数据库用来维护某个组织自己的独特的数据。一些软件包设计一组选项,允许顾客从这些选项中仅仅选择他们所需要的处理功能。要满足软件包没有满足的组织信息需求,一个可选择的方法是用另一个软件来补充该软件包。

　　有时定制额外的程序设计可能会非常昂贵和花费时间,以至于抵消了软件包的优点。图 2.4 显示了按照定制程度的变化,涉及总实施费用的软件包的费用是如何上升的。因为这些是隐藏费用,软件包的最初购买价格可能具有欺骗性。

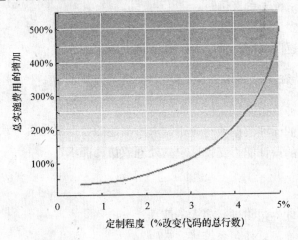

图 2.4　定制一个软件包对总实施费用的影响

　　随着一个软件包修改的增多,实施费用也会增加,以至于有时软件包所承诺的节约会因为过多的定制而消失。当改变的程序代码的行数接近该软件包总行数的 5% 时,实施费用会增加 5 倍。

2.3.2　软件包的选择

　　在用软件包建立一个新的信息系统之前,需对应用软件包进行全面评审。最重要的评审标准包括:软件包能提供的功能、灵活性、用户友好程度、硬件和软件资源、数据库要求、安装和维护、文档资料及费用。

　　1. 软件包的功能

对一个特定应用要考虑以下一些问题:
(1) 软件包满足哪些功能需求?
(2) 通过对软件包进行修改,它还能支持哪些功能?
(3) 要修改的程度有多大?

（4）软件包对哪些功能根本不支持？

（5）软件包对未来的某些需求能否支持？

2. 灵活性

（1）对软件包进行修改是否容易？

（2）开发商愿意为客户修改软件吗？

3. 用户友好性

（1）用户从非技术角度使用软件包是否易于操作？

（2）需要多长时间的培训才能使用户掌握软件包的使用？

4. 硬件和软件资源

（1）软件包能在哪些类型的计算机上运行？

（2）需要哪种操作系统平台支持？

（3）软件包需占用多少内存和外部资源？

（4）软件包的运行速度如何？

5. 数据库或文件特征

（1）软件包采用哪种数据库或文件结构？

（2）软件包文件中的标准数据项与应用需求所描述的数据项是否一致？

（3）数据库或文件的设计能否支持用户的处理或访问需求？

6. 安装

（1）在安装过程中软件包需进行多大的改动？

（2）将现行系统转换成软件包系统难度大吗？

7. 维护

（1）开发商是否能提供对系统的修改或升级？

（2）系统易于修改的程度怎样？

（3）至少需要多少内部人员(应用程序员、分析员、数据库专家)进行系统维护与支持？

（4）程序源代码是否条理清晰、结构化和易于维护？

8. 文档资料

（1）随软件包提供哪些文档资料？

（2）文档资料是否易于理解和使用？

（3）文档资料是否完整？

9. 开发商资质

（1）开发商在该应用领域是否富有经验？

（2）开发商是否有良好的销售和财务历史记录？

（3）开发商对系统安装和维护都能提供哪些支持手段？

（4）开发商对用户的改进建议能否积极响应？

（5）开发商是否具备一个能与用户定期会面并就软件包使用经验进行信息交流的用户小组？

10. 费用

（1）购买或租用软件包的基本费用是多少？

（2）购买软件包的费用中都包括哪些部分？

（3）有年维护费吗？

（4）对所期望的处理量进行估算，每年的操作费用是多少？

（5）按用户需求定制的软件包成本和安装费用是多少？

【案例2.2】 定价软件包和计算效益

某个快速发展的制药公司有24个销售代表点，年销售额为2000万美元，公司有很大的产品库存，其市场主要是医院和康复机构。目前，销售部门主要使用印刷手册、打印的产品目录和电子邮件方式向顾客介绍产品信息，但是，公司希望能够为不同顾客、不同销售请求定制适应不同销售情况的产品目录和电子信息。

现有一个叫作PowerSales的软件包，它提供了这些功能，它可以自动地和公司的企业资源计划系统相连，及时地向销售经理反馈定价信息、可提供的新产品变化信息，并且该软件还可向销售经理提供预测信息及每一个顾客的销售请求的详细报告。

PowerSales软件销售商的定价如下：

基本软件：

　　一次性安装费115 000美元；

　　年许可证费用75 000美元。

整个销售定制内容（一次性费用）：

　　具体产品促销和产品生产130 000美元；

　　产品线综合展示65 000美元；

　　销售技能培训57 500美元。

制药公司计划使用该软件包两年。在决定了最初软件配置后，该软件包销售商提供了一个顾问，来指导定制化过程，同顾客一同工作，为系统提供文本、图形、动画、视频和音频内容，顾问的费用是每天2000美元。制药公司不需要再购买任何新的硬件来运行该软件包，但是需要一个全职的、年薪为75 000美元的信息系统专家，每月花20小时的时间来维护该软件包。

讨论问题：

（1）第一年使用该软件包的总费用是多少？两年呢？

（2）软件包销售商声称，在运行了该软件包后，其顾客两年内销售额提高了10%。如果制药公司实施该软件，销售收入增加的幅度有多大？

（3）计算在这两年内使用该软件包的成本-效益率。

（4）在指导制药公司的购买决策上，哪些信息会有用？

2.3.3　应用软件包的系统开发过程

表2.2描述了如何用应用软件包来开发一个信息系统的过程。系统分析包括对软件包的评价工作，它通常是把问题提交给各类软件包开发商进行的。在此期间，可将用户提出的系统需求与开发商对问题的解答相比较，选择最能满足用户需求的软件包，随后的设计活动都将围绕使用用户需求与软件包特征相匹配而进行。

表2.2　应用软件包的系统开发过程

系统分析	找出问题 确定用户需求 确定解决方案 确定软件包开发商 评估软件包 选择软件包
系统设计	制定与软件包特征相吻合的用户需求 培训软件包应用技术人员 准备物理设计 按要求修改软件包设计 重新设计组织过程
编程、测试和转换	安装软件包 完成软件包的修改 设计程序界面 生成文档资料 转换成软件包系统 系统测试 培训软件包用户
运行和维护	纠正存在的问题 软件包更新或功能改善

本章所讨论的主题是设计一个完全符合组织需求的系统，但一般购买的软件包很难完全符合组织需求。用购买软件包的方法建立信息系统，组织无法完全控制整个系统的设计过程，甚至最灵活、最易于修改的软件包也会存在局限性。在很多企业应用中，有些使用软件包有经验的企业已经意识到，最好的软件包也不过最多满足组织大部分需求的70%，而余下的30%怎么办呢？企业将不得不采用其他手段来满足。如果软件包无法适应组织，那么组织只得去适应软件包，并改变组织流程。

【案例2.3】　开发还是购买电子交易系统软件包

网上购买国际公司于1997年在瑞典的戈森伯格成立，从事联机销售和递送软件业务。该公司最初计划向瑞典本国用户销售，但是，由于因特网的兴起，公司高层把眼光放远了：既然因特网没有界限，那么为什么不把目标指向美国和世界其他蒸蒸日上的软件市场呢？而此时庞大诱人的美国市场已经被强大的竞争对手——Beyond.com和Egdhead.com抢占，为了取得竞争优势，网上购买国际公司需要一个不寻常的、健全而灵活的电子交易系统，使它更有效地为客户服务。

在考查了多家软件提供商的电子交易系统软件包以后，网上购买国际公司的首席执行官弗雷迪·腾伯格(Fmddy TenSberg)决定自行从头开发一个系统。尽管这是一个很有风险且耗费资源的决策，但腾伯格认为公司对系统有一个独特而且重要的需求，而市面上的电子交易系统软件包都不能够满足。例如,和其他电子软件销售商不同,网上购买国际公司允许顾客在支付之前先下载软件。一旦顾客下载完软件,公司就检查所有被成功地传送到顾客个人计算机上的程序,然后,以电子方式给顾客账单。一旦公司收到支付款,就以电子邮件方式发送给顾客一个专门口令,激活该软件(下载的软件在被提供口令之前是无法使用的)。以上需求是基于网上购买国际公司的市场研究,研究表明在美国以外的一些国家的个人不会对他们还没有收到的东西进行支付。

同时,由于瞄准全球市场,网上购买国际公司要求系统必须能支持多种语言并支持超过20种不同货币的交易。而市面上没有能够实现这些需要和提供这些独特服务的商用电子交易软件包或者商用服务。

腾伯格从拉特维亚里格聘请了一个承包程序设计的人员队伍,他们在 4 个月内开发了一个复杂的、灵活的系统。该队伍使用 C++ 和 Perl 编写软件,在 Sun Microsystem 的 Solaris UNIX 计算机上运行,该系统提供了一个灵活的平台,负责销售 12 万多种软件,系统和软件放在网上购买国际公司或者其伙伴所拥有的服务器上。主系统包括 8 个主要模块:进行销售、数据库分析、支付、递送、商务安全、计划和报表生成、网站及系统维护。这些模块和一个 TcX-DataKonsult AB My SQL 数据库相连。

该系统支持一组支付功能,包括通过网上购买的网站联机输入信用卡号码、传真信用卡信息或者寄入的银行汇票或者支票。网上购买国际公司使用一个综合服务数字网和伦敦的 National Westminster Bank PLC 系统相连,以进行即时支付处理。不论支付是否被接受,顾客可以在 30 秒内被通知。

网上购买国际公司在软件开发上花费了 200 万美元,4 万美元用于系统硬件,比购买商用电子交易系统软件包的花费多得多。詹姆斯·麦夸威(James McQuivey)是福尔斯特研究机构(Forrester Research)的在线销售策略分析员,他认为像网上购买这样的专用电子交易系统的优势是有局限性的。建立自己的电子交易系统的公司必须要保留具有维护系统专门技能的程序人员。

网上购买国际公司还不能量化该系统的投资回报收益率(ROI),但是,腾伯格相信公司的顾客系统在订单履行和其他处理上比购买商用软件包费用低,并能提供较高的支持保护性能,他强调"专门的处理和保护技术是网上购买国际公司成功的一个因素"。许多被许可使用他们的电子交易软件的企业不得不从每一个销售事务的收入中拿出一部分给他们。网上购买国际公司可以继续在销售交易上赚钱,即使其利润率正在萎缩。网上购买国际公司的网站获得很大成功——据福尔斯特研究机构的调查,该网站是欧洲九个最好的交易网站之一。

讨论问题:

(1) 网上购买国际公司定制其电子交易系统的优点和缺点是什么?

(2) 在决定是建立一个定制系统还是使用一个应用软件包时,有哪些管理、组织和技术问题必须被解决?

✎ 2.4 最终用户开发法

很多组织的最终用户都能不靠专业技术人员帮助而自行开发信息系统,这种情况称为最终用户开发(End-user Development)。最终用户运用专门的第四代软件工具进行自行开发是完全可行的,虽然这些工具与常规的编程语言相比,其运行速度较慢,但由于目前硬件成本越来越低,完全可以弥补软件运行速度的不足,使该方法在技术和经济上成为可行。利用第四代编程语言、图形语言和微机工具,最终用户能存取数据、建立报表,并开发自己完整的信息系统,当然这些都是在没有专业系统分析员和程序员帮助下完成的。最终用户既可依靠信息系统专业人员的技术支持,也可以自己完成许多过去由信息系统部门承担的开发活动。采用最终用户开发法建立系统比用传统的生命周期法开发的系统要快得多。图2.5描述了最终用户开发的概念。

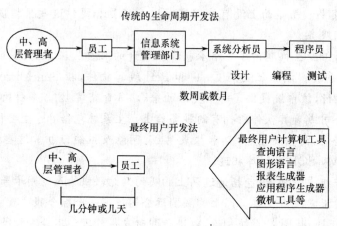

图2.5 最终用户开发法和传统的生命周期法的过程比较

2.4.1 最终用户开发工具

最终用户开发工具的出现大大提高了应用程序的生成速度和便利程度。很多第四代工具都有内嵌的应用设计知识库,例如,当用第四代语言进行数据库链接时,数据库就已被组织和定义好了,很多第四代工具都能便利地存取数据并生成报表和图形。据不少组织报道,用第四代开发工具,其系统应用开发的效率明显提高。基于传统编程语言(如结构化编程语言)的,其效率最多提高25%,相比之下,企业运用第四代开发工具进行应用开发的研究表明,其效率提高了300%~500%,这一收益幅度是相当可观的。

除此之外,第四代开发工具还有一些新的能力,如图形、电子表格、模型化及特殊信息检索等,这些都是满足重要的商业需求所必需的。

遗憾的是由于第四代开发工具的能力仍很有限,所以它还不能完全取代适合于某些商业应用的常规工具,大部分第四代工具还只适用于对小型文件进行操作的简单系统的设计。相对来说第四代工具的处理效率较低,且其会占用大量的计算机资源。由于大部分第四代语言的事务处理速度慢,且成本太高,所以它不适合大型事务处理系统。第四代语言较常规的编程语言更加非程序化,这就使它们不易处理具有多种程序逻辑和最新需求的应用。

第四代工具在系统开发的编程和详细设计阶段所起的作用非常大,但对建立系统的其他活动几乎没什么影响。系统分析、过程改变、系统转换和其他设计的工作效率与所选择的编程工具基本无关。第四代语言唯一无法解决的就是传统的组织和结构问题,如缺乏良好定义和集成化的数据库、标准化的数据管理技术及集成化的通信网络。而这些问题恰恰都会影响到信息系统的实现。

2.4.2 最终用户系统开发的好处和问题

因为最终用户可以完全靠自己或只借助少量信息系统专业人员的帮助来建立很多应用系统，所以最终用户开发的信息系统比用传统的系统开发方法建立系统更加快速，更加不拘泥于结构。但由于这些系统表面上还要受规范的信息系统环境约束，所以它们既可能为组织带来好处，同时也会存在不可避免的问题。

毫无疑问，最终用户系统开发能给组织带来一系列好处，它们包括：

（1）系统改进需求的确定。由于用户开发自己的系统，在进行需求分析时很少需要依靠信息系统专业人员，因此就可以避免出现用户需求被技术专家误解的问题。

（2）用户参与并满足用户需求。用户对自己设计和开发的系统更容易接受并乐于使用。

（3）用户控制系统开发过程。第四代开发工具能使用户在系统开发过程中发挥积极主动的作用，用户靠自己或只借助信息系统专业人员的少量帮助就能开发出完整的应用系统。第四代开发工具往往支持原型开发法，允许用户建立一个试验性系统，该系统能进行快速且廉价的修改，以满足变化的需求。正因为最终用户在应用系统建立过程中发挥了重要作用，所以第四代工具能够消除传统方法中用户与程序员之间的系统开发屏障。

（4）减少应用系统后备资源。由于开发系统的责任由信息系统专业人员转给了最终用户，所以用户开发的系统有助于减少应用系统后备资源。专业信息系统人员的工作效率也能通过使用第四代语言得到提高。

同时，由于最终用户开发系统是发生在传统的信息系统管理与控制机构外部，所以也会给组织带来风险。多数组织尚未找到一种战略能确保最终用户开发出满足组织目标，或满足与其职能相匹配的质量保证标准的应用系统。最终用户系统开发面临以下一些主要挑战：

（1）当用户和系统分析员的职能区分不再明显时，系统将缺乏充分的评审分析。由于缺乏规范的信息系统分析，用户开发的应用系统就缺乏独立的外部评审；缺乏独立的问题分析或可选方案的来源，用户就很难完整并全面地说明其需求。

（2）缺乏全面的质量保证标准和控制。用户开发的系统常常快速地建立，没有一套正规的开发方法，这类系统往往缺乏适当的标准、控制和质量保障过程，可能也没有用于测试和提交文档的规范。用户开发的系统还可能缺乏对输入和更新审计记录的完整性及合法性的控制，缺乏操作控制、目标控制和各子系统之间稳定的接口标准的控制。

（3）数据难以控制。传统的信息系统部门以外的最终用户小组利用最终用户开发工具能容易地建立起自己的应用系统和数据文件。但很多文件中都可能含有一些完全相同的信息，而且每个不同用户的应用系统在修改和定义这些数据时采取的方法可能各不相同，没有正规统一的管理规则，那么要想确定数据所处的位置，并确保同一信息对整个组织始终保持一致将变得非常困难。

（4）"私用"信息系统增多。用户能用第四代开发工具建立自己专用的"私用"信息系统，这类系统可对组织的其他成员隐蔽一些信息。一旦系统的开发者离开其岗位，这种非文档化的私用系统将无法容易地移交给他人使用。

2.4.3 最终用户系统开发的管理

怎样保证组织采用最终用户开发时得到最大收益呢？同时保证开发过程始终处于管理控制之下呢？下面介绍两种策略。

1. 建立信息中心

一种既能促进又能管理最终用户应用开发的方法就是在企业中建立一个信息中心(Information Center),这是一个专为最终用户计算机应用提供培训和支持的机构。信息中心的重要作用就是提供系统硬件、软件和支持最终用户使用开发工具的技术专家,对用户进行培训和向用户提出建立系统的专家建议等。用户用信息中心提供的工具能建立自己的计算机化报表、电子表格、图形或选取决策和分析数据,信息中心顾问负责指导并协助用户从事较复杂的应用系统开发。信息中心的工作人员需兼备硬件、软件和数据库的专业知识,他们既要承担教师和顾问的双重任务,又要参与较复杂的应用分析、设计和编程。一般信息中心提供的基本服务包括以下几个方面:

(1) 高级语言和开发工具的使用培训;

(2) 协助存取和传送数据;

(3) 协助调试程序;

(4) 提供有关适合开发应用的工具及方法的咨询;

(5) 协助确定质量保证标准和实施有效控制;

(6) 原型的建立和修改;

(7) 提供信息中心资源的参考材料;

(8) 提供与作为信息中心资源的其他信息处理群体(如数据库专业人员)的协作;

(9) 对一系列现行系统应用和数据库进行维护;

(10) 对新的硬件和软件进行评估。

信息中心硬件可以采用大型主机、小型机、微机、工作站或是上述机型的综合运用。而典型的软件一般包括字处理软件、建模或规划软件、数据库软件、图形软件、报表生成器、友好的第四代查询语言和用于第四代应用开发的高级编程语言。

信息中心还能为管理带来诸多益处:

(1) 能帮用户找到使其高效开发的工具和应用;

(2) 能防止系统应用冗余的产生;

(3) 能改进数据共享并使一致性问题减至最小;

(4) 能确保最终用户开发的应用满足审计、数据质量和安全标准。

建立信息中心的另一个重要好处是,它有助于企业制定并执行硬件和软件标准,防止最终用户将不同类型或不兼容的技术引进企业。信息中心通常与企业的信息系统部门一起工作,制定并指导软、硬件的选取,还可以协助管理部门对用户采用的软、硬件进行审批。

2. 对最终用户应用的管理

除建立信息中心外,管理者还可采用另一种确保最终用户应用符合组织整体目标的战略,即可建立多个小型分布式信息中心作为集中式信息中心的补充,它们按不同业务部门的需求和业务职能范围提供培训和开发工具,同时也能保证所提供的支持适用于各类型最终用户应用开发者的需求,如只用高层命令或简单的查询语言访问数据的用户所需的培训,就不同于实际编写软件程序和用第四代开发工具进行应用开发的最终用户。培训和支持还应考虑到每个用户对计算机的看法、教育水平、认知的类型及对变革的接受程度。

管理者不应允许随意开发最终用户应用,组织应将最终用户系统纳入自身的战略系统规

划中。管理者还应建立对最终用户应用开发的控制机制,这些控制包括:

(1) 最终用户信息系统项目的成本控制。

(2) 用户开发应用的软、硬件标准控制。

(3) 微机、字处理软件、数据库管理系统、图形软件、查询及报表工具的企业标准控制。

(4) 质量保证评估的控制。无论是最终用户,还是来自信息系统部门或内部审计部门的专家,都应对最终用户开发的信息系统进行评审。

(5) 对最终用户开发的应用所涉及的测试、文档、精确度,以及整个输入、修改、备份、恢复和监督的控制。

【案例 2.4】 最终用户建立自己的 Web 内容

应该由谁来建立和更新企业网站的内部信息呢?如果终端用户比其他任何人都了解业务,那么为什么不让他们自己来做呢?大量使用方便的网站开发工具的出现已经使这成为对许多公司具有吸引力的选择。

在俄勒冈州波特兰的远见健康系统公司(Providence Health System)建立了自己的网站,但网站上有很多内容是过时的或者是错误的,而这些内容都是由信息技术专家放置在 Web 网上的。因为这些内容源于各业务组并且属于各业务组,所以远见健康系统公司开始让它的业务组的终端用户直接向企业内部网提供内容。

企业可以在众多的的软件工具中选择易用的工具,使用户能很容易地创建、更新和管理网站,而无须知道超级文本标识语言程序设计的详细内容。该公司对日常办公软件实行标准化,全部采用微软的套装办公软件,所以公司也选择微软的 FrontPage 网页制作工具作为公司雇员管理网站的工具。由于 FrontPage 有着与其他办公软件相似的外观,所以公司雇员觉得使用起来很轻松。利用 FrontPage 网页制作工具可以轻松创建公司需要的 Web 内容,初用者也可以自动建立网站,并且它还具有比较强的管理功能,而费用却比功能强大的高端工具便宜得多。公司也允许一些具有熟练技能的用户使用比较高级的工具。

与远见健康系统公司不同,美国银行和国家银行公司合并后,采用了不同的管理网站的方式。该公司选择了来自 NetObjects 的 Authoring Server Suite 3.0 作为 Web 发布的工具,由该银行网络的开发组负责创建、管理和更新网页,而内容是由雇员们从全世界各分支机构提供。公司相信,这种方式可以比较好地管理内部网的内容提供者,从而保证网页内容的正确、安全和外观的一致。但是合并后,该银行网络的开发组并不想管理和更新由合并者创建的网页。美国银行还不允许所有的非信息系统雇员在其内部网上发布信息,但是允许一些部门向它们自己的企业网站提供内容。例如,在亚特兰大和旧金山的市场营销组就在它们的网站上发布信息。美国银行网站非常大,需要很多人为此工作。

终端用户开发的主要挑战不是技术性的。管理层必须认识到,在没有协调和计划的情况下,不可以简单地允许业务组来建立和更新企业网站。同时,信息系统专家依然要确保由终端用户建立的网站能够满足企业的安全需求,确保它具有和企业其他内部或者公共网站同样的外观,并给人同样的感觉。例如,在公司范围内实施网页外观和网页之间的导航标准。再如,一些组织允许用户只能改变内容而不能够改变图形和图像。管理者应该对由他们的下属人员所提供的内容负起个人的责任。

在远见健康系统公司,管理者首先要审批终端用户成为 Web 发布者的请求,然后才给予他们 FrontPage 培训的机会,最后授权他们发布内容。管理者还负责监督他们的部门网站,消除有问题的内容。

讨论问题：终端用户应该被允许建立和发布企业网站和内部网内容吗？有什么好处？有哪些缺点？

2.5 利用外包建立信息系统

假如一个企业不想用其内部资源建立信息系统，那么可以聘请专门从事开发服务的外部组织进行开发工作。这种将组织中计算机中心的运作、通信网络或应用开发的控制权交给从事系统服务的外部开发商的方式称作外包（Outsourcing）。

由于信息系统在现代组织中所起的作用非常大，所以很多大型企业在信息技术上的投入约占整个企业资本支出的一半以上。企业信息系统的费用正在迅速上升，管理者们也在苦苦寻求控制成本上升的方法，并用信息技术作为资本投入来替代企业的经营成本。控制信息技术成本的一种选择就是依靠外部开发商进行系统开发。

2.5.1 利用外包进行系统开发的优、缺点

有些组织发现用外包方式建立系统比组织维持内部计算机中心和信息系统工作人员更能控制成本，所以外包已成为一种较为流行的方法。负责系统开发服务的外部开发商能从规模经济中（相同的知识、技能和能力由许多不同的用户共享）获得收益，并能以富有竞争力的价格收费。由于一些企业内部的信息系统人员对知识的掌握无法与技术变化同步，所以企业可以借助外包进行开发。但不是所有组织都能从外包中获得好处，一旦不能对系统很好地理解和管理，那么外包的缺点就可能给组织带来严重的问题。

外包的优点主要表现在以下几个方面。

（1）经济方面：由于负责系统开发服务的外部开发商是信息系统服务和技术方面的专家，所以靠专业化和规模经济，他们能以低于内部成本的费用向组织提供同样的服务和价值。

（2）服务质量：因为一旦外部开发商提供的服务不够满意，那么他将会失去自己的客户，所以企业对外部开发商的影响比对自己员工的影响更大，从而使企业能以较低的成本从开发商那里获得高质量的服务。

（3）可预算性：由于企业与外部开发商事先针对不同层次的服务所对应的费用进行了签约，因此可大大减少成本的不确定性。

（4）灵活性：在组织的信息系统基础设施不发生重大变化的情况下，能适应业务量的增长。当信息技术渗透整个企业价值链时，由于成本和性能可按变化的需求不断进行调整，所以外部开发商可提供较强的业务控制和适应能力。

（5）变固定成本为可变成本。很多外部开发协议（如工资单处理）规定收费标准按实际处理事务的单价（如处理一张工资单的费用）计算。作为外部开发商要考虑一年或整个协议执行过程中事务处理量可能发生的变化，而对客户而言，他们只需按实际得到的服务来支付费用。这与传统的用不用都需支付固定维护成本的内部系统相比，其做法截然不同。

（6）可以解放人力资源，使其用于其他项目。将较少且昂贵的高层次人才集中到具有较高价值和回报的活动中。

并非所有组织都能通过外包获得上述好处。把信息系统的职能置于组织之外是有风险的，外包也可能带来一系列严重问题，如失控、战略信息易损，以及对企业外部环境的依赖。外包的不足主要包括：

（1）失控。当一个企业将开发、运行其信息系统的责任承包给另一个组织时，它可能失去对信息系统职能的控制。如果开发商成为企业运行和开发信息系统的唯一选择，那么企业将不得不接受开发商所提供的任何技术，这种从属关系最终将导致产生较高的成本，并可能失去对技术管理的控制。

（2）战略信息易损。由于企业信息系统由外部人员运行、开发，所以商业秘密或业主信息可能会泄露给竞争对手；若允许外部开发者开发或操作使企业具有竞争优势的应用系统，那将更有害。

（3）依赖性。企业会随开发商对企业信息系统的开发、运作而变得对开发商的生存能力更加依赖，那么开发商的财政问题或服务上的衰减都可能对企业产生严重的影响。

2.5.2 靠外包建立系统的时机选择

如前所述，依靠外包建立系统所带来的收益和不利并不是对所有组织或任何情况下都一定的。所以管理者在决定依靠外包建立系统之前，要对信息系统在组织中的作用进行评估。下面给出一些适于用外包方式建立系统的情况，以供借鉴。

（1）当企业得到一个利用信息系统或一系列系统应用来提高自身竞争力的机遇，而期限紧迫时，可考虑采用外包方式进行开发。

（2）当信息系统服务的短期间断对组织及其效益影响不很大时。如航空订票系统对外界的信誉十分重要，一旦该系统失灵几天甚至几小时，那么就会停止业务甚至关闭。相反，若不间断处理对企业的生存并非那么至关重要，像员工保险索赔处理这样的系统就适于采用外包。

（3）当用外包方式并不会剥夺企业未来信息系统革新所需的专业技术知识时。如果一个企业用外包方式建立了自己的某些信息系统，但仍保留自己内部的信息系统人员，那么就应保证其信息系统人员在技术上总保持最新，并具备开发未来应用的专业知识。

（4）当企业现行信息系统能力不足、效率低或技术落后时。有些组织将靠外包作为一种改进自身信息系统技术的省力方法。例如，可借助外部资源帮企业实现由传统的大型主机系统转换成新的信息系统结构——分布式处理系统。

2.5.3 对外包的管理

企业要想通过外包获得收益，就需确保对系统开发过程加以严格控制。管理者们通过进行准确的业务分析以及对外部开发商实力和局限性的了解，能够识别出最适于外包的应用，并制定一个可运作的开发计划。

我们可将企业信息系统开发活动分成几部分，分别由外部开发商完成，这样可使问题易于控制，同时也便于企业配合外部开发商的工作。一般来说，一些非决定性的应用适合于委托外部开发商开发。企业应明确主要任务的应用以及从事主要任务的人力资源对开发和管理这些应用的需求。这就允许企业保留自己的高级技术人员，并将全部精力都集中在主要任务的应用开发上。在制定技术战略时，企业决不能让位于外部开发商，这类战略任务最好留给内部进行。

理论上，企业应与外部开发商建立一种委托的工作关系，开发商也应熟悉客户业务，并将客户作为合作者与其一道工作，以便使系统满足客户变化的需求。企业还应清楚地掌握开发商所能提供的优势，并尽可能多地获取这些优势。

组织不应因靠外包开发信息系统而放弃自己的管理责任，应像对待内部信息系统一样对外部开发商进行管理,确保引进适用的人才和信息系统的平稳运行。企业应明确对外部开发商的评估标准,包括对它的绩效期望以及响应时间的度量方法、事务处理量、可靠性、故障恢复、破坏性事故后援、新应用的处理需求,以及微机、工作站和局域网为平台的分布式处理能力等。企业应认真设计与外部开发商的开发合同,以便一旦业务性质发生变化,开发商也能随之调整。

表 2.3 对 5 种开发方法的优、缺点进行了比较。

表 2.3　几种系统开发方法的比较

开发方法	特　征	优　点	缺　点
系统生命周期开发法	一步步按顺序规范化地处理; 编写说明书并审批; 限定用户权限	对大型的复杂系统和项目来说是很必要的	开发速度慢、费用高; 无法适应变化的需求; 需管理大量书面工作
原型开发法	通过原型试验系统动态地确定需求,这是快速、非规范化、重复进行的开发过程; 用户不断与原型系统相互作用	开发速度快、费用低; 适用于最终用户需求不确定或用户界面十分重要时; 有助于用户参与	不适于大型复杂系统的开发; 可能忽略系统分析文档编制和系统测试等步骤
应用软件包开发系统	商品化软件的出现使企业无须再自行内部开发软件程序	减少了设计、编程、安装和维护工作; 开发通用系统时可节省时间和费用; 对企业内部信息系统资源的需求减少	无法满足组织的独特需求; 可能无法很好地完成多种业务职能; 定制专用系统会提高开发成本
最终用户开发	用户采用第四代开发工具建立系统; 开发速度快,非规范化; 信息系统专业人员所起的作用很小	用户控制系统的建立,节省开发时间和费用,减少了应用积压	可能导致无法控制的系统增多; 系统不可能全都满足质量保证标准
外包	系统的建立和部分操作由外部开发商承担	能够减少并控制成本,适于组织内部资源或技术不足时建立系统	丧失对信息系统职能的控制; 依赖于开发商的技术指导和成功

✎ 2.6　描述系统开发的工具和方法

各种工具和开发方法已经被用来帮助系统建立者建立信息系统文档、分析、设计和实施信息系统。一个开发方法(Development Methodology)是系统开发项目的每个阶段中的每一个活动的一个或多个方法的集合。一些开发方法是适合于专门技术的,而其他的则反映了系统开发的不同哲理。最常用的方法和工具包括传统的结构化方法、面向对象的软件开发、计算机辅助软件工程和软件工程。

2.6.1 结构化方法

过去人们编程往往缺乏规范的方法。用户需求说明只是通过一些非正式会谈获得,随意性很强。因此编写的程序往往十分复杂,编码混乱,带有很强的个人色彩。这些编码难以识别,其逻辑流程纵横交错,就像一锅刚炒过的意大利粉条似的交织在一起,所以人们戏称这类编码为"意大利粉条编码"。结果导致系统缺乏灵活性,难以维护。

这些实际问题促使人们去研究新的方法和工具,20世纪70年代中期出现了一些新方法。这些方法综合了实现一个系统开发项目主要功能所需的一系列方法和技术,它们是结构化的、自顶向下的方法。所谓结构化(Structured)方法,就是要求信息系统的开发工作按规定步骤,使用一定的图表工具,在结构化和模块化基础上进行。它强调用户的利益,建立面向用户的观点,同时将逻辑设计与物理设计分别进行;最终产生的工作文件满足标准化和规范化。而自顶向下的方法是指从总体目标(最高层)出发去分析各个局部(下面各层),并围绕系统总体功能和结构,在全局优化的基础上寻求局部最佳方案。这种方法可用于系统分析、系统设计和编程。

传统的结构化方法是面向过程而不是面向数据的。虽然结构化方法中也包含数据描述,但它侧重的是数据传递的描述,而非数据本身。这些方法很多都是线性的,即每个阶段完成之后才开始下一阶段。人们采用自顶向下的结构化方法开发信息系统已有20多年历史了,所以很多现行系统都是用该方法开发的。虽然人们对其他开发方法的兴趣也正在逐渐增加,但至今结构化方法仍不失为一种重要的开发方法。

2.6.2 面向对象的软件开发

面向对象的软件开发(Object-Oriented Software Development,OOSD)在对数据的处理方法上与传统方法截然不同。传统的结构化分析和设计首先考虑的是过程,它们先根据对系统的要求去考虑系统,然后建立过程和数据模型。面向对象的软件开发并不注重过程,而是将注意力由建立业务处理和数据模型转到把数据和过程组合在一个对象中,把系统看成是类和对象以及它们之间关系的集合。

面向对象开发方法的倡导者们宣称对象的表达比传统的系统表达方式更易为用户所理解,如记账人员所关心的是顾客、信贷权限、发票等这类实体。面向对象分析(OOA)和面向对象设计(OOD)都是基于这些对象而进行的,同时认为该方法较以前的方法更能准确地描述现实世界模型。然而,有些研究表明,用面向对象的软件开发方法对信息需求的说明较传统的结构化方法更具难度。当然,只有通过更多的实践才能告诉人们面向对象的软件开发方法是否是一种开发方法上的进步。

1. 面向对象开发方法的好处

由于对象可被重复调用,所以面向对象的软件开发方法可以直接解决重复性应用问题,同时有可能降低编写软件的时间和成本。当然,在建立起拟定的类和对象库之前,组织还不可能从重复性应用中体会到节省。目前,人们尚缺乏面向对象软件开发的经验,因此对这种方法进行评价还为时过早,但早期研究的结果预示该方法是大有前途的。实践证明,将编程效率提高10多倍是完全有可能的。美国的电子数据系统公司(EDS)通过两次建立同一个维护管理系统来研究该方法的好处。一次是用结构化技术,另一次用面向对象的编程技术。EDS的两个项目小组技能水平相差无几,且他们的工作内容都是根据相同的说明书进行,结果发现运用面向对象编程技术与结构化技术相比其工作效率是 14∶1,维护成本也大大降低。我们还可以另举一例:当美国的邮政系统采用 ZIP 代码,将邮政编码由 5 位升为 10 位时,公司内各应用程序也须作出相应修改。如果公司的程序是用面向对象方法开发的,则程序员只需修改对象中的这些代码,则所有调用该对象的程序也会随之反映出这一改变。

面向对象的软件开发正引起方法上的其他变化。只要建立了对象库,往往无须等待分析文档,就可以开始系统设计和编程了。更确切地说,在理论上设计和编程能够同时进行,一旦需求确定下来,设计和编程即可开始。系统开发者(用户和系统专业人员)通过快速建立原型的反复循环方式来设计系统。当这一过程完成时,所建立的原型中将包含大量完成系统所必需的编程工作。

面向对象方法能提高用户的参与程度,用户会发现对象更易理解,比设计图那样的结构化工具运用起来更加自如。另外,由于反复的原型修改过程对用户有很强的依赖性,因此需将他们安排在设计中心并参与编程。

2. 运用面向对象技术存在的障碍

虽然对面向对象技术及编程工具的培训需求正日益高涨,但面向对象的软件开发方法的运用仍处在初期阶段,而且尚未证实大多数企业都能接受该方法。虽然有些企业已经提出应用面向对象的方法,但尚存在不同意见。而且,由于采用该方法要求对员工进行多方面的培训和对主要方法的再定位,因此也使许多公司对采用面向对象的方法犹豫不决。管理者们担心完全转到面向对象的开发会花费太长时间。很多公司已将主要的投资用于现行的结构化系统上,那么结构化系统在被新系统替换之前,仍须不断对其进行维护,那么就要求信息系统部门须同时具备结构化方法和面向对象方法两门技术。

用面向对象的方法建立系统还需一些新技术,因为用于存储结构化数据定义的数据字典及程序编码对面向对象的编程不适用,所以需要建立一种新的面向对象的字典。目前开发的 CASE 工具能支持结构化方法,同时也在开始对其重新设计,使之能够用于面向对象的开发。除此之外,还需建立一些新的评测标准,因为目前许多用于评价系统质量的标准都不适用于面向对象的程序编码。

2.6.3 计算机辅助软件工程(CASE)

计算机辅助软件工程(Computer-Aided Software Engineering,CASE)也称计算机辅助系统工程,是一种自动化的软件和系统开发方法,其目的是减少开发人员的重复性工作。通过将许多常规的软件开发任务自动化,使开发者解脱出来,从而能够从事更具创造性的工作。CASE 工具能很方便地建立清晰的文档,同时有助于协调团队开发的成果。团队成员可以通过访问他人的文件来完成自己想进行的查询或修改,从而达到共享式工作。人们发现,用 CASE 方法进行系统开发其可靠性更高,且需要的维护量较小。很多 CASE 工具都是以微机为平台,具有很强的图形功能。

CASE 工具提供了生成结构图、数据流图的自动图形环境,以及屏幕格式和报表生成器、数据字典、通用报表工具、分析和检测工具、编码生成器和文档生成器。绝大多数 CASE 工具都能支持一种或多种流行的结构化方法,有些也开始支持面向对象的开发方法,并支持客户/服务器应用的开发。一般来说,CASE 工具是通过以下一些方式来试图提高开发效率和质量的：

- 支持标准的开发方法和设计规范，设计和整个开发成果更具集成化；
- 增强用户与技术专业人员之间的沟通，对众多的开发小组及项目进行更有效地协调；
- 将各个设计部件进行组织并建立相互之间的联系，并通过一个设计库对其进行快速存取；
- 对冗长乏味和易于出错的系统分析和设计部分实现自动化处理；
- 自动测试和自动控制系统启动。

1. 计算机辅助软件工具

CASE 工具分为两类，一类支持系统开发过程的前期活动；而另一类则支持系统开发过程的后期活动。前期的 CASE 工具主要侧重于在系统开发早期阶段捕获系统分析和设计信息；它能自动创建数据流图、结构图、实体关系图及其他说明文档，以便在程序编码之前对要改进的设计进行修正。后期的 CASE 工具主要用来进行程序编码、系统测试和维护活动，还包括文本编辑器、格式生成器、语法检查工具、编译工具、前后参照生成器、连接程序、字符式程序调试工具、模拟执行器、代码生成器和应用程序生成器等，后期 CASE 工具能帮助我们把说明书自动转换为程序编码。

系统分析员利用 CASE 工具来帮助获取存在 CASE 数据库中的信息需求和信息说明，同时可以容易地检索或修改其中的数据。CASE 工具有助于前期的设计和分析工作，以便减少日后的错误更正。CASE 的文本和图形编辑器帮助系统分析员用正确的技术建立数据流图、处理说明和数据字典。系统分析员还可以通过从一组标准符号中选择并指定该符号在屏幕上的位置来画出流程图，图中还能插入文本信息或用 CASE 工具的文本编辑器来编辑描述处理逻辑和数据流图中的文本信息。

很多 CAES 工具都能自动将数据元素与利用它们的处理之间建立相应关系。如果一个数据流图发生了变更，则在数据字典中的元素也会自动进行修改，以便反映数据流图的变更。CASE 工具还含有对设计进行校验的功能，该功能包括对数据流图的自动平衡、数据流图及说明书完整性和一致性的检查。有些工具套件还具有原型开发特征，如屏幕生成器和报表生成器，它们允许分析人员直接画出屏幕或报表格式以供用户审查。因此 CASE 工具能通过自动更正、修改和提供原型工具来支持重复地设计过程。

CASE 工具中一个重要的组成部分就是信息库，它保存了项目期间系统分析人员所定义的全部信息。信息库包括数据流图、结构图、实体关系图、数据定义、处理说明、屏幕和报表格式、注释和备注、测试结果和评估、源代码、状态和审计信息，以及时间和成本估算。CASE 信息库可被项目小组成员共享，但限定只有唯一指定的系统分析员才能对其进行修改。

2. 使用计算机辅助软件工程的挑战

要想有效地利用 CASE 工具，就需要比手工方法具有更严格的组织规范。开发小组的每个成员必须坚持采用大家共同认可的命名规则、标准和开发方法。如果缺乏这一规范，分析和设计人员将墨守过去开发系统的一些老方法，并试图将 CASE 工具融入开发过程中，但由于老方法与新工具之间不兼容，所以实际上可能事与愿违。所以在缺乏组织规范的情况下，不能采用 CASE 工具。

从 CASE 应用中获得的实际效益也很难确定。到目前为止，只有少数企业从使用 CASE

中节约了有形成本,而其他企业则解释说,一旦开发者学会使用 CASE 工具,就能快速地生成系统或高质量的软件。有些研究发现 CASE 工具能提高开发效率,而另一些研究则发现它对效率无重大影响,且对说明书质量的影响也不是很大。之所以给出这么消极的结论,其主要原因是一般情况下软件开发的效率很难测量和定量化。

虽然 CASE 使系统开发的一些方法变得方便容易,但它决不是一种富有魔力的"万灵药"。它能提高系统分析和系统设计速度,有助于重复性设计,但它不能自动设计系统或确保系统满足业务需求。系统设计者们仍须理解企业的业务需求是什么,以及企业怎样运作。系统分析和设计仍要依靠系统分析人员和设计人员的分析技术。有些企业运用 CASE 获得的效益实际可能只是通过约定一种标准的开发方法使系统开发人员加强交流、相互协调并使软件集成化的结果,而并非来自采用自动化的 CASE 工具本身。

CASE 提供了一套能使软件开发工作自动化的节省人力的工具,但实际的软件开发自动化过程还要取决于一种开发方法。如果企业没有一种方法,则 CASE 工具用于自动化开发可能就缺乏可比性,而且往往造成方法和工具上的不兼容,整体性或标准化的企业系统开发方法将被经验所取代。

2.6.4 快速应用开发

使用计算机辅助软件工程工具、可重用软件、面向对象的软件工具、建立原型和第四代工具正在帮助系统开发人员以比他们使用传统的结构化方法快得多的速度建立工作系统。术语快速应用开发(Rapid Application Development,RAD)被用来描述在非常短的时间内创建可以工作的系统的这个过程。快速应用开发可以包括建立图形用户界面的可视程序设计和其他工具、关键系统元素的原型的循环建立、程序代码生成的自动化和终端用户同信息系统专家之间的紧密的团队工作。简单的系统往往可以用建好的部件组装。该过程不需要非得顺序执行,开发的关键部分可以同时出现。技术视窗表明了使用快速应用开发进行 Web 应用开发的一些好处。

有时候,一个叫作联合应用设计(Joint Application Design,JAD)的技术被用来加速信息需求的产生和进行最初的系统设计开发。联合应用设计要求终端用户和信息系统专家在一个交互式的会议上讨论系统的设计。通过合适的准备和引导,当用户的参与大到比较强烈的水平时,联合应用设计可以大大加速设计阶段。

【案例 2.6】 快速应用开发推动了 Web 开发

在因特网时代,不能够开发电子交易和其他基于 Web 的应用的公司会迅速地失去重要的商业机会。幸运的是,快速应用开发(RAD)工具可以提供帮助。这里是一些案例。

在 Web 上自动销售和服务的先驱 Autobytel.com 依靠快速应用开发工具处于竞争的领先地位。消费者可以按型号、样式、特征和价格来寻找轿车和卡车,并安排从一个相关的经销商那里联机购买该交通工具。在 Autobytel 的系统自动地把财务应用转寄到相关的银行的同时,该经销商会运送该交通工具。Autobytel 的网站需要频繁地改变其内容和容量,以保持领先竞争对手一步。使用快速应用开发工具,Autobytel 可以在 1~4 周时间内完成大多数开发项目。Autobytel 使用阿尔埃雷(Allaire)公司的 ColdFusion 4.0 作为主要的 Web 开发工具。因特网开发人员使用 ColdFusion 内部的叫作 Studio 的快速应用开发工具来创建具有 Web 网页和标签的应用,它们和在 Compaq Windows NT 服务器上运行的微软 SQL Server 7.0 数据库相连。使用这些工具，Autobytel 于 1999 年早期在 3 个月内建立了一个叫作 wholesale. autobytel. com 的用于旧车拍卖的新网站。该联机拍卖网站包括 200 个网页和一个从一个拍卖到另一个拍卖的自动处理系统。

在北卡罗莱纳州 Cary 的战略资源解决方案公司（Strategic Resource Solutions Corporation, SRSC）需要快速地建立一个企业内部网，以和其非常快速的增长保持同步。该公司帮助设计照明和电力系统，在两年之内员工人数从 70 人迅速增加到 500 人。SRSC 想要为其扩大的工作力量提供对新的销售信息、设备位置和地址、收益计划跟踪、关于行业反常的周新闻更新和承包人列表等的立刻访问，所有这些都在一个微软的 Access 数据库中存储。但是，该公司仅能提供两个骨干成员建立内部网。SRSC 的 Web 站点管理员选择了 Gatsby 数据库浏览器以加速开发过程。Gatsby 数据库浏览器自动地建立了和微软的 Access 数据库的界面，而不用专门的超文本置标语言或者 Java 程序设计。虽然它不像 ColdFusion 那样可以定制，但是它的使用极为简单，适合于使用微软 Access 数据库的比较小的公司或者部门的内部网。使用 Gatsby 界面，用户可以在因特网上或者通过内部网查看、搜寻和编辑数据库。Polsky 使用 Gatsby 界面在两周内设计和建立了 SRSC 的内部网。

路易斯安那州的自然资源部使用快速应用开发工具能够在 18 个月内把它的 SonRis2000 Web 联机应用建立起来。要是没有快速应用开发，就得花费两倍的时间。SonRis2000 是一个公众对其所提供的关于该州的石油和天然气储藏的文档、地图、图表和其他信息进行自由访问的 Web 入口。该系统集成了一个 Oracle 8 数据库和 FileNet Inc. 文档成像系统，允许用户在部门档案中搜寻和检索包括 5000 万页的文档。该部使用 Oracle Designer 开发了所有的应用，Oracle Designer 提供了一个可视的程序设计环境。因为设计人员可以重用在库中和模板中发现的标准程序代码，所以开发速度比较快。

讨论问题：使用快速应用开发的好处是什么？在选择一个快速应用开发工具时，应该解决哪些管理、组织和技术问题？

2.6.5 软件再造工程

软件再造工程（Software Reengineering Engineering）是应付成熟软件问题的一种方法。目前很多组织应用的大量软件都是在未采用结构化系统分析、系统设计和结构化编程方法的前提下编写的，这样的软件难以维护或更新。当然，只要软件还能比较易于维护，那么它就能继续较好地应用并服务于组织。再造工程的目的就是通过对软件升级来抢救这样的软件，使用户不必为新的系统替换项目进行长期或大量投资。实质上，是开发人员利用再造工程从现行系统中吸取有用精华，在此基础上创建新系统，而不是从头开始。再造工程包括 3 个步骤：①回溯工程；②设计及程序说明书的修订；③进展工程。

回溯工程（Reverse Engineering）主要是从现行系统中取得所属业务的说明。陈旧的、非结构化的系统往往都缺乏阐明系统所要支持的业务职能的结构化文档，也没有相应的系统设计和程序文档。回溯工程工具对现行程序的代码、文件和数据库描述进行读取和分析，同时生成结构化的系统文档，其输出将显现出设计层次的组成部件，如实体、属性和过程。有了开发工作用的结构化文档，项目小组就能根据当前企业需求去修订设计和说明书了。在最后一个步骤，即进展工程（Forward Engineering）中，被修订的说明书可用于生成新的、一个结构化且可维护的系统的结构化代码。图 2.6 给出了软件再造工程的过程。CASE 工具可用于进展工程这一步骤中。

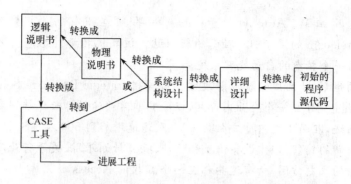

图 2.6　软件再造工程的过程

再造工程有可能为企业带来极大的好处。它允许一个企业只用比重新开发一个全新系统少得多的投入就开发出一个先进的系统。这个新的再造工程系统将反映企业当前的需求，并具有随企业需求变化而修改的能力。在项目修订阶段，系统的技术设施还能进行升级，如：新的系统实现网络化或用关系型数据库技术生成代码等。最后，非结构化的程序中含有大量冗余代码，再造工程允许系统开发人员消除冗余，从而降低程序规模和复杂性，且使程序在目前或未来发生错误的几率降低。

需要指出的是，软件再造工程是一项非常复杂的工程，远不止通过 CASE 工具将现行的老代码生成一个新系统。通常还需要许多附加的调查分析，以便确定所有企业规则和新系统的数据需求。

习题 2

1. 什么是传统的系统生命周期法？描述它的各个阶段。
2. 使用传统的系统生命周期法建立一个信息系统的优点和缺点是什么？
3. 信息系统原型法意味着什么？其好处和局限性是什么？
4. 列出并描述原型法过程的步骤。
5. 什么是一个应用软件包？基于软件包开发信息系统的优点和缺点是什么？
6. 终端用户开发意味着什么？其优点和缺点是什么？
7. 什么是外包？在什么条件下应使用外包建立信息系统？

第3章 信息系统战略规划

 **教学要点**

规划通常是指关于一个组织发展方向、环境条件、长期目标、重大政策与策略等方面的长远计划。而企业信息系统战略规划就是指基于企业发展目标、经营战略制定的企业信息系统建设与发展的整体思路和指导体系。企业信息系统战略规划的设计,关系到信息系统建设的成败,关系到企业的长远发展。

本章主要介绍信息系统战略规划的意义、概念和主要内容,制定信息系统战略规划的过程,信息系统战略规划的常用模型和方法,企业流程重组的概念、步骤和方法。

本章的主要内容有:

(1) 信息系统战略规划的意义、概念和内容;

(2) 信息系统战略规划的过程;

(3) 信息系统战略规划的诺兰模型、战略一致性模型、三阶段模型;

(4) 信息系统战略规划的方法,包括关键成功因素法和企业系统规划法;

(5) 信息系统安全规划;

(6) 网络信息系统的安全性设计以及基于网络环境的信息系统战略制定等。

现代企业用于信息系统的投资越来越多,例如像宝钢、武钢等大型企业在信息化方面的投资多达数亿元。由于信息系统建设投资巨大并且历时较长,系统的成败将对企业经营产生重大影响,系统规划便是决定成败的重要因素之一。美国和德国的调查统计结果表明,管理信息系统项目的失败有70%左右是由规划不当造成的。在管理信息系统建设中,如果一个操作错误会造成几万元损失的话,那么,一个设计错误就会损失几十万元;一个计划错误会损失几百万元,而一个规划错误能损失几千万元甚至上亿元。信息系统错误规划造成的损失不仅是巨大的,还是隐性的、长远的,往往要到系统全面推广实施后才能在实践中慢慢显现出来。所以,我们应该克服那种"重硬、轻软"的片面性,把信息系统的规划摆到重要的战略位置上。

自20世纪60年代起,信息系统规划就受到企业界和学术界的高度重视,许多学者和组织在实践的基础上提出了不同的看法。但是,由于组织的特点、类型和对规划具体需求的多样性,导致在信息系统规划的进行过程中经常遇到各种各样的问题。因此,如何正确应用信息系统规划方法,针对组织的具体特点和需求来进行规划,成为企业信息系统建设中的重要问题。

【案例3.1】 企业利用信息技术的风险

福克斯·梅亚公司曾经是美国最大的药品分销商之一,年营业收入超过50亿美元。为了提高地位,保持快速增长,这家公司决定采用国际上非常流行的企业资源计划(ERP)系统。其实,简单地说,这一系统就是将公司内外根本没有联系的职能部门用计算机软件捏合在一起,以便使产品的装配和输送更加高效。

由于坚信 ERP 系统的潜在利益，在一家享有盛誉的系统集成商的帮助下，梅亚公司成了早期的 ERP 系统应用者。然而，到了 1997 年，在投入了两年半的时间和一亿美元之后，这家公司所达到的效果非常不理想，仅仅能够处理 2.4% 的当天订单，而这一目标即使用远古时期的方法也能达到，况且，就是这点儿业务也常常遭遇到信息处理上的问题。最终，梅亚公司宣告破产，仅以八千万美元被收购。它的托管方至今仍在控告那家 ERP 系统供应商，将公司破产的原因归结为采用了 ERP 系统。

【案例 3.2】 某高校信息化状况

张莉是某高校副教授、硕士生导师，在工作中她遇到了许多低效率的事。

由于学校研究生处建立了自己的网站，将导师的信息全部采用计算机管理，通过网络可以输入、修改和查询导师的信息（输入和修改功能仅限导师个人使用），她很高兴，很快就完成了自己的信息输入。但是没几天，学院有关人员又要求她将自己的基本信息以软盘或 E-mail 的方式上交学院，说是要在某些场合公布信息。两周以后，她又收到一封邮件，要她上报自己的科研信息，她感到很困惑，自己的信息已经输入到系统中了，为何还要频繁地重复填报自己的有关信息呢？在迷惑之余，她访问了网上其他导师的信息，发现虽然系统已经运行了两个多月，但是很多导师并没有录入，尤其是一些校级和院级领导。

还有一件事她也很恼火，作为教师的她在学校有 6 个以上的编号：财务处 2 个（银行账户和人员编号）、研究生处 1 个、教务处 1 个、人事处 1 个、图书馆 1 个，结果是她无法记清自己在不同场合的编号。

福克斯·梅亚公司的例子告诉我们，企业应用信息技术实际上也蕴涵着巨大的风险。特别是随着 IT 应用日益广泛和深入，系统日趋复杂，实施周期长，还涉及组织变革等方面，整个过程充满不确定性。国内外的调查研究表明，企业利用信息技术的风险主要表现在以下几个方面：

（1）企业在 IT 系统设计和实施时，往往"脚踩西瓜皮，溜哪算哪"，没有合理规划系统建设，所实施的信息系统不能支持组织战略，导致 IT 投资失败。

（2）IT 系统的应用仅仅模仿手工业务流程，并没有进行业务流程的优化和重组，出现"汽车跑牛路"——新技术迎合旧流程的现象，把任务牢固地锁定在系统流程里，造成"高速混乱"。

（3）在选用应用软件时，往往关心某个单一的核心应用，没有考虑到不同应用系统之间的关系，项目实施也各自为政，导致"信息孤岛"的产生。

（4）更为常见的是，随着信息化建设的深入，形成纷繁复杂的应用环境——互不兼容的系统、各式各样的设备，导致维护成本居高不下，而且，复杂的应用环境与多种应用系统之间的冲突正形成一个新的"IT 黑洞"，出现新的"数据处理危机"问题，IT 投入和回报呈现递减效应。

企业的信息化建设具有综合性、系统性、变革性和持续性等特点，所涉及的问题呈现出明显的非线性特征。如何避免造成"信息孤岛"，避免陷入"IT 黑洞"，避免 IT 投资的失败，避免陷入信息化建设的泥潭？这就要求企业在进行信息化建设时，首先要科学地制定信息系统战略规划。

3.1 信息系统战略规划的概念

3.1.1 信息系统战略规划的内涵

1. 信息系统规划的必要性

信息系统建设是一个复杂的社会过程,涉及组织的目标、战略、资源、环境等多种错综复杂的因素。在信息系统建设之初,应该对这些因素进行全面、宏观的分析,根据组织发展的战略目标,制定出能够有效为组织目标服务的信息系统总体规划。

信息系统建设是一个复杂的系统工程,涉及人员、技术、资金、设备、管理等要素,为了能够有效地开展建设工作,需要对信息系统的建设作出总体规划,确定信息系统的目标、功能、结构及实施计划等,使信息系统建设工作能够有条不紊地进行。

信息系统建设也是一个渐进的过程,大型信息系统一般都需要分步骤、分阶段建设。对于涉及因素多、时间跨度大的信息系统,必须在建设之初作出总体规划,否则信息系统建设工作将会陷入无计划、无头绪的混乱状态。

2. 企业战略和信息系统战略

信息系统规划(Information System Planning, ISP)是将组织目标、支持组织目标所必需的信息、提供这些信息系统规划必需信息的信息系统,以及这些信息系统的实施等诸要素集成的信息系统方案,是面向组织中信息系统发展远景的系统开发计划。信息系统的规划是系统生命周期中的第一个阶段,也是系统开发过程的第一步,其质量直接影响系统开发的成败。信息系统规划的任务是通过对组织目标、现状的分析,制定指导信息系统建设的总体规划和信息系统长期发展展望。在制定信息系统规划之前,需要对企业历史、现状进行深入分析。应该根据企业发展战略,从企业组织管理、业务流程、信息技术的现状和发展、企业面临的挑战和机遇、企业实力、企业发展前景等方面进行深入分析,找出企业存在的问题,以及解决这些问题的思路和方法。

目前,随着信息技术的迅猛发展和普及,世界经济一体化趋势的发展,市场变化速度加快,企业竞争愈加激烈,企业经营战略的实现已经离不开信息技术的支撑,企业信息化建设成为企业生存发展、实现经营战略目标的必然选择。正因为信息技术对企业经营战略的影响关系重大,因此企业在建设信息系统时应当有正确的战略。企业建设管理信息系统的战略可以以企业经营战略为基础来制定,也可以与企业经营战略的某些重要部分整合起来,或者完全与企业经营战略合为一体。

企业战略决策层,应在掌握企业战略管理的基础上,认真分析企业经营战略目标对信息系统建设的要求,从战略层次上考虑企业信息系统建设的方向、目标,从而形成企业经营战略目标实现的强有力支撑,共同推动企业走向成功。在对企业现状分析的基础上,制定指导企业信息系统建设的2～5年总体规划。信息系统总体规划应该包括:

(1)企业信息系统发展战略,为适应企业信息系统建设的要求,对企业战略、机构、业务、技术、设备和人力资源所作出的调整方案;

(2)企业信息系统总体结构;

（3）企业信息系统技术方案（包括网络、计算机、信息设备、软件、方法等）；

（4）企业信息系统实施的初步计划；

（5）项目预算；

（6）成本/效益估算；

（7）风险评估等。

除了制定企业信息系统总体规划之外，还需要对企业信息系统 6～10 年的发展作出展望。信息系统发展展望是对信息系统发展趋势和方向的预测和设想，主要包括：

（1）企业信息系统发展远景战略预测；

（2）企业面临的挑战、机遇和对信息资源的需求；

（3）企业信息系统战略构想；

（4）企业信息系统总体框架；

（5）企业信息系统总体技术路线（包括网络、计算机、信息设备、软件、方法等）；

（6）企业信息系统建设路线；

（7）成本收益估算；

（8）风险评估等。

一个良好的规划应具备以下特点：

（1）目标明确。战略规划的目标应当是明确的，不应是二义的。其内容应当使人得到振奋和鼓舞。目标要先进，但经过努力可以达到，其描述的语言应当是坚定和简练的。

（2）可执行性良好。好的战略的说明应当是通俗的、明确的和可执行的，它应当是各级领导的向导，使各级领导能确切地了解它、执行它，并使自己的战略和它保持一致。

（3）组织人事落实。制定战略的人往往也是执行战略的人，一个好的战略计划只有有了好的人员执行，它才能实现。因而，战略计划要求一级级落实，直到个人。高层领导制定的战略一般应以方向和约束的形式告诉下级，下级接受任务，并以同样的方式告诉再下级，这样一级级的细化，做到深入人心，人人皆知，战略计划也就个人化了。个人化的战略计划明确了每个人的责任，可以充分调动每个人的积极性。这样一方面激励了大家动脑筋想办法，另一方面增加了组织的生命力和创造性。在一个复杂的组织中，只靠高层领导一个人是难以识别所有机会的。

（4）灵活性好。一个组织的目标可能不随时间而变，但它的活动范围和组织计划的形式无时无刻不在改变。现在所制定的战略计划只是一个暂时的文件，只适用于现在，应当进行周期性的校核和评审，灵活性强使之容易适应变革的需要。

3. 信息系统战略规划的意义

企业建设管理信息系统必然会造成结构变革，对组织影响很大，涉及企业业务流程再造（BPR）；再者，运用信息技术强调"整合"，整合不善，往往浪费组织资源，甚至造成系统弃置不用的结果。信息系统的建设是一个巨大的工程，不仅涉及技术方面，而且还涉及经营管理业务，甚至管理思想与观念。因此，建设信息系统应该事先进行规划，先假设组织可能的变化、可能产生的问题及组织期待在未来所要实现的目标，并预先考虑各子系统、各种技术之间的整合问题，以及信息技术和组织基础建设，如人力、资本等的整合问题，再进一步制定各项配合工作的日程表和所需的财力与人力，这些工作就是信息系统规划的工作。

4. 信息系统战略规划的概念

信息系统战略规划是基于企业发展目标与经营战略制定的，面向组织信息化发展远景的，关于企业信息系统的整体建设计划，既包含战略规划，也包括信息需求分析和资源分配。信息系统战略规划可帮助组织充分利用信息系统及其潜能来规范组织内部管理，提高组织工作效率和顾客满意度，为组织获取竞争优势，实现组织的宗旨、目标和战略。

信息系统战略规划主要解决4个问题：①如何保证信息系统战略规划同它所服务的组织和总体战略上的一致？②怎样为该组织设计出一个信息系统总体结构，并在此基础上设置、开发应用系统？③对相互竞争的应用系统，应如何拟定优先开发计划和运营资源的分配计划？④面对前3个阶段的工作，应怎样选择并应用行之有效的设计方法论？

信息系统的战略规划是信息系统生命周期中的第一个阶段，也是系统开发过程的第一步，其质量直接影响着系统开发的成败。由于信息系统是一项耗资巨大、技术复杂、开发周期长的系统工程，因此需要一个高层的规划，即以整个系统为分析对象，从战略上把握系统的目标和功能的框架。

由于信息系统的运行与企业的运营方式息息相关，所以，不仅要在资源上、经费上、时间上给予充分考虑，而且要在观念上给予高度重视，作出全方位的规划。同时，信息系统战略规划还可以直接为企业带来积极影响，如更准确地识别出哪些是实现企业目标所必须完成的任务，发现过去可能没有发现的潜在问题，为企业更合理地安排各种业务活动提供依据。

3.1.2　信息系统战略规划的内容

管理信息系统战略规划的主要目的在于指出企业如何使用信息技术来创造价值，并作为资源分配及控制的基础。管理信息系统战略规划一般既包含三年或更长的长期规划，也包含一年的短期规划。长期规划部分指明了总的发展方向，而短期规划部分则为确定作业和资金工作的具体责任提供依据。一般说来，整个规划包括4个方面的主要内容。

（1）信息系统的目标、约束与结构。规划包括企业的战略目标、外部环境、内部环境、内部约束条件、信息系统的总目标、计划和信息系统的总体结构等内容。其中，信息系统的总目标为信息系统的发展方向提供准则，而计划则是对完成工作的具体衡量标准，信息系统的总体结构规定了信息的主要类型及主要的子系统，为系统开发提供了框架。

（2）当前的能力状况。它包括硬件情况、通用软件情况、应用系统及人员情况、硬件与软件人员及费用的使用情况、项目进展状况及评价等。

（3）对影响规划的信息技术发展的预测。信息系统规划自然要受到当前和未来信息技术发展的影响。对计算机硬件技术、网络技术、数据库技术及办公自动化技术等的影响应能够准确觉察并在规划中有所体现。对软件的可用性、方法论的变化、周围环境的发展及它们对信息系统产生的影响也应该在所考虑的因素当中，这些是使信息系统有较强生命力的保证。

（4）近期规划。在规划适用的几年中，应对即将到来的一段时期（如一年）作出相当具体的安排，主要包括硬件设备的采购时间表、应用项目开发时间表、软件维护与转换工作时间表、人力资源的需求及人员培训时间安排和财务资金需求等。

对信息系统的规划需要不断修改。人员的变化、技术的变革、组织自身的变化，甚至一种新的硬件或软件的推出，都可能影响到整个规划。除此之外，修改规划的原因还可能来自信息系统之外的变化，如财务限制、政府的规章制度、竞争对手采取的行动等。

3.1.3 信息系统战略规划的过程

信息系统战略规划的过程就是应用一定的方法(在3.2节中详细叙述),从企业的发展战略和经营管理需求出发,结合当前信息化的状况,逐步理清企业管理提升和信息系统建设的总体方向;客观分析当前所处的位置,分析当前和未来(远景)之间的差距,将先进信息技术与企业发展战略和管理控制手段有机地结合起来,确定企业信息系统建设的总体目标和总体方案;然后根据具体的信息需求,分析数据,建立全局一致的信息架构,完善企业数据环境体系;再制定策略、明确原则、给出路线,明确信息系统建设的各项目之间的时序关系和依赖关系,并确定信息系统建设各项目、各阶段的目标。制定信息系统战略规划的总体思路如图3.1所示。

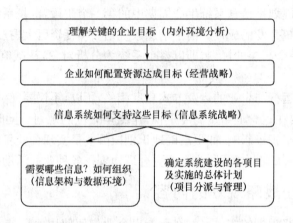

图3.1 信息系统战略规划的总体思路

信息系统战略规划大致要经过以下几个过程。

(1)环境分析。它是信息系统战略规划的依据。在这一部分,首先要明确企业的发展目标、发展战略和发展需求,明确为了实现企业级的总目标,企业各个关键部门要做的各种工作;其次要研究整个行业的发展趋势和信息技术产品的发展趋势,不仅分析行业的发展现状、发展特点、发展动力、发展方向及信息技术在行业发展中起的作用,还要掌握信息技术本身的发展现状、发展特点和发展方向。要了解竞争对手对信息技术的应用情况,包括具体技术、实现功能、应用范围、实施手段及成果和教训等;最后要认识企业目前的信息化程度和基础条件。信息化程度分析包括现有技术水平、功用、价值、组织、结构、需求、不足和风险等。基础条件分析的内容包括基础设施(如网络系统、存储系统和作业处理系统)、信息技术架构(如数据架构、通信架构和运算架构)、应用系统(如各种应用程序)、作业管理(如方法、开发、实施和管理)、企业员工(如技能、经验、知识和创新)。

(2)制定战略。根据第一部分形势分析的结果,来制定和调整企业信息系统建设的指导纲领,争取企业以最适合的规模,最适合的成本,去做最适合的工作。首先是根据本企业的战略需求,明确企业信息系统建设的远景和使命,定义企业信息系统建设的发展方向和企业信息系统建设在实现企业战略过程中应起的作用;其次是起草企业信息系统建设的指导纲领,它代表着信息化管理部门在管理和实施工作中要遵循的企业条例,是有效完成信息系统建设使命的保证;然后是制定信息系统建设目标,它是企业在未来几年为了实现远景和使命而要完成的各项任务。

（3）设计信息系统总体架构。信息系统总体架构是基于前两部分而设计的信息系统建设的结构和模块，它以层次化的结构涉及企业信息系统建设的各个领域。每一层次由许多的功能模块组成，每一功能模块又可分为更细的层次，如图3.2所示。

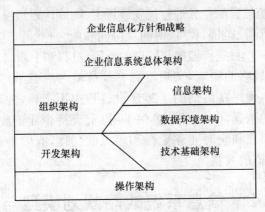

图3.2　信息系统总体架构

在总体架构下，构造信息应用层次架构（见图3.3）和数据资源架构（见图3.4）。

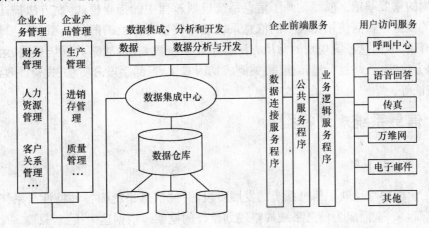

图3.3　信息应用层次架构

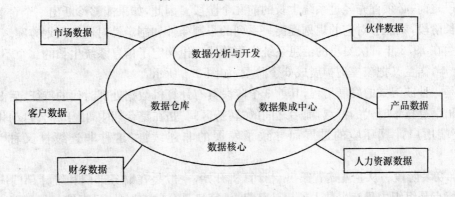

图3.4　数据资源架构

（4）拟定信息技术标准。这涉及对具体技术产品、技术方法和技术流程的采用，是对信息系统总体架构的技术支持。通过选择具有工业标准、应用最为广泛、发展最有前景的信息技术,可以使企业信息系统具有良好的可靠性、兼容性、扩展性、灵活性、协调性和一致性,从而提供安全、先进、有竞争力的服务,并且降低开发成本和时间。

(5) 项目分派和管理。在(2)、(3)、(4)步的基础上,首先对每一层次上的各个功能模块及相应的各项企业信息系统建设的任务进行优先级评定、统筹计划和项目提炼,明确每一项目的责任、要求、原则、标准、预算、范围、程度、时间及协调和配合;然后,选择每一项目的实施部门或小组;最后,确定对每一项目进行监控与管理的原则、过程和手段。

企业通过信息系统战略的制定,实现信息系统战略与经营战略、信息系统战略与信息系统建设实施无缝衔接,确保在后期的实施建设过程中不走样,并通过构建企业的信息架构,完善满足各种应用的数据环境体系,确保 IT 投资支持企业的经营战略,确保在信息架构内各 IT 系统的整体集成和应对业务流程和组织的变化,有效地回避了信息化建设过程中的风险,提高了 IT 投资的效益。

3.2 信息系统战略规划模型与方法

信息系统战略规划是实施信息系统的关键步骤,以合理的模型与方法作为指导是提高信息系统规划的重要基础。模型刻画了信息系统规划过程中的指导模式,而方法描述了具体实施规划时的步骤。目前使用比较多的信息系统规划模型有诺兰的阶段模型和三阶段模型,而规划方法有很多,信息系统规划的常用方法有企业系统规划法、战略数据规划法、组织计划引出法、战略方格法、战略目标集转换法、关键成功因素法、目的手段分析法、投资回收法、零点预算法、收费法等。

3.2.1 信息系统规划模型

1. 诺兰的阶段模型

诺兰的阶段模型反映了信息系统的发展阶段,并使信息系统的各种特性与系统生长的不同阶段对应起来,从而成为信息系统战略规划工作的框架。根据这个模型,只要一个信息系统存在某些特性,便知处在哪一阶段,而这一理论的基本思路是一个组织的信息系统在能够转入下一阶段之前,必须首先经过系统生长的前几个阶段。因此,如果能够诊断出一个企业目前所处的成长阶段,就能够对它的规划提出一系列的限制条件和制定针对性的规划方案。

诺兰在 1973 年首次提出的信息系统发展阶段理论确定了信息系统生长的 4 个不同阶段,到 1980 年,诺兰又把该模型扩展成 6 个阶段,如图 3.5 所示。

这是一种波浪式的发展历程,其前 3 个阶段具有计算机数据处理时代的特征,后 3 个阶段则显示出信息技术时代的特点,前后之间的“转折区间”是在整合期中,由于办公自动化机器的普及、终端用户计算环境的进展而导致了发展的非连续性,这种非连续性又称为“技术性断点”。

(1) 初装阶段。从企业购置第一台计算机开始,一般是在财务部门和统计部门应用。该阶段的特点是组织中只有少数人使用计算机,计算机是分散控制的,没有统一的规划。

(2) 蔓延阶段。随着计算机的应用初见成效,使用面迅速扩大,从企业少数部门扩展到各个部门,以至在对信息系统的管理和费用方面都产生了危机。在此阶段,计算机处理能力得到飞速发展,但在组织内部又出现大量数据冗余、数据不一致及数据无法共享等许多问题。

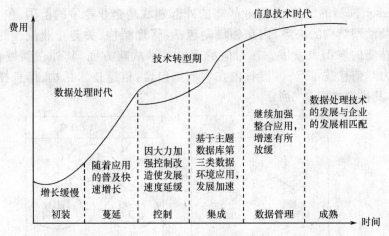

图 3.5　诺兰的 6 阶段模型

（3）控制阶段。组织开始制定管理方法，控制对计算机的随意使用，使得计算机的使用正规化、制度化，推行"成本—效益分析方法"，但这种控制可能影响一些潜在效益的实现。而且针对已开发的应用系统的不协调和数据冗余等问题，建立了统一的计划。

（4）集成阶段。经过控制阶段的全面分析，引入数据库技术，建立数据通信网技术的条件下，数据处理系统进入一个高速发展阶段，建立了集中式的数据库和能够充分利用及管理组织各种信息资源的系统。

（5）数据管理阶段。诺兰认为，在集成阶段之后才会真正进入数据管理，这时，数据真正成为企业的重要资源。由于美国在 20 世纪 80 年代时多数企业还处在第四阶段，因此诺兰对第五阶段还无法给出详细的描述。

（6）成熟阶段。信息系统的成熟表现在它与组织的目标完全一致，可以满足组织中各管理层次的需求，能够适应任何管理和技术的新变化，从而真正实现信息资源的管理。

诺兰的阶段模型总结了发达国家信息系统发展的经验和规律。一般认为，模型中的各阶段都是不能跳跃的，因此，无论在确定开发管理信息系统的策略，或者在制定管理信息系统规划的时候，都应首先明确本企业当前处于哪一个发展阶段，进而根据该阶段的特征指导信息系统的建设。

诺兰的阶段模型既可以用于诊断当前所处在哪个成长阶段、向什么方向前进、怎样管理对开发最有效，也可以用于对各种变动的安排，进而以一种可行方式转至下一生长阶段。虽然系统成长现象是连续的，但各阶段则是离散的。在制定规划过程中，根据各阶段之间的转换和随之而来的各种特性的逐渐出现，运用诺兰的阶段模型辅助规划的制定，将它作为信息系统规划指南是十分有益的。

2. 战略一致性模型

战略一致性模型是由哈佛商学院的 John Henderson 于 1999 年提出的一套进行信息技术战略规划的思考架构，帮助企业检查企业经营战略与信息技术战略之间的一致性。

Henderson 认为，企业战略和信息技术战略都有外部和内部两个方面。众所周知，在企业战略领域中外部定位与内部安排之间的协调配合程度对企业经营绩效非常重要。同理，在制定信息技术战略时也应该依照外部领域（企业在信息技术市场的地位）及内部领域（信息技术基础设施与流程的组态及管理）的观念来进行规划。

在 Henderson 模型的定义中,企业战略的外部领域是企业竞争的范围,包括:关于企业范畴、竞争力及治理结构的决策;内在领域则包括:管理结构、关键企业流程的设计及再设计、人力资源技能的取得及发展。在对应的信息技术战略方面,其外在领域包括:技术范畴、系统竞争力与信息技术驾驭机制;内在领域则包含:信息技术结构、信息技术流程及信息技术技能。其模型如图 3.6所示。

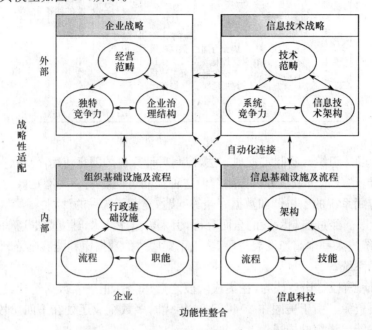

图 3.6 Henderson 战略一致性模型

从传统角度上说,信息技术战略更多反映内部导向的特性,扮演着公司经营中非必要的支持角色。但随着信息技术成为企业转型的重要催化剂后,组织也应该开始重视信息技术的外部要素。

模型中纵轴表示内、外两个领域的战略适配度,强调任何战略都应该同时处理内、外两个领域。在许多组织中,信息技术内、外领域的不适配往往是无法取得信息技术投资效益的主要原因。

模型中的横轴则表示功能整合的向度,考虑的是信息技术领域及企业领域内所作出的选择会如何对彼此造成冲击,它又可以分为战略层级的整合及运作层级的整合。Henderson 等主张,任何的信息系统规划流程必须同时考虑到这两个向度的整合,而信息技术的有效管理则必须在所有 4 个领域间求得平衡。

根据这个模型,企业在进行信息化建设时,可能会出现两种情况,从而采取 4 种不同的路线。

情况 1:当企业战略是驱动企业变革的动力时,可能采取两种路线。

(1) 以企业战略为动力,驱动组织设计的选择及信息系统基础设施的设计。即经营战略→组织结构与业务流程设计→信息系统基础设施设计。例如,柯达公司在其削减作业成本战略的驱动下,与 IBM 达成外包协议,由 IBM 负责柯达 4 个数据中心的工作,并且 300 名柯达的人员成为 IBM 的雇员。此外,柯达还将其电信网络的管理委托给 DEC 公司,而将其个人电脑的维护交给 Computerland 公司。

（2）通过信息技术战略的制定及信息系统基础设施的设计，保障企业战略实施。即经营战略→信息技术战略→信息系统基础设施设计。例如，美国保险业的一家领导厂商 USAA 的企业战略是通过电话营销及优越的文件处理系统来提供低价的保险。由于这种文件系统需要采用还没有面市的最新电子影像技术，因此它们决定与 IBM 合作开发。为此 USAA 制定了信息技术战略，包含该关键技术范畴的界定、对应的关键竞争力及对技术联盟的承诺，同时在该战略管理流程中也定义了执行该技术战略所需的信息技术基础设施。

情况 2：当信息技术战略成为推动者时，则可能采取另外两条路线。

（1）利用信息技术能力来冲击新的产品与服务（企业范畴）、影响战略的关键属性（独特竞争力）并发展新的关系形式（企业治理结构）。即信息技术战略→信息系统基础设施→企业战略调整。这种观点会通过信息技术能力来促成企业战略的调整。例如，Baxter Healthcare 公司通过对其信息技术的定位，与 IBM 合资向医疗市场提供软件服务，从而使它可以提供优越的增值信息服务给其医院的客户；又如联邦快递公司，通过其 COS-MOS/PULSAR 系统创造隔夜递送的新标准等。

（2）了解信息技术战略与其对应的信息技术基础设施及流程，建立提供第一流信息系统服务的组织。即信息技术战略→信息系统基础设施→组织结构与业务流程重新设计。这种信息技术的战略性适配能创造满足信息系统顾客需求的能力。例如，P&G 与 Wal-Mart 就建立新的整合式信息系统以重新设计其重要业务流程，借此改变它们北美分销渠道上产品的流动。这两家公司都在作业成本上获得了重大改善，更重要的是，它们也增加了对本地市场状况与需求的快速回应能力。

在当前的竞争环境中，企业战略和信息技术战略之间的调整是一个动态的过程，而不是一个单一的事件。战略一致性模型有助于企业思考本身在企业战略与信息技术战略上的调整。另外，组织也可以通过反复使用上述这些不同的调整机制，来建立有效转型的动态能力，并积累组织特有的竞争能力。

3. 三阶段模型

由 B. Bowman，G. B. Davis 等人提出的信息系统规划三阶段模型对规划过程和方法论进行分类研究，是具有普遍意义的模型。这个模型将信息系统规划按活动的顺序分为战略计划、组织的信息需求分析和资源分配 3 个部分，其相应的任务及有关方法论的分类描述如图 3.7 所示。

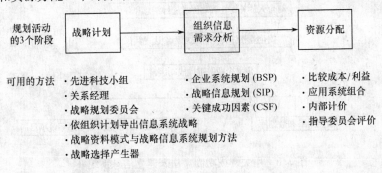

图 3.7　信息系统规划的 3 阶段模型及可用方法

战略计划是为了在整个组织的计划和信息系统规划间建立关系，内容包括：提出组织的目标和实现目标的战略，确定信息系统的任务，估计系统开发的环境，制定出信息系统的目标和战略。

组织的信息需求分析是要研究广泛的组织信息需求,建立信息系统总体结构,并用来指导具体应用系统的开发。内容包括:确定组织在决策支持、管理控制和日常事务处理中的信息需求,制定出开发计划。

资源分配是为实行在组织的信息需求分析阶段中确定的主开发计划而制定计算机硬件、软件、通信、人员和资金计划,即对信息系统的应用、系统开发资源和运营资源进行分配。

三阶段模型说明了信息系统规划的实际做法及其原则,有助于辨别规划问题的本质和选择适当的规划阶段,并减少了规划方法论的混淆。

3.2.2 常用规划方法

用于信息系统规划的方法很多,主要是关键成功因素法(Critical Success Factors,CSF)和企业系统规划法(Business System Planning,BSP)。

1. 关键成功因素法(CSF)

1970 年,哈佛大学的 William Zani 教授在 MIS 模型中用到了关键成功变量,这些变量是确定 MIS 成败的因素。十年后,麻省理工学院(MIT)的 John Rockart 教授把关键成功因素提高成为 MIS 战略。

关键成功因素法认为一个组织的信息需求取决于少数管理者的关键性成功因素。关键性成功因素特指某些工作目标,如果这些目标能够达到,那么企业或组织的成功就有了保障。

关键性成功因素是由行业、企业、管理者及周围环境形成的。关键成功因素法的一个重要前提就是有一些易于被管理者识别和信息系统能够作用其上的目标。

在关键性成功因素分析中使用的主要方法是面谈。通过与一些高层管理者的若干次面谈,辨明其目标及由此而产生的关键性成功因素;将这些个人的关键性成功因素进行汇总,从而得出企业整体的关键性成功因素;然后据此建立能够提供与这些关键性成功因素相关信息的系统。图 3.8 给出了组织中开发关键性成功因素的方法。

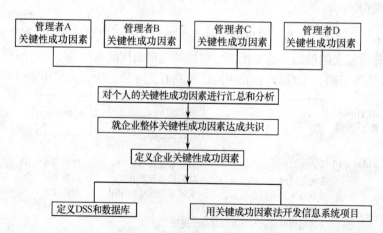

图 3.8　用关键成功因素法来建立信息系统

关键成功因素法的优点是它的数据量较小。因为只有高层管理者参与面谈,所以问题也集中在少数几个关键性成功因素上,而不是泛泛地调查使用哪些和需要哪些信息。该方法适用于为不同竞争战略而建立不同信息系统的各种产业结构。由于关键成功因素法与企业在行业中的地位,甚至企业的地理区域等因素相关,所以该方法更适合于在一个组织中建立系统时使用。

关键成功因素法所独具的优点是,它注意到了组织和管理者必须面对变化的环境。该方法要求管理者要着眼于环境,在对其环境分析的基础上认真考虑如何形成自己的信息要求。这对于高层管理和开发 DSS 及 ESS 尤其适用。最后,为了对组织的成功予以估价,该方法要求高层管理就评价标准(哪些是最重要的)达成共识。与企业系统规划法同样,关键成功因素法侧重于对信息的处理。

该方法的不足是数据的汇总过程和数据分析都是一种随意的方式,缺乏一种专门、严格的方法将诸多个人关键性成功因素汇总成一个明确的企业关键性成功因素。另外,在被访问者中,个人和组织的关键性成功因素往往是不一致的,两者有时易被混淆;也就是说,有时对管理者个人是关键性的因素,而对组织来说却未必重要。而且用这种方法时,由于高层管理者参与面谈,则容易明显地倾向于他们的意见。实际生活中,这一方法多用于已成功地应用了 TPS 的情况下,企业对管理报表系统、DSS 和 ESS 的开发。最后应注意的一点是,这一方法并不一定能够克服环境或管理变革所带来的影响。由于环境和管理常常迅速发生改变,因此信息系统也须作出相应地调整,而用关键成功因素法开发一个系统并无法缓解这些因素的影响。

2. 企业系统规划法(BSP)

企业系统规划法是美国 IBM 公司在 20 世纪 70 年代初,用于企业内部系统开发的一种方法。这种方法是基于信息支持企业运行的思想,首先是自上而下地识别系统目标、识别企业的过程与识别数据,再自下而上地设计系统目标,最后把企业的目标转化为管理信息系统规划的全过程。

企业系统规划法认为对企业信息需求的认识,是建立在充分观察整个组织中各部门、职能、工作过程和数据元素基础上的。企业系统规划法能帮助标识出组织中数据的主要实体和属性。企业系统规划法源于这样一种思想:只有对组织整体具有彻底地认识,才能明确企业或各部门的信息需求。

企业系统规划法的中心环节就是对众多的管理者进行抽样调查,了解他们如何使用信息?信息的来源有哪些?他们所处的环境是什么?他们的目标是什么?如何做决策?他们的数据需求是什么?

【案例 3.3】 用企业系统规划法开发一个企业系统

表 3.1 给出了一个企业系统开发的范例,它先将对管理者大量调查的结果汇总到一个表上,见表 3.1(a)。再将调查数据进行分类,任何采访的数据均可以分为 3 类,即现行系统的问题和解、新系统的需求和解,以及非 IS 问题。第三类问题虽不是信息系统所能解决的,但也应充分重视。下一步是把问题和过程关联起来,可用问题/过程矩阵表示,见表 3.1(b),表中的数字表示这种问题出现的次数。最后根据信息的产生和使用建立 U/C 矩阵,表 3.1(c)展示的就是过程/数据分类矩阵,它描述了要支持某一特定过程都需要哪些信息?由哪个过程建立这些数据?数据的使用者是谁?表 3.1(c)的每个阴影框都标识一个"逻辑应用组"——能够支持相互关联的组织过程的一组数据元素,可以根据信息的产生和使用来划分子系统,它尽量把信息产生的企业过程和使用的企业过程划分在一个子系统中,从而减少了子系统之间的信

息交换。在这个案例中,计划数据由企业计划和财务计划过程建立,并由组织分析、评价控制和预测过程来使用。

表 3.1 企业系统规划法范例

（a）采访数据汇总表

主要问题	问题解	价值说明	信息系统要求	过程组影响	过程组起因
由于生产计划影响利润	计划机械化	改善利润 改善客户关系 改善服务和供应	生产计划	生产	生产

（b）问题/过程矩阵

过程组 问题	市 场	销 售	工 程	生 产	材 料	财 务	人 事	经 营
市场/客户选择	2	2						2
预测质量	3					4		
产品开发			4			1		1

（c）U/C 矩阵

数据 过程	计划	财务	产品	零件主文件	材料单	卖主	原材料库存	成品库存	设备	过程工作	机器负荷	开列需求	日常工作	顾客	销售领域	订货	成本	雇员
企业计划	C	U	U						U					U			U	U
组织分析	U																	
评价与控制	U	U																
财务计划	C	U								U								U
资本寻求		C																
研 究	U		U											U				
预 测			U											U	U			
设计、开发			C	C	U									U				
成品说明维护			U	C	C	U												
采 购						C											U	
接 收						U	U											
库存控制						C	C		U									
工作流图			U						C			U						
调 度			U			U			U	C	C							
能力计划									C	C	U	U						
材料需求			U		U	U				C								
运 行							U	U	U	C								
领域管理			U											C		U		

数据 / 过程	计划	财务	产品	零件主文件	材料单	卖主	原材料库存	成品库存	设备	过程工作	机器负荷	开列需求	日常工作	顾客	销售领域	订货	成本	雇员
销 售			U											U	C	U		
销售管理														U	U			
订货服务			U											U			C	
运 输			U					U								U		
会计总账		U				U								U			U	
成本计划						U										U	C	
预算会计	U	U									U						U	U
人员计划	U																	C
招聘/发展																		U
赔 偿			U															U

注：U（User）= 数据的使用者   C（Creator）= 数据的建立者

企业系统规划法的最大优点就是，它全面展示了组织状况、系统或数据应用情况及差距，它尤其适用于刚刚启动或可能产生重大变化的情况。企业系统规划法的另一优点是，可以帮助众多管理者和数据用户形成组织的一致性意见，并通过对管理者们自认为的信息需求调查，来帮助组织找出在信息处理方面应该做些什么。

企业系统规划法的缺点是，收集数据的成本较高，数据分析难度大，一些有偏见的高层管理者认为这是一项昂贵的技术，数据处理成本过高；另外采用该方法的多数调查、会谈只是在高层或中层管理者之间进行，很少从基层工作人员那里收集信息；而且问题往往不是集中在需要信息的主要管理目标上，而是集中在目前被使用的信息上，其结果往往导致信息系统只是一种把现有手工过程实现自动化的翻版。在很多情况下，"企业如何经营"可能需要一种全新的方法，而这种需要却没在企业系统规划法中反映出来或被提出。

3. 采用 U/C 矩阵进行系统规划

（1）什么是 U/C 矩阵

U/C 矩阵是用来表达过程与数据两者之间的关系，是 MIS 开发中用于系统分析阶段的一个重要工具。矩阵中的行表示数据类，列表示过程，并以字母 U(Use) 和 C(Create) 来表示过程对数据类的使用和产生。

U/C 矩阵是一张表格。它可以表数据/功能系统化分析的结果。它的左边第一列列出系统中各功能的名称，上面第一行列出系统中各数据类的名称。表中在各功能与数据类的交叉处，填写功能与数据类的关系。

（2）U/C 矩阵正确性的检验

U/C 矩阵的正确性，可由三方面来检验。

① 完备性检验。这是指每个数据类必须有一个产生者（即"C"）和至少有一个使用者（即"U"）；每个功能必须产生或者使用数据类。否则这个 U/C 矩阵是不完备的。

② 一致性检验。这是指每个数据类仅有一个产生者，即在矩阵中每个数据类只有一个

"C"。如果有多个产生者的情况出现,则会产生数据不一致的现象。

③ 无冗余性检验。这是指每一行或每一列必须有"U"或"C",即不允许有空行空列。若存在空行空列,则说明该功能或数据的划分是没有必要的、冗余的。

将 U/C 矩阵进行整理,移动某些行或列,把字母"C"尽量靠近 U/C 矩阵的对角线,可得到 C 符号的适当排列。

(3) 利用 U/C 矩阵方法划分子系统的步骤

① 用表的行和列分别记录下企业信息系统的数据类和过程。表中功能与数据类交叉点上的符号 C 表示这类数据由相应功能产生,U 表示这类功能使用相应的数据类。如表 3.2 所示。

表 3.2 U/C 矩阵初始状态

数据\功能	客户	订货	产品	加工路线	材料	成本	零件规格	库存	职工	销售	财务	经营计划	设备	材料供应	工作指令
计划管理			U			U				U	U	C			
财务管理			U			U			U		C	U			
产品预测	U	U	U							U	U				
产品设计	U		C		U		C								
产品工艺			U		C		U								
库存控制			U					C		U				U	U
调度			U	U					U				U	U	
产能管理			U	U									C	U	
需求管理		U	U												C
作业管理		U	U	C				U					U	U	C
销售管理	C	U	U							C					
订货服务	U	U	U					U							
发运	U		U					U							
会计	U		U												
成本管理			U			C									
人事管理									U						
人员招聘									C						

② 对表做重新排列,把功能按功能组排列。然后调换"数据类"的横向位置,使得矩阵中 C 最靠近对角线,如表 3.3 所示。

表 3.3 U/C 矩阵调整后状态

数据\功能	客户	订货	产品	加工路线	材料	成本	零件规格	库存	职工	销售	财务	经营计划	设备	材料供应	工作指令
销售管理	C	U	U							C					
订货服务	U	C	U					U							
产品设计	U		C		U		C								
产品工艺			U	C	C		U								

数据\功能	客户	订货	产品	加工路线	材料	成本	零件规格	库存	职工	销售	财务	经营计划	设备	材料供应	工作指令
成本管理			U			C									
库存控制			U					C		U				U	U
人员招聘									C						
财务管理			U			U				U	C	U			
计划管理			U			U				U	U	C			
产品预测	U	U	U							U		U			
调度			U	U						U			U		U
产能管理			U	U									C	U	
需求管理		U	U		U										C
发运	U		U					U							
会计			U												
人事管理									U						

③ 将 U 和 C 最密集的地方框起来，给框起个名字，就构成了子系统。落在框外的 U 说明了子系统之间的数据流，这样就完成了划分系统的工作。

习题 3

1. 什么是 U/C 矩阵？具有什么样的作用？

2. BSP 法的基本思路是怎样的？

3. 信息系统规划和企业整体规划的关系如何？

4. 信息系统规划主要有哪些方法？

5. 诺兰模型的基本内容是什么？将信息化过程分为若干阶段有何意义？

6. 根据诺兰模型，解析以下问题：

某公司是一个国营企业，主要为军工企业生产相关部件，公司在城市发展规划背景之前进行了搬迁，信息化意识不断增强。但是公司只有财务实现了信息化，采购了国内某公司的财务管理软件。人力资源部门只因个人兴趣自行采用 Foxpro 开发了一个小型的系统，用于常规性业务的管理。其他部门则没有信息化基础。经过参观考察等活动，基层信息化意识加强，想上信息系统，领导层也有相应的想法，但是对信息系统带来的风险存在较大的疑问。如果你是一名主管或信息机构的咨询人员，你会如何建议？

第4章 业务流程管理

 教学要点

流程是信息系统的主要组成部分,业务流需要信息系统中的数据流支持,而信息系统的数据流分析也需要深刻了解组织中业务流的情况。因此,业务流程管理是信息系统分析和设计的基础性工作。

从资源角度来看,流程涉及如何运用一个组织的资源提供相应的价值和竞争力。没有流程,就没有产品、服务的提供。在竞争不断发展的今天,组织内部(Intra-organization)以及组织和组织之间(Inter-organization)存在大量的业务流程。为了更加合理有效地对流程进行控制,业务流程管理(Business Process Management,BPM)得到了学术界及工业界大量的关注。流程管理就是选择组织资源投入、运营,设计相应的工作流和方法,从而将输入转化为输出的过程。从流程管理的本质来看,主要包括流程设计、流程优化和流程重组。

本章主要内容如下:

(1)业务流程管理概述;

(2)流程设计与优化;

(3)流程重组;

(4)业务流程管理系统;

(5)流程挖掘。

4.1 业务流程管理概述

业务流程管理(Business Process Management,BPM)是一套达成企业各种业务环节整合的全面管理模式,是一种从整体上对组织的各个方面(流程、资源等)进行统筹规划,以满足客户需求的方法。业务流程管理通过对流程系统化结构化的分析、控制和管理,以改进产品和服务的质量。从管理的角度,业务流程管理可以看作是业务流程再设计(Business Process Redesign,BPR)所带来的以业务流程为中心的管理思想的延续与发展;从企业应用角度,它是在工作流(Workflow)等技术基础上发展起来的,基于业务流程建模,支持业务流程的分析、建模、模拟、优化、协同与监控等功能的新一代企业应用系统核心。

BPM通常以Internet方式实现信息传递、数据同步、业务监控和企业业务流程的持续升级优化,涵盖了人员、设备、桌面应用系统、企业级应用等内容的优化组合,从而实现跨应用、跨部门、跨合作伙伴与客户的企业运作。显而易见,BPM不但涵盖了传统"工作流"的流程传递、流程监控的范畴,而且突破了传统"工作流"技术的瓶颈。BPM的推出,是工作流技术和企业管理理念的一次划时代飞跃。

业务流程管理有两个非常重要的原则。一是对于所有的组织和职能来说,流程是所有作业活动的基础。二是在组织中流程之间会出现嵌套,即流程之间会出现交叉的现象,流程决策和流程设计需要考虑流程嵌套问题。业务流程也有两个重要特性:客户驱动(Customer-driven)和

跨边界(Boundary-crossing)。业务流程管理以更好的满足客户需求为目的,所以流程的设计和管理都是以客户为中心。当客户的需求改变,流程很可能也会随之改变以保证服务质量。流程涉及多方协作(与客户、业务伙伴等),这就要求流程的参与者们进行跨边界合作。

业务流程管理的生命周期包括:识别(Identification)、发现(Discovery)、诊断(Diagnosis)、计划(Planning)、设计(Design)、配置(Deployment)、执行(Execution)和控制(Control)等若干阶段,如图4.1所示。

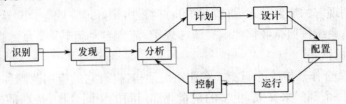

图4.1 业务流程管理生命周期

4.2 业务流程优化

业务流程优化(Business Process Optimization, BPO)是一项通过不断发展、完善、优化业务流程,从而保持企业竞争优势的策略。在流程的设计和实施过程中,要对流程进行不断的改进,以期取得最佳的效果。对现有工作流程的梳理、完善和改进的过程,即称为流程的优化。流程优化不仅仅指做正确的事,还包括如何正确地做这些事。为了解决企业面对新的环境、在传统以职能为中心的管理模式下产生的问题,必须对业务流程进行重整,从本质上反思业务流程,彻底重新设计业务流程,以便在当今衡量绩效的关键(如质量、成本、速度、服务)上取得突破性的改变。

通过流程优化可以获得如下优势:

(1) 节省时间与资金。BPM是提供业务流程建模、自动化、管理与优化的准则与方法。一个成功的BPM方案包括正确商业领导和技术的组合,可以大幅缩短流程周期(有时高达90%)和降低成本。这种效果在跨部门、跨系统和用户的流程中尤为突出。从技术的角度看,一个独立的BPM系统能够轻易地与现有的应用软件如CRM、ERP和ECM相集成,而无须重新设计整个系统。

(2) 改善工作质量。首先,可以大幅降低甚至消除造成企业损失的错误,如丢失表格和文件或错误存档、遗漏重要信息或必要审查。其次,可以显著改善流程的可视化程度,所有参与流程者不仅被授权了解自己在流程中的角色,而且确切地了解流程在任何时候的状态。再次,可提高一致性,公司内部和外部各方对工作都有明确的期望。

(3) 固化企业流程。只要不是单个人独立完成全部工作的个人作坊性质,企业从它的诞生起,就存在着流程,并且随着企业的不断成长,其流程越来越多,越来越复杂。几乎每个企业都针对各类业务流程和事务流程有一套规章制度,随着管理的细化和规范化,企业的规章制度是越来越厚,而执行这些规章制度的人却越来越坠入谜团中。可想而知,这些影响着企业生命的核心流程的执行效果会怎样了。有些企业已经认识到了这点,甚至花巨资请专业的咨询公司来重新肃清流程、规划流程,但很多企业中由于人的原因,如碍于情面、越级审批、不照章办事等,而造成应用的失败。企业业务流程管理系统就能在应用的初期阶段达到这样的首要应用目标,通过系统固化流程,把企业的关键流程导入系统,由系统定义流程的流转规则,并且可以由系统记录及控制工作时间,满足企业的管理需求及服务质量的要求,真正达到规范化管理的实质操作阶段。

(4)实现流程自动化。有人做过一个行为分析,发现一个流程的处理时间中90%是停滞时间,真正有效的处理时间很短。并且在流程处理过程中需要人员用"腿"、用"电话"等其他手段去推进,不仅耗时耗力,而且效果差,时时有跟单失踪或石沉大海的情况发生。通过业务流程管理系统,利用现有的成熟技术、计算机的良好特性,很好地完成企业对这方面的需求,信息只有唯一录入口,系统按照企业需要定义流转规则,流程自动流转,成为企业业务流程处理的一个"不知疲倦"的帮手。

(5)实现团队合作。传统的职能式企业组织架构,自有它的应用范围和优势,但企业的很多流程不仅仅靠一个部门来完成,更多的是企业部门间的协同合作,特别是有些企业还存在着跨地域的合作,如采购流程,它涉及生产部门、采购部门、库管部门、财务部门、商务部门、合同签署中的法律部门以及企业的高层管理部门。如果以传统的职能部门的思维考虑流程,就可能患"近视眼"、注重部门利益忽视企业利益、重视部门上司的感觉忽视实效,并且还容易导致部门之间权责不清的灰色地带。而作为企业的业务流程存在着各业务部门的天然联系,其流畅的业务处理是需要各部门以企业的利益为最高利益,协同工作。

业务流程管理系统以流程处理为对象,自动地串起各部门,即利用现在先进的互联网技术串起各地域,达到业务流程良好完成的目的,并且企业的很多高管人员的意识已远远超出一套业务流程管理系统,更多的希望凭借这样的系统,形成企业协同工作的团队意识,配合完成自己的企业文化。

(6)优化流程。流程在制定出来以后,没有人能保证这样的流程就是合理科学有效的,即使是当时合理科学有效的系统,由于我们身处的市场环境的变化、组织结构的随之变化、营销服务策略的随之变化,很难说能继续保持这种优势。一套好的业务流程管理系统不仅仅可以具备以上的优势,而且随着流程的执行流转,系统能够以数据、直观的图形报表报告哪些流程制定得好,哪些流程需要改善,以便提供给决策者科学合理决策的依据,而不是单靠经验,从而达到不断优化的目的,呈螺旋式上升的趋势。

(7)向知识型企业转变。企业老板经常环顾员工下班后空荡荡的办公室,问自己我的企业还剩下什么、还值多少钱。而业务流程管理系统通过固化流程,让那些随着流程流动的知识固化在企业里,并且可以随着流程的不断执行和优化,形成企业自己的知识库,且这样的知识库越来越全面和深入,让企业向"有生命会呼吸"的知识型和学习型企业转变。如一个新进入公司的员工,他能够通过企业业务流程管理系统很快地熟悉企业及企业的业务处理,并且可以通过流程固化形成的知识库不断充实自己及提高处理流程的难度和水平。

4.3 业务流程设计

流程的设计与重设计是业务流程管理生命周期中的重要组成部分。当一个组织没有流程模型时,需要对流程进行设计,以实现对流程的自动化管理(分析、模拟等);当一个组织已经有了流程模型,但是还是没有达到预期的效果,需要对流程进行重设计,以实现对质量、成本、时间或灵活性等重要指数的提升(一般来讲,某些方面指数提升的同时,有一些方面指数会下降)。

4.3.1　一般性描述工具

业务流程的一般性描述主要采用业务流程图进行,图4.2所示是一个具体的例子,详细内容见本书4.4节。业务流程图的绘制一般可以用绘图工具,如微软公司的 Visio 等,诸如 Powerdesigner 等专业工具可以对流程进行非常清晰快捷的描述,且可以实现逻辑流程向物理系统的转换。

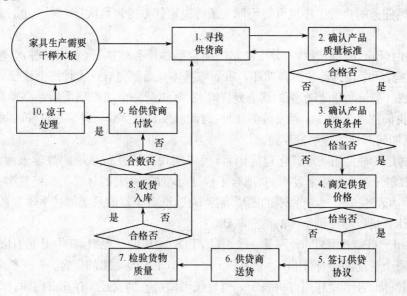

图 4.2　一个榉木板生产的流程图

【阅读材料】　Microsoft Office Visio 是微软公司出品的一款软件,它有助于 IT 和商务专业人员轻松地可视化、分析和交流复杂信息。它能够将难以理解的复杂文本和表格转换为一目了然的 Visio 图表。该软件通过创建与数据相关的 Visio 图表(而不使用静态图片)来显示数据,这些图表易于刷新,并能够显著提高生产效率。使用 Office Visio 中的各种图表可了解、操作和共享企业内组织系统、资源和流程的有关信息。Office Visio 提供了各种模板:业务流程的流程图、网络图、工作流图、数据库模型图和软件图,这些模板可用于可视化和简化业务流程、跟踪项目和资源、绘制组织结构图、映射网络、绘制建筑地图及优化系统。

4.3.2　流程建模语言

业务流程建模有几个非常重要的概念。

(1)案例(Case):业务流程系统的基本目的就是处理案例。保险索赔、绩效考核、抵押申请、税收申请等都是案例,相似的案例属于同一案例类型。每个案例都有一个唯一的标识,每个案例的生命周期是有限的,案例在出现和消失之间总是处于某个特定状态,这个状态由3个元素组成。

① 案例相关的属性:一系列同案例相关的变量,用来管理案例,指出特定条件下案例是否被执行或者忽略。

② 已经满足的条件:用来说明案例的进展,哪些任务已经被执行,哪些任务还要被执行。

③ 案例的内容:保存案例内容的细节,包括文档(Document)、文件(File)、档案(Archive)或者数据库(Database)。

（2）任务（Task）：任务是一个工作的逻辑单元，它不可分割且必须完整执行。任务并非一个具体案例活动的一次具体执行，为了避免把任务本身与案例的一部分任务执行相混淆，我们引入了术语：工作项（Work Item）和活动（Activity）。工作项指案例和将要执行任务的结合体，活动指工作项的实际执行。

（3）过程（Process）：过程指出了哪些任务需要被执行，以什么顺序执行。通常一个过程可以处理多个不同的案例，根据案例属性不同，采取不同措施，如某些任务只在某些案例上执行，不同案例任务的执行次序也可能不同。条件决定任务的执行次序。本质上，过程由任务和条件构成。

（4）路由（Route）：沿着特定分支的路由决定哪些任务被执行（和以何种次序执行），包括4种基本结构：顺序、并行、选择和循环。后面将具体介绍如何对这4种路由建模。

（5）触发（Trigger）：当案例的状态允许时，实际执行一个工作项需要一些前提，如一个员工来执行，我们称之为触发。触发分为4种：自动触发、资源驱动、外部事件和时间信号。后面将具体介绍如何对这4种触发建模。

Petri 网是一种常用的形式化建模语言，可以实现离散并行系统的数学表示。Petri 网是1960年由卡尔·A·佩特里发明的，适合于描述异步的、并发的计算机系统模型。Petri 网既有严格的数学表述方式，也有直观的图形表达方式，既有丰富的系统描述手段和系统行为分析技术，又为计算机科学提供坚实的概念基础。

定义 4.1 （Petri 网）Petri 网是一个由(P,T,F)构成的三元组，其中 P 是有限个库所的集合；T 是有限个变迁的集合$(P \cap T = \varnothing)$；$F(P \times T) \cup (T \times P)$是弧的集合。

库所用圆圈表示，变迁用方块表示。当且仅当库所 p 到变迁 t 存在有向弧，库所 p 称作变迁 t 的输入库所（input place）。当且仅当变迁 t 到库所 p 存在有向弧，库所 p 称作变迁 t 的输出库所（output place）。我们用·t 表示变迁 t 的输入库所集合，用 t·表示变迁 t 的输出库所集合，用·p 表示共享 p 作为输出库所的变迁集合，用 p·表示共享 p 作为输入库所的变迁集合。

令牌（Token）是库所中的动态对象，可以从一个库所移动到另一个库所。任何时刻，库所中可以存在零个至多个令牌。令牌用黑点表示。令牌也可称作标记或托肯。

如果一个变迁的所有输入库所都拥有令牌，该变迁则是使能的（enable）。当且仅当一个变迁是使能的，变迁可以被激发（fire），所有输入库所的令牌被消耗，同时在所有的输出库所产生令牌。

工作流管理包含很多方面，其中过程（控制流）管理最重要，过程是工作流的核心。在控制流中，构造块（如 AND-split、AND-join、OR-split 和 OR-join）被用来建模顺序、条件、并行和迭代等路由。

Petri 网可以用来定义路由。用变迁来模拟任务（task），用库所和弧来模拟任务间的依赖关系。对工作流的控制流维度建模的 Petri 网别称作工作流网。

定义 4.2 （工作流网，WF-net）Petri 网 PN＝(P,T,F)是工作流网，当且仅当：存在唯一的起始库所 i$\in$P，使得·i＝$\varnothing$；存在唯一的结束库所 o$\in$P，使得 o·＝$\varnothing$；每个节点 x$\in$P$\cup$T 都位于一条从 i 到 o 的路径上。

下面介绍如何用 Petri 网（工作流网）来模拟4种基本路由结构：顺序、条件、并行和循环。

（1）顺序路由

如果任务一个接一个地执行，我们称之为顺序路由。两个任务需要顺序执行，它们之间通常有明确的依赖关系(前一个任务的输出是下一个任务的输入)。在 Petri 网中用库所来连接顺序执行的任务来模拟顺序路由,如图 4.3 所示,变迁 task1 实施之后变迁 task2 才能实施,库所 p2 对应变迁 task1 的输出以及变迁 task2 的输入。

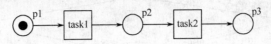

图 4.3　顺序路由

(2) 并行路由

如果两个或多个任务可以同时执行或以任意次序执行,我们称之为并行路由。当两个任务(task1 和 task2)并行执行时,有以下 3 种情况:task1 和 task2 同时执行;task1 先于 task2 执行;task2 先于 task1 执行。如图 4.4 所示,在 Petri 网中采用变迁 t1 来模拟 AND-split 任务,使得 t1 实施之后,p2 和 p3 都拥有令牌,即两个任务 task1 和 task2 可以并行执行。当且仅当两个任务都完成后(p4 和 p5 都拥有令牌),AND-join 任务(变迁 t2)才能被执行。

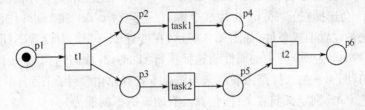

图 4.4　并行路由

(3) 选择路由

如果案例需要在两个或多个任务中选择,我们称之为选择路由。下面介绍选择路由几种不同的建模方式(适用于不同的情况)。

首先介绍显示建模方法,如图 4.5 所示。task1 和 task2 是两个需要选择的任务,t1、t2、p2 和 p3(以及之间的弧)组成 OR-split,p4、p5、t3 和 t4(以及之间的弧)组成 OR-join。当 p1 中有令牌时,t1 或 t2 将被实施,前者则 task1 就绪,后者则 task2 就绪,从而完成对 task1 和 task2 的选择。之后 t3 或 t4 实施,令牌到达 p6,选择路由结束。

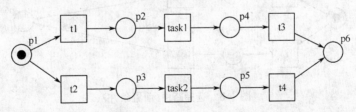

图 4.5　选择路由(显示建模)

下面介绍隐式建模方法,如图 4.6 所示,task1 和 task2 是两个需要选择的任务,p1 与 task1 和 task2 之间的弧组成 OR-split,task1 和 task2 与 p6 之间的弧组成 OR-join。当当 p1 中有令牌时,task1 或 task2 将被实施,令牌到达 p6,选择路由结束。以上两种建模方法对于 OR-join 来说几乎没有区别,显然隐式建模更加简洁。然而对于 OR-split 来说,有着本质的区别,显示建模会立刻对任务进行选择,而隐式建模选择会推迟到 task1 或 task2 需要执行之时。例如,task1 是对保险单的审批,如果一段时间保险单没有被提交,则进行 task2。此时隐式建模是合适的选择,因为令牌在 p1,task1 和 task2 都有实施的可能性。如果换做显示建模,则令牌已经在 p2 或 p3,只有其中一个任务能执行。

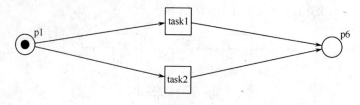

图 4.6　选择路由(隐式建模)

　　以上两种建模方式都是非确定性的。也就是并没有在 task1 或 task2 中作出明确的选择(超出关心的范围,或哪个任务执行无关紧要),而是留给了工作流系统环境选择。然而,多数情况下我们希望根据案例属性值对路由作出明确的选择。

　　下面来看两种作出选择的建模方式(需要用染色 Petri 网,普通的 Petri 网无法进行明确选择的模拟)。一种方法是设置决策规则,如图 4.7 所示,在变迁 t1 中存储决策规则,则根据案例属性不同 t1 会选择在 p2 或 p3 中生成令牌,以达到对 task1 和 task2 作出明确选择的目的。另一种方法是设置前提条件,如图 4.8 所示,在变迁 t1 和 t2 中设置不同的前置条件,则当 p1 中存在令牌时,根据令牌中的属性值选择执行 t1 或 t2,从而达到对 task1 和 task2 作出明确选择的目的(图 4.6 的选择路由看起来与图 4.5 选择路由没什么区别,但是图 4.7 中的选择路由通过染色 Petri 网定义前置条件,使其具有明确选择的能力)。

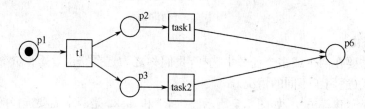

图 4.7　选择路由(决策规则)

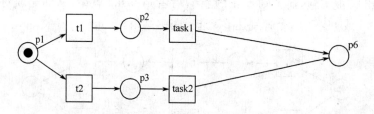

图 4.8　选择路由(前置条件)

　　以上几种路由方式在流程模型中经常出现,在工作流网中用特殊的符号来表示它们。图 4.9 至图 4.12 给出了这 4 种常用路由的特殊符号。

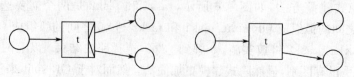

图 4.9　并行分支路由(AND-split)

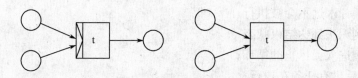

图 4.10　并行合并路由（AND-join）

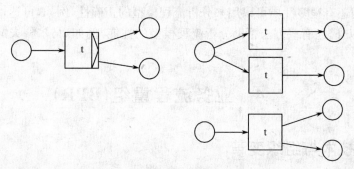

图 4.11　选择分支路由（OR-split）

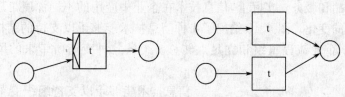

图 4.12　选择合并路由（OR-join）

（4）循环路由

最后来介绍循环路由，在某些情况下，一个任务需要被多次执行，使用循环路由是必要的。如图 4.13 所示，task2 是需要多次执行的任务，当 task2 实施后，通过一个选择分支路由（OR-split）来选择是否重新执行 task2。这种方法 task2 至少会执行一次（do...until），因为选择路由在 task2 之后实施。图 4.14 描述了 task2 可以不运行的情况（while...do）。

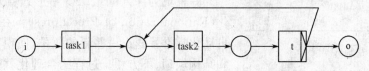

图 4.13　循环路由（do...until）

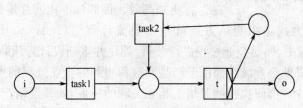

图 4.14　循环路由（while...do）

运用这些基本路由结构，便可以在结构上对流程模型进行建模（除了结构之外，建模还包括其它方面，例如资源分配）。下面再来看一些常见的结构错误：

① 任务没有输入或输出条件；

② 死任务:任务永远不会被执行;

③ 死锁:案例无法到达结束状态;

④ 活锁:案例进入无休止的循环;

⑤ 案例结束后仍有任务在执行;

⑥ 案例结束后流程中仍有令牌。

另外,Petri 网还有很多性质可以用来分析流程模型的正确性,例如,可达性、有界性、活性等。除了正确性以外,还有些方法帮助分析流程模型的性能,例如,马尔科夫链、排队理论、仿真等。

4.4 业务流程重组(BPR)

4.4.1 信息技术与组织变革

新的信息系统可以成为组织变革的强有力手段,使组织重新设计他们的结构、范围、权力关系、工作流程、产品和服务。实际上,信息技术在企业中应用的不同深度可以促使组织发生由低到高不同程度的变化。图 4.15 给出了 4 种信息技术能够予以支持的结构化组织变革方式:自动化、合理化、企业流程重组和立足点转移。上述几种变革所带来的风险和收益各不相同。

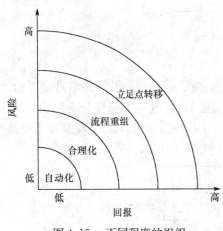

图 4.15 不同程度的组织变革带来的风险和回报

信息技术能够予以支持组织变革的最常见方式就是自动化(Automation)。信息技术最早的应用主要是用于帮助员工提高其工作效率,如计算工资单;使银行出纳快速存取顾客存款记录;为航空公司开发一个航空预售票的全国网络等都是早期的自动化应用。自动化就如同为已有的汽车再装上一个更大功率的马达。

一种更为深入的组织变革形式就是过程的合理化(Rationalization of Procedures)。在生产过程中,自动化常常暴露出一些新的瓶颈,使现有过程的安排和结构烦琐、不方便。过程的合理化就是简化标准操作过程,消除明显的瓶颈,以便运用自动化使操作过程更加高效。例如标准化库存零件的代码。

还有一种更强有力的组织变革方式就是企业流程重组(Business Process Reengineering)。在这一变革过程中,要对企业过程进行分析、简化并重新设计。流程重组主要包括对工作流的重新认识和为降低企业成本而用于产品制造和服务的企业过程的重新认识。企业过程是指一系列为实现企业产出而执行的逻辑上相互关联的任务,如开发新产品、向供应商订货或处理和支付保险索赔等。利用信息技术,组织能够重新认识并设计自己的业务过程,以改进效率、服务和质量。企业流程重组对工作流程进行重新组织,减少了浪费并消除了重复性工作,比过程的合理化更加雄心勃勃,它需要用一种全新的眼光来对过程进行重新组织。

还有一种更为激进的组织变革形式就是立足点转移(Paradigm Shift),它包括对企业性质及组织自身性质的重新认识。例如,银行可能决定并不对出纳员工作进行自动化、合理化或流程重组,取而代之的是决定取消各支行并力争较为廉价的资金来源(如国际贷款);可能还要求零散客户使用国际互联网或专用网进行其所有商业活动。形象地说,立足点转移不仅要求重新认识汽车,还包括交通运输本身。

当然,世上没有不需付出代价的事情。因为要想通过多方面的组织变革来达到预期结果难度相当大,所以立足点转移和企业流程重组的结果常常以失败而告终,甚至有些专家认为失败的可能性高达70%。那么为什么还有众多企业对这种根本性变革跃跃欲试呢?因为尽管风险、难度较大,而回报却相当高;而且确实有相当一部分企业通过实施立足点转移和企业流程重组的战略获得了惊人的投资回报,生产效率大幅度提高。

4.4.2　企业流程重组的概念

业务流程重组(Business Process Reengineering,BPR)是20世纪90年代初由美国学者Michael Hammer和James Champy等提出的一种观念。BPR的思想一经提出,即引起美国舆论的广泛注意,成为管理学界的一个重大成就。

哈默和杰姆培给BPR下的定义是:对企业过程进行根本的再思考和彻底的再设计,以求企业当代关键的性能指标获得巨大的提高,如成本、质量、服务和速度。

这里描绘BPR用了3个关键词:根本的、彻底的和巨大的。

"根本的"的意思是指不是枝节的,不是表面的,而是本质的。也就是说,它是革命性的,是要对现存系统进行彻底的怀疑。首先认为"现存的均是不合理的"。按照美国的说法是:在管理科学家的眼里,美国现在所有政府和企业的管理均是"一无是处"。所有这些均是强调要用敏锐的眼光看出企业的问题。只有看出问题,看透问题,才能更好地解决问题。

"彻底的"的意思是要动大手术,是要大破大立,不是一般性的修补。正像我国政府改革那样,先转变职能,再精简组织,只有这样才能彻底。

"巨大的提高"是指成十倍成百倍的提高,而不是改组了很长时间,才提高20%~30%。例如有的企业人员减到只剩10%,产量提高10倍,总体效益就提高了百倍。有的企业在2~3年内营业额由上亿元猛增到百亿元。这种巨大的增长是在原来线性增长的基础上的一个非线性跳跃,是量变基础上的质变。抓住跃变点对BPR是十分关键的。

BPR实现的手段是两个使能器(Enabler):一个是IT(信息技术),一个是组织。BPR之所以能达到巨大的提高在于充分的发挥IT的潜能,即利用IT改变企业的过程,简化企业过程。另一个方法就是变革组织结构,达到组织精简,效率提高。没有深入地应用IT,没有改变组织,严格地说不能算是实现了BPR。

除了这两个使能器,对BPR更重要的是企业领导的抱负、知识、意识和艺术。没有企业领导的决心和能力,BPR是决不能成功的。领导的责任在于克服中层的阻力,改变旧的传统。在当今飞速变化的世界中,经验不再是资产,而往往成了负债。在改变经验的培训上的投入,越来越增加。领导只有给BPR造成一个好的环境,或给BPR造成一个好的"势",BPR才能得以成功。

4.4.3　企业流程重组与信息系统建设的关系

企业流程重组是一种管理思想,一种经营变革的理念。信息技术是一种技术,BPR可以独立于信息技术而存在。这种独立是相对的,在BPR由思想到现实的转变中,信息技术起到良好的催化剂作用。从管理信息系统的角度来认识,BPR主要是指利用信息技术,对组织内或组织之间的工作流和业务过程进行分析和再设计,主要用于减少业务的成本、缩短完成时间和提高质量的一系列技术。

在管理信息系统建设中,仅用计算机系统去模拟原手工管理的过程,不能从根本上提高企业的竞争能力,重要的是重组企业流程。按照现代化信息处理的特点,对现有的企业流程进行重新设计,成为提高企业运行效率的重要途径。企业流程重组的本质在于根据新技术条件下信息处理的特点,以事物发生的自然过程寻找解决问题的途径。

企业在实现信息化的过程中,首先要实施 BPR,再利用信息技术促进 BPR 的实现。这样的企业信息化过程,实际上也是管理创新的过程。需要处理好企业信息化和业务流程重建的关系,不能把两者等同起来。企业信息化需要先做好业务流程重建,而信息技术对新业务流程的重建是有极大促进作用的。

4.4.4 企业流程重组的步骤与方法

业务流程重组须建立一个企业职能运作的过程模型,分析各业务部门之间的相互关系,减少冗余过程,使业务部门更高效率地运作。流程重组的专家们归纳出企业过程再造的 5 个主要步骤。

(1)建立企业目标和过程目的。高层管理者要树立明确的实施业务流程重组的战略目标(如降低成本,加速新产品开发,使企业成为行业巨头)。

(2)找出需重新设计的过程。企业应找出几个最有可能产生极大回报的核心业务过程进行重新设计。低效的过程一般具有如下特征:过多的数据冗余和信息重复输入;处理例外和特殊情况需花费较多时间,或大量时间用于纠错和重新工作上。分析人员应找出哪些组织职能和部门与该业务过程有关以及该过程需如何变革。

(3)了解并衡量现有过程的绩效。如我们假设重新设计的过程其目的是减少新产品开发或填写一份订单所需的时间和成本,那么组织就需要测出原有过程所花费的时间和成本。可以采用列表的方式进行业务流程重组工程的量化分析。

(4)确定应用信息技术的机遇。设计系统常规的方法是先确定业务职能或过程的信息需求,然后确定如何通过信息技术来支持这些需求。信息技术能够创造出新的设计,即帮助组织进行流程重组,它能够应付那些束缚企业实现其长期目标的工作所提出的挑战。表 4.1 给出了一些创新的实例,它已经改变了企业的一些传统过程。业务流程重组从开始就应该允许信息技术对企业过程设计产生影响。

(5)建立一个新过程的原型。组织应在实验的基础上设计这个新过程,在重新设计的过程获得批准之前,还要进行一系列的修订和改进。

表 4.1　信息技术支持新的企业过程选择

传 统 过 程	信 息 技 术	新 的 选 择
工作人员要靠办公室来接收、存储和传输信息	无线通信	无论在何地工作的人员都能够发送或接收信息
同时只能出现在一个地点	共享数据库	人们可以分散在不同地点,朝同一项目进行协作;信息能够被需要的地方同时使用
事件发生的地点需要由人去确定	自动识别跟踪技术	事件能够自动地告诉人们它们发生的位置
企业需保持库存以防缺货	电子通信网络与 EDI	即时供货和缺货支持

需要说明的是,以上步骤只是重新设计企业的一般过程,并不意味着照这些步骤去做,就一定保证业务流程重组工程会成功。"业务流程重组"这一术语本身在某种程度上易使人产生一些误解,认为如按照已找到的一些原则去做,就一定会达到预期结果。事实上,大多数业务流程重组项目不可能在企业绩效上产生突破性结果。迈克尔·哈默是再造工程的主要倡导者之一,他宣称所观察到的70%的再造工程均告失败。其他学者对不成功的流程重组项目也有相同的评价。流程重组只是大目标中的一部分,这个大目标就是为使组织变革达到最大的效益,而引入包括信息技术在内的所有新的革新方法。对管理的变革既不能简单化也不能凭直觉。一个经过再造的业务过程或一个新的信息系统必然会影响到工作、技能需求、工作流和汇报关系。而由于对这种变革的畏惧会形成变革的阻力,甚至会有意识地去破坏这一变革。组织变革对新的信息系统的需求是非常重要的。

4.4.5　企业流程重组典型案例

【案例 4.1】　企业流程重组的例子——福特汽车公司的"无票据处理"

福特公司在北美的付账结算机构人数超过 500 人;而他们发现马自达汽车公司的付账结算机构只有 5 人。福特公司管理者对公司现有系统进行分析后,发现负责付账结算业务的员工把大量时间都用在订货单与收货记录及发票的核对上,然后才能办理付款。而订货单、收货记录和发票之间的不一致现象极为普遍。因此付账结算业务人员就需要对这些不一致的问题进行调查,从而拖延了付款结算时间。福特公司由此认识到对整个付账结算过程实施流程重组,能够防止不一致的发生。于是公司实施了"无票据处理",即先由采购部门将订货单输入联机数据库,当所订货物送达时,由收货部门对其进行核对,如果收货与订货相符,则系统自动产生一个应付账支票送交供应商,这里不再需要供应商的发货单。对应付账过程进行重组后,福特公司的人员编制减少了 75%,并产生了更准确的经济信息。

【案例 4.2】　寿险公司运用精益流程设计提高客户满意度

许多低成本领先企业都曾运用精益制造技术来减少积压,并缩短响应时间。集中关注这一设计使得这些企业优化了业务所涉及的核心活动,消除了冗余,并更有效地设计任务流程路线及管理工作流。一家人寿保险企业为了帮助其经纪商,改革了退赔报销流程以加快付款时间——这是客户满意度的关键因素。一次诊断揭示了几个问题,诸如为了完备所需文件需要频繁来回折腾反复的步骤、现行系统往往将急活和常规活混在一起,使得保险理算员难以确定任务的优先顺序。结果往往导致理赔申请在核对和批准过程中被延误数周。为此,该公司建立了两个独立的工作流:一个用于处理时间不太敏感的行政或常规请求,另一个用于付款。该公司还制定了管理付款时间的严格绩效目标,针对该流程中的每一个步骤设定了时间限制,例如,规定一份文件在一位保险代理人或流程负责人那里停留的天数上限。这些变革将付款过程从 18 天缩短到 8 天,同时,将总体生产率提高了 25%。此外,该公司现在还衡量客户满意度,直接从经纪商网络获取反馈,并运用这一信息进一步优化流程。

案例改编自:麦肯锡季刊. IT 在保险业绩效中的作用,www.sino-manager.com,2010-12-3

4.5 业务流程管理系统

本节介绍业务流程管理系统,包括业务流程管理系统参考模型及各个参考模型组件和接口的功能。

信息系统的体系结构发展过程如图 4.16 所示。信息系统体系结构可分为 4 层:用户接口层、应用逻辑层、控制流层和数据层。20 世纪 60 年代的信息系统所有的层次都在一个应用程序中实现;经过几十年的发展,20 世纪 90 年代的信息系统已经把所有的层次分开实现和管理了;到了 21 世纪,IT 界提出了服务(Service)及面向服务的体系结构(SOA)的概念,于是服务的思想取代了原来的应用逻辑。业务流程管理(BPM)与面向服务的体系结构(SOA)密切相关,前者是在管理的层面对业务进行统筹规划,后者在技术的层面对前者的规划具体实现。

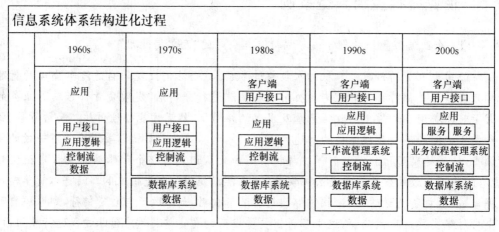

图 4.16　信息系统体系结构进化过程

业务流程(工作流)管理系统的参考模型由 6 个组件和 5 个接口构成,如图 4.17 所示。

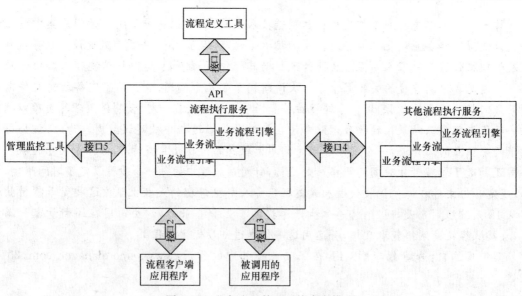

图 4.17　业务流程管理系统参考模型

这些组件的功能及组件间的接口主要包括：

（1）流程执行服务：流程执行服务是业务流程管理系统的核心组件，用于创建新的案例、基于过程定义生成工作项、匹配资源和工作项、支持活动的执行及记录工作流的特定方面，该组件由多个业务流程引擎组成。

（2）流程定义工具：流程定义工具用来定义业务流程，也就是对业务流程建模及验证。定义好的流程通过接口1传给流程执行服务执行组件。

（3）流程客户端应用程序：流程客户端应用程序是业务流程管理系统的用户接口，用户（雇员）在客户端的操作通过接口2传到流程执行服务组件，执行需要的业务流程。

（4）被调用的应用程序：流程的执行要启动一个或多个应用程序，包括交互式应用和全自动应用，流程执行服务组件（业务流程引擎）通过接口3调用应用程序。

（5）其他流程执行服务：组织与组织之间经常存在合作，所以有着跨组织业务流程的存在，不同的业务流程系统可以通过接口4进行交互。

（6）管理监控工具：业务流程执行期间，需要相应的管理控制及记录报告，管理监控工具通过接口5对流程执行服务组件中执行的业务流程进行管理和监控。

习题 4

1. 业务流程管理的生命周期主要包括哪些阶段？
2. 用 Petri 网模拟交通灯的工作原理。
3. 业务流程再造主要有哪些方法？
4. 请画出业务流程管理系统的参考模型。

【案例讨论】 某企业质量管理流程优化

某公司是一个国营企业，从2008年开始就由某著名软件公司为本企业实施ERP，到2010年系统仍然存在很多问题，关于质量管理就有不少，其中涉及流程的设计等问题，流程描述如图4.18所示。

该流程图存在如下几个问题。

（1）（产品工序检验人员2）在生产过程中发出质量问题审理单给（质量管理人员3）后，在流程上发现所有的质量管理人员都能收到该质量问题审理单，这就造成了究竟该是哪个质量管理人员来处理存在问题，因为至少发出审理单的检验人员要知道发给谁了，如何处理？等所有的质量管理人员在浏览的时候把所有的审理单看完后，才知道是自己的管辖的产品，而实际上已经耗费了不少时间和精力。

（2）而当（发现部门领导4）发给（归零组长）时，往往存在归零组长之间相互扯皮，比如：分给（厂办归零组长7），说：这个问题跟我关系不大，不属于管辖的范围；分给（工艺归零组长8）说这个问题超越了我的权限，应该由（设计归零组长9）来处理等等存在一系列的问题。而且在这个过程中由于领导忙，经常出差的，耽误很多时间，处理问题时相当的缓慢，给产品的生产进度造成了严重的影响。

（3）当整个质量活动（结束25）时，往往发现产品审理意见只回到质量管理员的手上，产品检验人员却发现审理单没回来，产品不能往后续工序生产，其实就是没有闭环。这也是一个问题，在编辑流程时是一个漏洞。

讨论问题：你认为如何解决以上问题？

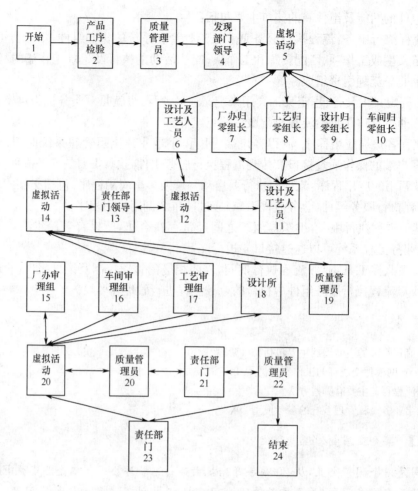

图 4.18　某企业质量管理流程优化图

第5章 系统调查与分析

教学要点

系统分析是管理信息系统开发的第二阶段,也是决定管理信息系统成败的最重要阶段,主要解决系统"能做什么"的问题。实践证明,许多 MIS 失败的原因与忽视或没有认真做好系统分析有关。系统分析的任务是:尽可能弄清用户对信息的需求,调查原信息系统的资源、输入、处理和输出,完成新系统的逻辑设计。

新系统的开发往往来自于对原系统的不满意,在系统开发之前,应根据组织的战略目标和用户要求对原系统存在的问题进行识别,对原有系统展开详细调查。详细调查主要针对现行系统的组织结构、管理功能和数据流程进行,以便完整掌握现行系统的现状,找出存在的问题和薄弱环节,产生业务流程图和数据流程图。在详细调查的基础上,找出不合理的业务流程和数据流程,最终提出新系统的逻辑方案,反映系统分析的结果和对新系统的设想。

本章主要内容有:

(1) 系统分析的任务、方法;

(2) 系统详细调查的原则、内容和方法;

(3) 组织结构和管理功能调查分析;

(4) 业务流程调查和分析;

(5) 数据流程调查和分析;

(6) 新系统逻辑方案与系统分析报告。

5.1 系统分析概述

5.1.1 系统分析的任务

信息系统是系统开发方为用户方提供的一种特殊产品,其特殊性表现在信息系统不是静态的,它需要和周围环境进行动态协调。系统分析是在总体规划的指导下,对系统进行深入详细的调查研究,通过问题识别、可行性分析、详细调查、系统化分析,最后确定新系统逻辑方案的过程。系统分析阶段的主要任务是定义或制定新系统应该"做什么"的问题,而不涉及"如何做"的问题。

1. 了解用户的需求

详细了解每个业务过程和业务活动的工作流程及信息处理流程,理解用户对信息系统的需求,包括对系统功能、性能等方面的需求,对硬件配置、开发周期、开发方式等方面的意向及打算。这部分工作要求用户配合系统分析人员完成,先由用户提出初步的要求,经系统分析人员对系统的详细调查,进一步完善系统的功能、性能要求,最终以系统需求说明书的形式将系统需求定义下来,这部分工作是系统分析的核心。

2. 确定系统逻辑模型,形成系统分析报告

在详细调查的基础上,运用各类系统开发的理论、开发方法和开发技术,确定系统应有的逻辑功能,再用适当的方法表示出来,形成系统逻辑模型以系统分析报告的形式表达出来,为下一步系统设计提供依据。

5.1.2 系统分析的基本步骤

系统分析的主要步骤,如图 5.1 所示。

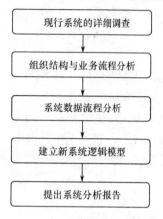

图 5.1 系统分析的步骤

1. 现行系统的详细调查

现行系统的详细调查是对被开发对象通过各种途径做全面、充分和详细的调查研究,弄清现行系统的边界、组织机构、人员分工、业务流程,以及各种计划、单据和报表的格式、种类及处理过程、企业资源及约束情况,为系统开发做好原始资料的准备工作。

2. 组织结构与业务流程分析

新系统的开发实质是一种对组织有目的的改造过程,通过对组织结构的分析,详细了解各级组织的职能和有关人员的工作职责、决策内容及对新系统的要求。业务流程的分析应当按照原系统中信息流动的过程逐步进行,通过业务流程图详细描述各个环节的处理业务和信息的流程。

3. 系统数据流程分析

系统数据流程分析就是在组织结构与业务流程分析的基础上,把数据在原系统内部的流动情况抽象的独立出来,舍弃具体组织机构、信息载体、处理工作、物资、材料等,仅从数据流动过程考查实际业务的数据处理模式。系统数据流程分析主要包括信息的流动、传递、处理和存储的分析。

4. 建立新系统逻辑模型

逻辑模型是新系统开发中要采取的管理模型和信息处理方法。系统分析阶段的详细调查、组织结构与业务流程分析、数据流程分析都是为建立新系统的逻辑模型做准备。

5. 提出系统分析报告

系统分析报告是系统分析阶段的成果,它反映了系统分析阶段调查分析的全部情况,也是下一阶段系统设计的工作依据。

5.1.3 结构化系统分析方法

结构化系统分析(Structured Analysis,SA)方法是由美国 Yourdon 公司提出的,适用于分析大型的数据处理系统,是企事业管理信息系统开发的一种比较流行的方法。它是在系统详细调查的基础上,描述新系统逻辑模型的一种方法,常常和设计阶段的结构化设计(Structured Design,SD)和系统实施阶段的结构化程序设计(Structured Programming,SP)等方法衔接起来使用。

SA 方法使用自顶向下、逐层分解的方式来理解和表达将开发的管理信息系统的功能,即由大到小,由表及里;逐步细化,逐层分解,直到能对整个系统清晰地理解和表达。

图 5.2 是一个复杂系统的分解示意图,首先抽象出系统的基本模型 X,弄清它的输入和输出。为了进一步理解该模型,可以将其分解为 1,2,3,4 四个子系统。如果其中的子系统 3 和子系统 4 仍然很复杂,可以再进一步分解为 3.1,3.2,3.3 和 4.1,4.2,4.3,4.4 等子系统;如此继续分解,直到子系统足够简单,能够清楚被理解和表达为止。

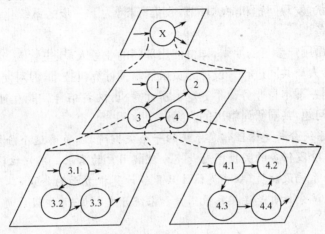

图 5.2 结构化系统分析方法示意图

按照这种方式,无论系统多么复杂,分析工作都可以有条不紊地进行。这样,对复杂系统的理解和描述转化成对那些基本操作的理解和描述。问题由繁化简,由难转易,有效地控制了系统的复杂性。

用 SA 方法进行系统分析可以通过数据流程图和数据字典来实现,所得的系统分析报告主要由数据流程图、数据字典等组成。

5.2 现行系统的详细调查

实事求是地进行全面的详细调查是管理信息系统分析和设计的基础,其工作质量对于整个管理信息系统开发工作的成败起着决定性作用。与系统规划阶段的现状调查和可行性分析相比,详细调查的特点是目标更加明确,范围更加集中,在了解情况和数据收集方面进行的工作更为广泛深入,对许多问题都要进行透彻的了解和研究。

【案例 5.1】 软件工程师毫无用处吗?

"软件工程师毫无用处,我宁愿雇用雷达专家教会他如何编程,也不愿意雇用程序员来教会他雷达信号流程。"这段措辞严厉的声明来自于一位大型政府项目的经理,他所在部门的电脑系统曾经错误地发出了 ICBM 导弹来袭的警报。更加令他不能忍受的是程序员拒绝对此错误的功能承担责任。程序员抱怨说这是由于系统说明不够全面造成的,而并非自己的原因。这位经理意识到,需求文档没有指出特定的环境会导致错误的警报,但他仍认为他所在部门的编程人员应该具备这样的基本知识。"没有任何雷达专家会犯如此基本的错误",他坚持说。

讨论问题:

（1）如何理解项目经理的抱怨？

（2）在一个项目需求调研过程中，系统分析人员发现对客户进行简单的培训，他们作出的系统分析说明要比系统分析人员更加准确，你觉得这样的现象正常吗？

5.2.1 详细调查的原则

详细调查的对象是现行系统（手工系统或已采用计算机的管理信息系统），目的在于完整掌握现行系统的现状，发现问题和薄弱环节，收集资料，为下一步的系统化分析和提出新系统的逻辑设计做好准备。

详细调查应遵循用户参与的原则，即由使用部门的业务人员、主管人员和设计部门的系统分析人员、系统设计人员共同进行。设计人员虽然掌握计算机技术，但对使用部门的业务不够清楚，而管理人员则熟悉本身业务却不一定了解计算机，两者结合就能互补不足，更深入地发现对象系统存在的问题，共同研讨解决的方案。

【阅读材料】 系统分析是管理信息系统的一个关键阶段，负责这个阶段的关键人物是系统分析员，完成这个阶段任务的关键问题是充分理解用户的需求。用户往往只具备经营管理、业务方面的知识，而系统设计员/程序员往往只具备计算机方面的知识，二者之间存在一条明显的鸿沟。所以，系统分析员是连接系统用户和系统开发人员（系统设计员/程序员）之间的桥梁，如图5.3所示。

图 5.3 系统分析员是用户与开发人员之间的桥梁

需求是指用户要求软件系统必须满足的所有功能、性能和限制，包括：功能要求、性能要求、可靠性要求、安全保密要求、开发费用和开发周期及可以使用的资源等方面的限制。

大量的实践表明，信息系统产生的许多错误都是由于需求定义不准确或错误导致的，如果在需求定义阶段发生错误，则修改这些错误的代价非常高。许多成本分析表明，随着开发进程的进行，改正错误或在改正错误时引入的附加错误的代价是按指数阻尼正弦曲线增长的，如图5.4所示。

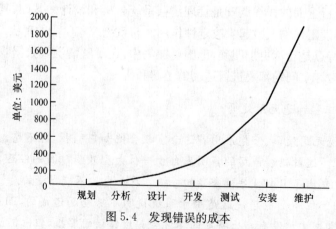

图 5.4 发现错误的成本

5.2.2 详细调查的内容

详细调查的内容十分广泛,涉及企业的生产、经营、管理、资源与环境等各个方面,一般可以从定性调查和定量调查两个方面进行。

1. 系统的定性调查

定性调查主要是对现有系统的功能进行总结,包括组织结构的调查、管理功能的调查、工作流程的调查、处理特点的调查与系统运行的调查等。

（1）组织结构的调查

调查现行系统的组织机构、领导关系、人员分工和配备情况等,不仅可以了解系统的构成、业务分工,而且可以进一步了解人力资源,还可以发现自制和人事等方面的不合理现象。

（2）管理功能的调查

所谓功能是指完成某项工作的能力。为了实现目标,系统必须具备各种功能。各个子系统功能的完成,又依赖于下面更具体的功能的实现。

（3）业务流程的调查

业务流程是系统为了完成系统功能而进行的业务处理过程。分析人员要全面细致地了解系统各个方面的业务流程,发现和消除其中不合理的环节。

（4）数据流程的调查

在业务流程调查的基础上舍去具体的物质形式,对收集的数据和数据处理过程进行分析和整理,绘制数据流程图。

（5）处理特点的调查

为了确定合理有效的信息处理方式,需要紧密结合计算机处理方式和可能的规模来进行。处理特点的调查包括数据收集方式、数据使用的时间要求、现行数据处理方式有无反馈控制等。

（6）系统环境的调查

系统环境是指不直接包括在计算机信息系统内,但是对管理信息系统有着极大影响的因素的集合。在调查中需要明确:现行系统和哪些外部环境有工作联系? 有哪些物质和信息的往来关系? 哪些环境条件对该组织的活动有明显的影响?

2. 系统的定量调查

定量调查的目的是弄清数据流量的大小、时间分布和发生频率,掌握系统的信息特征,据此确定系统规模,估计系统建设工作量,为下一阶段的系统设计提供科学依据。

主要需要收集各种原始凭证、输出报表,统计各类数据诸如平均值、最大值、最小值等方面的特征,此外还需要收集现行系统的各类业务工作量、作业周期、差错发生数等,以供新旧系统对比时使用。

5.2.3 详细调查的方法

在作出开发新系统的决策之后,就应当组织力量成立调查小组,采用多种方法对现有系统进行调查分析。详细调查应当遵循用户参与的原则,调查组应由使用单位的业务人员、领导和设计单位的系统分析员、系统设计员共同组成。详细调查的方法有多种,经常使用的有以下几种。

1. 人员访问调查法

人员访问调查就是由系统调查人员直接走访被调查者，当面询问问题的方法，这是一种最常见的系统调查方法。这种方法具有调查情况更真实、具体、深入的优点，但是也存在调查成本高、调查资料受调查人主观偏见影响大的缺点。

2. 问卷调查法

问卷调查表通常由问题和答案两部分组成，问题由主持调查工作的系统分析人员列出，然后交由被调查单位的业务人员完成。利用问卷调查表进行调查可以减轻被调查部门的工作负担，方便系统调查人员，得到的调查结果系统、准确。利用问卷调查法，最大的困难在于问卷调查表的设计。

3. 召开调查会

这是一种集中调查的方法，适合于基层的管理者。通过开调查会，了解基层管理者的业务范围、工作方式、业务的内外关系等。为了开好调查会，应先写好调查提纲，发给每个被调查对象，让其有一定的准备时间，这样便于把问题讲清楚。

4. 直接参加业务实践

开发人员亲自参加业务实践，不仅可以获得第一手资料，而且便于开发人员和业务人员的交流，使系统的开发工作更接近用户。用户直接参加系统开发工作的实践，也便于用户更加深入地了解新系统。

此外，系统调查人员也可以采用查阅企业的有关资料、个别访问、由用户的管理人员向开发者介绍情况、专家调查等调查方法来了解现行系统的情况。系统调查人员应当根据系统调查的具体需要确定调查方法，有些以了解清楚现状为最终目标的情况下，可以将上面提到的几种方法混合起来使用。

【阅读材料】 在系统详细调查阶段应注意以下几个问题。

（1）调查前要做好计划和用户培训。根据系统需要明确调查任务的划分和规划，列出必要的调查大纲，规定每一步调查的内容、时间、地点、方式和方法等。对用户进行培训或发放说明材料，让用户了解调查过程、目的等，并参与调查的整个过程。

（2）调查要从系统的现状出发，避免先入为主。要结合组织的实际情况管理现状，了解实际问题，得到客观资料。

（3）调查与分析整理相结合。调查中出现的问题应及时反映并解决。

（4）分析与综合相结合。调查过程中要深入了解现行组织各部分的细节，而后根据相互之间的关系综合起来，使得对组织有一个完整的了解。

（5）规范调查图表。为便于开发者和用户对调查中得到的结果和问题进行交流和分析，调查中需要简单易懂的图表工具。

系统分析人员的调查过程主要是大量原始素材的汇总过程，应当具有虚心、热心、耐心和细心的态度。分析员必须对这个内容进行整理、研究和分析，形成描述现行信息系统的文字材料。还可以将有关内容绘制成描述现行系统的各种图表，以便在短期内对现行信息系统有全面详细地了解，且与各级用户进行反复讨论、研究，反复修改，力求准确。

5.3 组织结构与管理功能调查分析

在系统详细调查的基础上,要对现行系统的组织结构及管理功能进行分析,主要有组织结构调查、管理功能调查和组织/功能分析3部分内容。

5.3.1 组织结构调查

组织结构,指的是一个组织(部门、企业、车间、科室等)的组成及这些组成部分之间的隶属关系或管理与被管理的关系。

组织结构调查就是对组织结构与功能进行分析,弄清组织内部的部门划分,以及各部门之间的领导与被领导关系、信息资料的传递关系、物资流动关系与资金流动关系,并了解各部门的工作内容与职责。此外,还应根据同类企业的国际、国内先进管理经验,对组织结构设计的合理性进行分析,找出存在的问题。根据计算机处理的要求,为决策者提供机构设置的参考意见。

一个组织的机构设置,自上而下一般是按级别、分层次构成的,呈树状结构,表示各组成部分之间的隶属关系或管理与被管理的关系。

一般的组织结构图如图5.5所示。

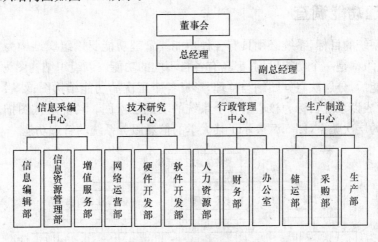

图5.5 一般的组织结构图

但作为业务调查所画出的组织结构图,为了更好地表示部门间的业务联系,与一般组织结构图存在以下区别:

(1) 除标明部门之间的领导与被领导的关系外,还要标明资料、物资、资金的流动关系。

(2) 图中各部门、各种关系的详细程度以突出重点为标准,即那些与系统目标明显关系不大的部分,可以简略或省去。

(3) 除了组织边界内的部门与联系外,还需画出与组织有业务联系的边界以外的若干部门与联系。

例如,某公司一分厂的组织结构图如图5.6所示。

组织机构的划分总是随着功能的扩展或缩小、人员的变动等因素的变化而变化。以功能为基点分析问题,则系统将会相对于组织的变化而有一定的独立性,即可获得较强的生命力。

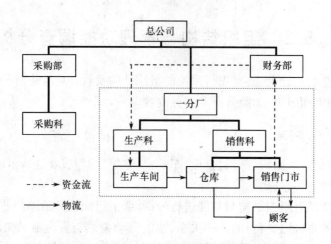

图 5.6   组织结构调查所绘制的组织结构图

所以在分析组织情况时还应该画出其业务功能一览表,这样做可以使我们在了解组织结构的同时,对于依附于组织结构的各项业务功能也有一个概括性的了解,还可以对于各项交叉管理、交叉部分各层次的深度及各种不合理的现象有一个总体的认识,在后面的系统分析和设计时应特别注意避免这些问题。

5.3.2   管理功能调查

为了实现系统的目标,系统必须具有各种功能。管理功能要以组织结构为背景识别和分析,因为每个组织都是一个功能机构,都具有各自不同的功能。以组织结构图为背景分析清楚各个部门的功能后,分层次将其归纳与整理,形成各个层次的功能结构图;然后自上而下逐层归纳与整理,形成以系统目标为核心的整个系统的功能层次图。功能层次图描述了从系统目标到各项功能的层次关系,图 5.7 表示了某大学的信息服务系统的管理功能。

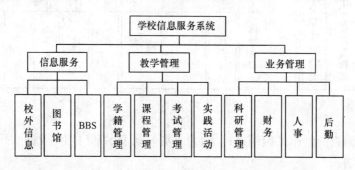

图 5.7   某大学信息服务系统的管理功能图

5.3.3   组织/功能分析

组织结构图反映了组织内部各部门之间上下级及隶属关系,但是对于组织内部各个部门之间联系程度,各部门的主要业务职能及承担的工作却反映不出来。借助组织/功能关系图,可以将组织内部各部门的主要业务职能、承担的工作及相互之间的业务关系清楚地反映出来。组织/功能关系表中的横项表示各组织的名称,纵项表示功能与业务,中间栏表示组织在执行业务功能过程中的作用,如表 5.1 所示。

表 5.1 组织功能关系表

组织功能	计划科	统计科	生产科	质量安全科	预算合同科	财务科	销售科	供应科	设备科	劳资科	人事科	行政科	保卫科	……
计划	●	✓	○				○	○						
销售		✓		✓		○	●							
供应	✓		○					●						
人事										○	●	✓	✓	
生产	✓	✓	●	○	○		✓	○	○					
设备更新		✓	✓					○	●					
……														

注:"●" 表示该项功能是对应组织的主要功能(主持工作的单位);

　　"○" 表示该单位是参与协调该项功能的单位;

　　"✓" 表示该单位是参加该项功能的相关单位。

通过组织/功能分析,能够进一步理顺组织的功能,提高管理效率。这方面的调整分析内容有:

- 现行系统中不合理现象是什么?
- 不合理的部分对组织整体目标的影响有多大? 主要表现在哪些方面?
- 不合理现象产生的历史原因是什么?
- 针对这些不合理现象,改进的措施是什么? 对于相关部分(包括涉及的部门和人员的利益)的影响有哪些?

管理信息系统受到组织机构的影响,但同时管理信息系统对组织结构和功能也会产生重大影响。这种影响产生的结果是,组织结构发生重大变革,组织的功能出现重新组合。

【阅读材料】　企业组织结构调整后的管理重组

烟草行业在进行组织结构调整后,随之而来的企业内部的管理重组工作不容忽视。

1. 实行管理重组的必要性

所谓管理重组(MRP),是指当外部环境、企业资源及其结构发生变化时,重新选择确定一种科学合理的、有助于提高企业竞争力和发展能力的管理模式或管理体系的过程。

企业经营环境的变化要求企业必须作出战略性调整,进行适应性管理重组。经过外部的企业组织结构调整后,企业所处的外部环境发生了很大的变化,形成了新的市场竞争格局,由企业的供应、研发、生产、销售等构成的企业价值链进行了新的整合,同时企业自身在经历蜕变后也成为了新的实体。企业吸纳进了新的资源,包括资本、物资、人力、文化、品牌、渠道和市场等,这些可控资源较之企业组织结构调整前也都发生了巨大变化。正确地认识和规划并利用好这些资源,是企业形成新的竞争力、获取未来竞争优势的基础。因此,企业必须重视管理重组的作用,通过管理重组,协调企业各方的价值取向,形成共同的企业价值观和企业目标;协调各方的利益冲突,形成新的企业文化,发挥资源整合的协同作用。

2. 管理重组的重点及内容

在当前烟草行业企业组织结构调整的大框架内，企业管理重组的重点要抓好以下几个方面的工作。

（1）企业战略重组

企业战略主要由企业目标、企业使命、企业价值观、企业文化等组成。企业战略的重要意义已被越来越多的企业所认识和利用。但是战略也不是永远不变的，好的战略应当具有应对环境变化的"柔性"，在环境变化程度足够大时，就需及时作出战略的调整或重新规划，而不能再拘泥于原有的企业战略。在经过企业组织结构调整后，企业的规模扩大了，生产能力增强了，但能否将生产力同步增大，能否保持和进一步提高企业效益是决定企业能否生存的关键。对企业的内外部环境进行深刻的考查和认识，进行切合实际的 SWOT 分析（Strength，优势；Weakness，劣势；Opportunity，机会；Threat，威胁），并在此基础上制定和完善企业战略，以完成新企业的战略重组。

（2）组织重组

全面的组织重组包括两层含义：一是组织架构的重组，二是人员重组。所谓组织架构的重组，是指关于组织的理论与组织形成的创新与再造，是一种组织的改造和创新，如企业组织机构改造、建立学习型组织等。而组织是人的组织、人的集合，组织和人之间的高度依存性，决定了组织架构的调整必然伴随着人的调整，即人员重组。

在信息时代和网络时代，企业需要在信息流的基础上重新构建组织。烟草企业经过新一轮行业组织结构调整和实施了战略重组后，企业的组织重组应当提上重要议事日程。企业通过兼并、托管和重组等实行了资本重组后，原来独立运作的经济实体合而为一，成为一个全新的经济联合体。原有各独立实体必须按照新企业发展战略的要求，打破体制、归属、地域、利益、文化、制度等方面各不相同的组织要素，而后实行重组，形成符合要求的生产中心、研发中心、营销中心、利润中心或者兼顾各种企业职能的事业部，以利于充分发挥组织的功能，提高资源配置效率。

（3）业务流程重组

企业组织结构的调整，必将伴随企业业务流程的变化。企业要维持组织高效运转，必须有科学合理的工作流程。在市场经济条件下，这些工作流程，应当是建立在增加顾客价值的基础上的。在企业业务流程重组中，必须精简或废除一切对增加顾客价值无益的流程。特别是进入了信息社会之后，信息技术的发展为企业进行业务流程重组提供了物质基础和技术平台，跨地域的各种职能和流程完全可以在企业内部局域网和因特网的基础上实现沟通。而现代集成制造系统（CIMS）、企业资源计划系统（ERP）等各种先进的管理信息系统（MIS）都将在企业流程重组中发挥举足轻重的作用。作为整合后的大烟草企业，必须深入研究业务流程重组或再造工作，充分利用信息技术发展的最新成果，搞好业务流程重组（BPR），以高效和富有柔性的业务流程构建企业新的竞争能力和竞争优势。

（4）企业资源重组

包括产业资源重组、人力资源重组、技术资源重组、市场资源重组等。企业组织结构调整后，面临的是新的更加广泛的资源。企业要做好资源的大文章，解决好企业"输入"问题，才能保证有好的"输出"产品。当然，被兼并或托管的企业，其原先视之为"资源"的资源，在新的标准下，可能将只被看做一种不堪使用的"资源"或"成本"，如规模很小、知名度很低且没有拓展潜力的烟草"品牌",不能胜任新的岗位的员工,相对落后陈旧的生产线,小范围内行之有效的营销手段或渠道等,所有这些都将是企业资源重组的对象。企业应当善于进行资源的转化和整合工作,将各种资源进行科学的分析并加以利用。

企业的管理重组又是一项深刻复杂的管理变革的系统工程。它涉及企业的方方面面,需要企业领导班子深谋远虑。为了实施这样的管理重组,必须寻求坚强的智力支持、技术支持、财力支持和政策支持。

(改编自《中国烟草》杂志)

5.4　业务流程调查与分析

在对现行系统的组织结构和管理功能有了初步的了解后,还需要从业务流程的角度将系统调查中有关业务流程的资料整理出来,做进一步的分析。

5.4.1　业务流程调查的任务及方法

业务流程调查主要任务是调查系统中各环节的业务活动,掌握业务的内容、作用及信息的输入、输出、数据存储和信息的处理方法及过程等。

调查业务流程应按照原系统信息流动的过程逐步地进行,内容包括各环节的处理业务、信息来源、处理方法、计算方法、信息流经去向、提供信息的时间和形态(报告、单据、屏幕显示等)。

在系统调查过程中,业务流程调查的工作量非常大,需要耐心、细致的工作;系统开发人员与用户之间联系非常密切,需要彼此间进行良好的沟通;调查中,既要完成好自身工作任务,又要考虑所调查业务与其他业务彼此间的联系。

5.4.2　业务流程的描述工具

1. 业务流程图

业务流程图(Transaction Flow Diagram,TFD)是用规定的符号来表示具体业务处理过程。业务流程图基本上是按照业务的实际处理步骤和过程绘制的。

(1)业务流程图图例及画法

业务流程图图例没有统一标准,但在同一系统开发过程中所使用的图例应是统一的。如图 5.8 所示为某一系统使用的业务流程图图例。

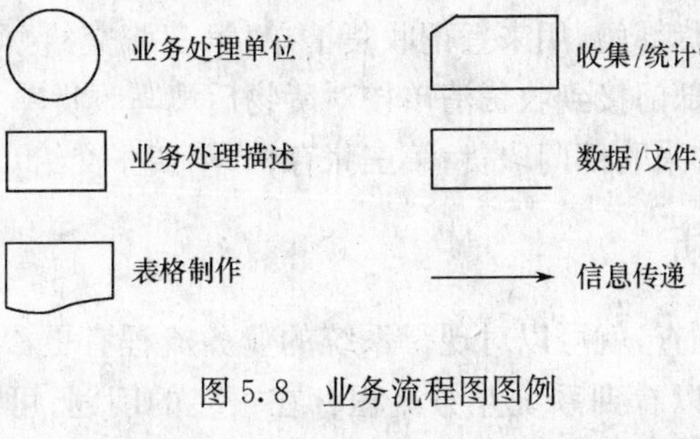

图 5.8　业务流程图图例

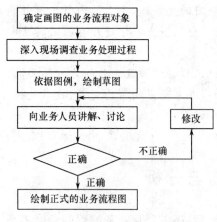

图 5.9　业务流程图的绘制步骤

（2）业务流程图的绘制方法

有关业务流程图的画法，目前尚不太统一，但大同小异，只是在一些具体的规定和所用的图形符号方面有些不同，而在准确明了地反映业务流程方面是非常一致的。图 5.9 所示为业务流程图的绘制步骤。

图 5.10 所示给出了某单位技术更新改造决策的业务流程图。

业务流程图是一种用尽可能少、尽可能简单的方法来描述业务处理过程的方法。由于它的符号简单明了，所以非常易于阅读和理解业务流程。但它的不足是对于一些专业性较强的业务处理细节缺乏足够的表现手段，比较适用于反映事务处理类型的业务过程。

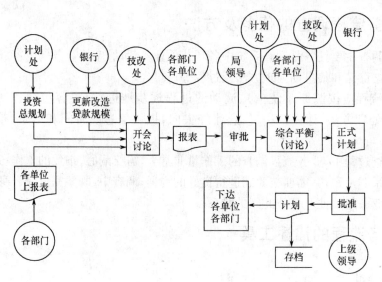

图 5.10　某单位技术更新改造决策的业务流程图

2. 表格分配图

表格分配图可帮助系统分析员表示出系统中各种单据和报告在各个部门之间传递和处理的情况。图 5.11 即是一张能反映采购过程的表格分配图，其中每一列表示一个部门，箭头表示复制单据的流向，每张复制报告上都标有号码，以示区别。由图可见，采购单一式 4 份，第一张交给卖方；第二张交到收货部门，用来登记收货清单；第三张交给财会部门，登记应付账款；第四张存档。到货时，收货部门接到收货清单校对货物后填写收货单 4 张，其中第一张交财务部门，通知付款；第二张通知采购部门取货；第三张存档；第四张交给卖方。

5.4.3　业务流程分析

通过细致的业务流程调查，就可以对现行系统的业务流程有更深入、详尽的理解。然而，通过对业务流程的分析，可以看到系统业务流程存在很多的问题：可能是管理思想和方法落后，业务流程不尽合理；也可能是因为计算机信息系统的建设，为优化原业务流程提供了新的

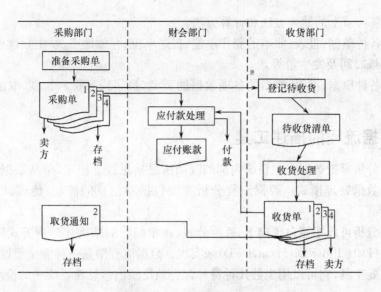

图 5.11　表格分配图

可能性。这时,就需要在对现有业务流程进行分析的基础上进行业务流程重组,产生新的更为合理的业务流程。

业务流程分析过程包括的内容如图 5.12 所示。

(1) 现行流程的分析。分析原有的业务流程的各处理过程是否具有存在的价值,其中哪些过程可以删除或合并,原有业务流程中哪些过程不尽合理,可以进行改进或优化。

(2) 业务流程的优化。现行业务流程中哪些过程存在冗余信息处理,可以按计算机信息处理的要求进行优化,流程的优化可以带来什么好处。

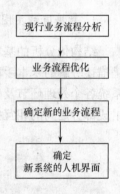

图 5.12　业务流程分析的内容

(3) 确定新的业务流程。画出新系统的业务流程图。

(4) 新系统的人机界面。新的业务流程中人与机器的分工,即哪些工作可由人机分工。计算机自动完成,哪些必须有人的参与。

5.5　数据流程调查与分析

在业务流程调查分析中,绘制的管理业务流程图和表格分配图等虽然形象地表达了管理中信息的流动和存储过程,但仍没有完全脱离一些物质要素(如货物、产品等)。为了用计算机进行信息管理,还必须进一步舍去物质要素,收集有关资料,绘制系统的数据流程图,对系统进行数据流程分析。

5.5.1　数据的收集与分析

系统数据流程分析的基础是数据或资料的收集和分析。数据的收集和数据分析工作没有明显的界限,数据收集常伴以分析,而数据分析又常需要补充收集数据。

数据流程调查与分析过程中收集和整理的资料包括:

(1) 收集原系统全部输入单据(如入库单、收据及凭证)、输出报表和数据存储介质(如账本、清单)的典型格式。

（2）弄清各环节上的处理方法和计算方法。

（3）上述各种单据、报表、账本的制作单位、报送单位、存放地点、发生频度（如每月制作几张）、发生的高峰时间及发生量等。

（4）上述各种单据、报表、账册的各项数据的类型（数字或字符）、长度、取值范围（最大值和最小值）。

5.5.2 数据流程的描述工具

数据流程分析是把数据在原系统内部的流动情况抽象独立出来，单从数据的流动过程考查实际业务的数据处理模式。数据流程分析主要包括对信息的流动、传递、处理、存储等的分析。

数据流程分析可以按照自顶向下、逐层分解、逐步细化的结构化分析方式进行，通过分层的数据流程图（Data Flow Diagram，DFD）来实现。数据流程图是一种能全面地描述信息系统逻辑模型的主要工具，它可以用少数几种符号综合地反映出信息在系统中的流动、处理和存储情况。

1. 数据流程图图例

结构化分析的基本思想是大系统分解为小系统，小系统分解为更小的系统。数据流程图是描述分解的基本手段。它运用"外部实体"、"数据流"、"处理逻辑"、"数据存储"等概念，描述系统各个处理环节及处理环节之间的信息传递关系，直观地反映系统的各个组成部分和不同组成部分之间的相互关系，如图 5.13 所示。

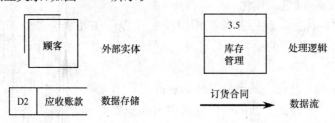

图 5.13 数据流程图基本元素的代表符号及名称

（1）外部实体。也称为"外部项"，指本系统之外的人或单位，它们和本系统有信息传递关系。在绘制某一子系统的数据流程图时，凡属本子系统之外的人或单位，都被列为外部实体。

（2）数据流。数据流表示流动着的数据，它可以是一项数据，也可以是一组数据（如扣款数据文件、订货单等），也可用来表示对数据文件的存储操作。

（3）处理逻辑（又称功能）。图中是用一个长方形来表示的。

（4）数据存储。指通过数据文件、文件夹或账本等存储数据，用一个右边开口的长方形条表示。图形右部填写存储的数据和数据集的名字，左边填入该数据存储的标志。

2. 数据流程图的绘制

数据流程图的绘制也是系统分析的过程。由基本的系统模型加外部实体构成顶层的数据流程图，然后逐步分解"加工"，得到下一层数据流程图。这种分解工作不断进行，直到最终得到每个"处理逻辑"和"数据存储"都是能使用计算机处理的底层数据流程图为止。在绘制时采取的是自顶向下、逐层分解的办法。

下面结合某财务管理绘制账务处理数据流程图来详细分析。

首先画出顶层(第一层)数据流程图。顶层数据流程图只有一张,它说明了系统的总的处理功能、输入和输出。如图 5.14 所示。

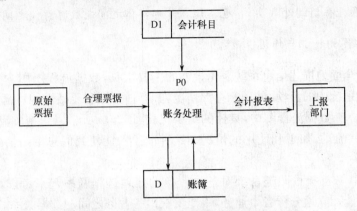

图 5.14　账务处理系统的第一层数据流程图

下一步是对顶层数据流程图中的"处理逻辑"进行分解,也就是将"账务处理"分解为更多的"处理逻辑"。图 5.15 是第一层中的处理被分解后的第二层数据流程图中的一个。

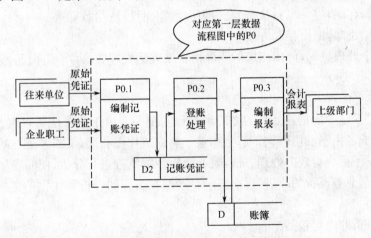

图 5.15　账务处理系统第二层数据流程图

数据流程图分多少层次应根据实际情况而定,对于一个复杂的大系统,有时可达七八层之多。为了提高规范化程度,有必要对图中各个元素加以编号。通常在编号之首冠以字母,用以表示不同的元素,如用 P 表示处理,D 表示数据流,F 表示数据存储,S 表示外部实体。

【阅读材料】　对于一个系统的理解,不可能从一开始就是完美无缺的。我们绘制的数据流程图也不可能是完美无缺的,可以进行核对,逐步修改,最终获得较为完美的图纸。通常可以从以下几个方面检查数据流程图的正确性。

(1)数据守恒,或称为输入数据和输出数据匹配。数据不守恒有两种情况:一种是某个处理过程用以产生输出数据,如果没有输入数据给这个处理过程,就肯定是遗漏了某些数据流;另一种就是某些输入数据在处理过程中没有被使用到,这不一定是个错误,但是产生这种情况的原因及是否可以简化值得研究。

(2)在一个完整的数据流程图中任何一个数据存储,必定有流入的数据流和流出的数据流,即写文件和读文件,缺少任何一种都意味着遗漏某些加工。

（3）父图中的某一处理框的输入、输出数据流必须出现在相应的子图中，否则就会出现父图和子图的不平衡。

（4）任何一个数据流至少有一端是处理框。也就是说，数据流不能从外部实体直接到数据存储，不能从数据存储到外部实体，也不能在外部实体之间或数据存储之间流动。

3. 数据流程图的特征与作用

作为一种能全面地描述信息系统逻辑模型的主要工具，数据流程图用少数几种符号综合地反映出信息在系统中的流动、处理和存储情况，具有抽象性和概括性的特征。

（1）抽象性。在数据流程图中，具体的组织机构、工作场所、人员、物质流等都已去掉，只剩下数据的存储、流动、加工和使用的情况。这种抽象性能使我们总结出信息处理的内部规律性。

（2）概括性。数据流程图把系统对各种业务的处理过程联系起来考虑，形成一个总体。而业务流程图只能孤立地分析各个业务，不能反映出各业务之间的数据关系。

数据流程图作为系统分析的主要工具，其作用主要体现在：
① 系统分析员借助这种工具自顶向下分析系统信息流程；
② 在图上画出计算机处理的部分；
③ 根据逻辑存储，进一步做数据分析，可向数据库设计过渡；
④ 根据数据流向，定出存取方式；
⑤ 对应一个处理过程，可用相应的程序语言来表达处理方法，向程序设计过渡。

4. 数据流程分析

数据流程是系统中的信息处理的方法和过程的统一。由于原系统管理混乱，数据处理流程本身有问题，或者由于我们调查了解数据流程有误或作图有误，又或者是新的信息技术条件为数据处理提供了更为有效的处理方法，有必要对数据流程进行分析，使问题尽量地暴露并加以解决。因而，与业务流程的改进和优化相对应，数据流程的分析和优化一直是系统分析的重要内容。

数据流程分析的内容包括：
（1）原有数据流程的分析。分析原有的数据流程图的各个处理过程是否具有存在价值，其中哪些过程可以删除或合并，原有的数据流程中哪些过程不尽合理，可以进行改进或优化。
（2）数据流程的优化。对原有数据流程图中存在的冗余信息处理，可以按计算机信息处理的要求进行优化，并分析优化的好处。
（3）确定新的数据流程，画出新的数据流程图。
（4）新系统的人机界面。在新的数据流程图中确定人和机器的分工，确定人和机器交互的界面。

5.5.3 数据字典

数据流程图描述了系统的分解，即描述了系统由哪几个部分组成、各个部分之间的联系等，但是没有说明系统中各个成分的含义。为此还需要其他工具对数据流程图加以补充说明。

数据字典（Data Dictionary, DD）就是这样的工具。数据字典是对数据流程图中的数据项、数据结构、数据流、处理逻辑、数据存储和外部实体进行定义和描述的工具,是数据分析和管理工具,同时也是系统设计阶段进行数据库设计的重要依据。

1. 数据项的定义

数据项又称数据元素,是最小的数据组成单位,也就是不可以再分的数据单位,如学号、姓名等。分析数据特性应从静态和动态两个方面去进行。在数据字典中,仅定义数据的静态特性,具体包括:

(1) 数据项的名称、编号、别名和简述;

(2) 数据项的长度;

(3) 数据项的取值范围和取值含义;

(4) 与它有关的数据结构等。

表5.2是数据项定义的一个例子。

表5.2 数据项定义

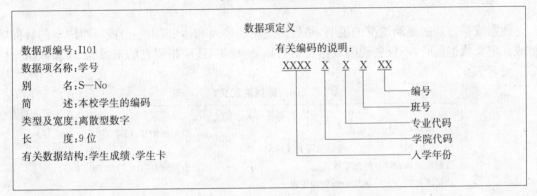

2. 数据结构的定义

数据结构描述某些数据项之间的关系。一个数据结构可以由若干个数据项组成,也可以由若干个数据结构组成,还可以由若干个数据项和数据结构组成。例如,表5.3所示订货单就是由3个数据结构组成的数据结构,表中用DS表示数据结构,用I表示数据项。

表5.3 用户订货单的数据结构

DS03:用户订单		
DS03-01:订货单标识	DS03-02:用户情况	DS03-03:配件情况
I1:订货单编号	I3:用户代码	I10:配件代码
I2:订货日期	I4:用户名称	I11:配件名称
	I5:用户地址	I12:配件规格
	I6:联系人	I13:订货数量
	I7:电话	
	I8:开户银行	
	I9:账号	

数据字典中对数据结构的定义包括以下内容：

（1）数据结构的名称和编号；

（2）简述，简单说明数据结构的信息；

（3）数据结构的组成。

如果是一个简单的数据结构，只要列出它所包含的数据项即可。如果是一个嵌套的数据结构（即数据结构中包含数据结构），则需列出它所包含的数据结构的名称，因为这些被包含的数据结构在数据字典的其他部分已有定义。

表5.3的数据结构定义如下：

数据结构编号：DS03

数据结构名称：用户订货单

简述：用户所填用户情况及订货要求等信息

数据结构组成：DS03-01＋DS03-02＋DS03-03

3. 数据流的定义

数据流是数据的流动情况的说明，是处理逻辑的输入和输出，由一个或一组固定的数据项组成。定义数据流时，不仅要说明数据流的名称、组成等，还应指明它的来源、去向和数据流量等。见表5.4。

表5.4 数据流定义

数据流定义	
数据流名称：期末成绩单	数据流编号：FD3-05
简 述：学期末任课教师填写的成绩单	
数据流来源：教师（外部实体）	数据流量：200 份/学期
数据流去向：P2.1（成绩分析处理逻辑）	
P2.2（成绩统计处理逻辑）	
数据流组成：考试科目	
学生成绩*	
学号	
姓名	
成绩	
任课教师	

4. 数据存储的定义

数据存储的条目，主要描述数据存储的结构及相关的数据流、处理逻辑等。例如，数据存储D2"学习成绩一览表"的条目，见表5.5。

表5.5 数据存储的定义

数据存储定义	
名称：学习成绩一览表	编号：D2
简述：学期结束，按班级汇总的学生成绩	
数据存储组成：班级	有关数据流：
学生成绩*	D2→P2.1.1
学号	D2→P2.1.2
姓名	D2→P2.1.3
成绩	D2→P2.1.4

5. 处理逻辑的定义

对于数据流程图中的处理逻辑,需要在数据字典中详细描述其编号、名称、功能说明、有关的输入、输出等。表 5.6 是对处理逻辑 P2.1.4"填写成绩单"的定义。

表 5.6 处理逻辑的定义

处理逻辑的定义
名称:填写成绩单   编号:P2.1.4
说明:通知学生成绩,如有不及格科目则说明重修日期
输入:D2→P2.1.4
输出:P2.1.4→学生(成绩通知单)
处理:查 D2(成绩一览表),打印每个学生的成绩通知单,如有不及格科目,不够留级的,则在"成绩通知单"填写重修事项,若直接留级则注明留级

6. 外部实体的定义

外部实体是数据的来源和去向,因此在数据字典中关于外部实体的定义,主要说明外部实体产生的数据流和传给外部实体的数据流,以及该外部实体的数量等。表 5.7 是描述"学生"这个外部实体的定义。

表 5.7 外部实体的定义

外部实体的定义
名称:学生   编号:S001
说明:
输出数据流: 个数:约 4000 个
输入数据流:
P2.1.4→学生(成绩通知单)

数据字典实际上是"关于系统数据的数据库"。在整个系统开发过程中及系统运行后的维护阶段,数据字典都是必不可少的工具。数据字典是所有人员工作的依据、统一的标准。在数据字典的建立、修正和补充过程中,始终要注意保证数据的一致性和完整性。

数据字典可以用人工建立卡片的办法来管理,也可存储在计算机中用一个数据字典软件来管理。

5.5.4 描述处理逻辑的工具

数据流程图中比较简单的处理逻辑可以在数据字典中作出定义,但是还有不少处理逻辑比较复杂,有必要运用一些描述处理逻辑的工具来加以说明,如判断树、判断表等。

下面以某公司订货折扣政策为例。某公司对于订货,根据不同的条件给予不同的折扣:

(1) 年交易额在 5 万或 5 万以下,则不给予折扣。

(2) 年交易额在 5 万以上时:如果无欠款,则给予 15% 的折扣;如果有欠款,而且与本公司的交易关系在 20 年以上,则折扣为 10%;如果有欠款,而且与本公司的交易关系在 20 年以下,则折扣为 5%。

1. 判断树

图 5.16 就是某公司订货折扣方案制定的判断树。判断树简单明了,比较直观,容易理解。

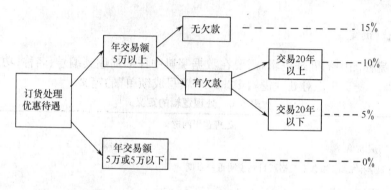

图 5.16　判断树

2. 判断表

如果判断树的条件较多,各个条件又相互结合,相应的决策方案比较多,在这种情况下用判断树表示,树的结构比较复杂,图中各项注释也比较烦琐,这时可以考虑使用判断表。

判断表又称为决策表,可以在复杂的情况下,直观地表达具体条件、决策规则和应当采取的行动策略之间的逻辑关系。还是以订货折扣方案制定的例子来说明,见表5.8。

表 5.8　订货折扣处理的判断表

条件及行动		1	2	3	4	5	6	7	8
条件组合	C1:交易额 5 万以上	Y	Y	Y	Y	N	N	N	N
	C2:无欠款	Y	Y	N	N	Y	Y	N	N
	C3:交易 20 年以上	Y	N	Y	N	Y	N	Y	N
行动	A1:折扣率 15%	√	√						
	A2:折扣率 10%			√					
	A3:折扣率 5%				√				
	A4:折扣率 0%					√	√	√	√

3. 结构化英语

结构化英语是受结构化程序设计思想启发扩展而来的,它使用了由"IF","THEN","ELSE"等词组成的规范化语言。下面是订货折扣方案制定的结构化英语表示:

```
IF    购货金额在 5 万以上
THEN  IF   最近 3 月无欠款
      THEN   折扣率为 15%
      ELSE  IF   与公司交易 20 年以上
            THEN   折扣率为 10%
            ELSE   折扣率为 5%
ELSE   无折扣
```

5.6　建立新系统的逻辑模型

通过系统调查,对现行系统的业务流程、数据流程、处理逻辑等进行深入的分析之后,就应该提出系统建设方案,即建立新系统的逻辑模型。建立逻辑模型是系统分析中重要的任务之一,它是系统分析阶段的重要成果,也是下一个阶段进行系统设计工作的主要依据。新系统方案主要包括:新系统目标、新系统的业务处理流程、数据处理流程、新系统的总体功能结构及子系统的划分和功能结构,是系统分析阶段系统分析结果的综合体现。

5.6.1 系统目标

系统目标是指达到系统目的所要完成的具体事项。在系统详细调查的基础上,根据详细调查结果对可行性分析报告中提出的系统目标进行再次考查,对项目的可行性和必要性进行重新考虑,并根据对系统建设的环境和条件的调查修正系统目标,使系统目标适应组织的管理需求和战略目标。新系统的目标可以从功能、技术和经济 3 个方面考虑。

系统的功能目标指系统所能处理的特定业务和完成这些业务的质量;系统的技术目标是指系统应当具备的技术性能和应该达到的技术水平,通过一些技术指标(如系统运行效率、响应速度、存储能力等)给出一定的评价;系统的经济目标是指系统开发的预期投资费用和经济效益的权衡和比较。

由于系统目标对系统建设具有举足轻重的意义,所以必须经过仔细论证才能修改。

5.6.2 新系统信息处理方案

新系统的信息处理方案是系统分析成果的综合。

1. 确定合理的业务流程

在业务流程分析中,系统中存在的问题可能是管理思想和方法落后,业务流程不尽合理,也可能是因为计算机信息系统的建设为优化原业务流程提供了新的可能性,这时,就需要在对现有业务流程进行分析的基础上进行业务流程优化和重组,确定更为合理的业务流程。

例如,过去某工厂仓库由管理人员凭印象确定订货量,新系统改为根据各种备件的库存量和订货点来确定订货量,这时的信息处理流程就有了很大的变化。

2. 确定合理的数据流程

由于老系统中的数据处理是建立在手工处理或陈旧的信息处理手段基础上的,新的信息技术条件将为数据处理提供更为有效的处理方法。因而,与业务流程的改进和优化相对应,数据流程的分析和优化一直是系统分析的重要内容。在此列出数据流程分析的结果并加以说明,由用户最终确认;同时,说明删除或合并哪些多余或重复的数据处理流程,对哪些数据流程进行了优化和改动。

3. 功能分析和划分子系统

为了实现系统目标,系统必须具备一定的功能。功能分析就是对系统功能进行逐层分解。目标可看做实现系统功能,即第一层功能,一级子系统就要实现第二层功能,下面的层次就要实现更具体的功能,依次类推。这项工作叫作划分子系统。

把系统划分为子系统可以大大简化设计工作,只要子系统之间接口关系明确,基本上可以互不干扰地独立进行每一子系统的设计、调试、修改或扩充,而不至于牵动全局。

到目前为止,关于划分子系统还没有形成一套公认的方法。在实际工作中,划分方案往往受到个人经验、企业原有业务处理关系及是否便于分阶段实施等多种因素的影响。不同的教科书,对划分子系统部分的叙述也有不同的编排,例如,将这部分的内容作为系统分析部分的最后章节,或者作为系统设计部分的开始。对于大系统来说,划分子系统的工作应在系统规划阶段进行,常用的工具是 U/C 矩阵。

4. 确定新系统数据资源分布

在系统功能分析和子系统划分之后,应该确定新系统的数据资源的分布,即哪些数据资源存储在本系统的内部设备上,哪些是存储在网络或主机上的。

5. 确定新系统中的管理模型

管理模型是系统在每个具体管理环节上所采用的管理方法的抽象。在手工系统中,由于受信息获取、传递和处理手段的限制,只能采用一些简单的管理模型,而在计算机技术支持下,MRPII 等现代管理方法的应用就具有了现实的可能性。系统分析中要根据业务和数据流程,对每个处理过程进行认真分析,研究每个管理过程的信息处理特点,找出相适应的管理模型。

常用管理模型如表 5.9 所示。

表 5.9 常用管理模型

模 型 大 类	模 型 小 类	模 型 作 用	常 用 模 型
综合计划模型	综合发展模型	这是企业的近期发展目标模型,包括赢利指标、生产规模等	企业中长期计划模型、厂长任期目标分解模型、新产品开发和生产结构调整模型、中期计划滚动模型
	资源限制模型	反映了企业各种资源对企业发展模型的制约	数学规划模型、资源分配限制模型
生产计划管理模型	生产计划大纲模型	主要安排与综合生产计划有关的生产指标	优化生产计划模型、物料需求计划模型、能力需求计划模型、投入产出模型
	作业计划模型	具体安排了生产产品数量、加工路线、加工进度、材料供应、能力平衡等	投入产出矩阵、网络计划模型、关键路径模型、排序模型、物料需求模型、设备能力平衡模型
库存管理模型	库存管理模型	用于安排库存数量	库存物资分类法、库存管理模型、最佳经济批量模型
财务成本管理模型	成本核算模型	包括直接生产过程的消耗计算和间接费用的分配	品种法、分步法、逐步结转法、平行结转法、定额差异法等
			完全成本法和变动成本法
	成本预测模型		数量经济模型、投入产出模型、回归分析模型
	成本分析模型		实际成本与定额成本比较模型、本期成本与历史同期可比产品成本比较模型、产品成本与计划指标比较模型、产品成本差额管理模型、量本利分析模型
统计分析与预测模型	统计分析与预测模型	一般用来反映销售、市场、质量、财务状况等的变化情况及未来发展的趋势	多元回归预测模型、时间序列预测模型、普通类比外推模型

5.7 系统分析报告

系统分析报告是系统分析阶段的成果，反映这个阶段调查分析的全部情况，全面地总结了系统分析工作，是下一步系统设计和实现系统的指导性文件。系统分析报告形成后，需组织各方面的人员（包括单位负责人、业务部门主管、专业技术人员、系统分析人员等）对形成的系统分析报告及新系统的逻辑方案进行论证，尽可能地发现其中的问题、误解和疏漏。对于问题、疏漏要及时更正，对于有争论的问题则要重新审核原始调查资料或进一步深入调查研究；对于重大问题甚至可能需要调整或修改系统目标，则重新进行系统分析。

5.7.1 系统分析报告的内容

一份好的系统分析报告应该充分展示系统分析阶段调查和分析的结果，提出新系统逻辑方案。系统分析报告内容一般包括以下几个方面。

1. 现行系统概述

现行系统概述主要对现行系统的基本情况做概括性的描述。它包括现行系统的主要业务、组织机构、存在的问题和薄弱环节、系统外部环境等。

2. 新系统目标

在系统初步调查和分析的基础上，根据系统现状和环境约束条件，确定新系统的目标：新系统的总目标，新系统拟采用的开发策略和开发方法，系统开发的人力、资金及计划进度安排，新系统的功能及子系统功能划分等。

3. 现行系统状况

主要用业务流程图和数据流程图来说明现行系统的概况。

4. 新系统的逻辑模型

通过对现行系统的分析，找出现行系统的主要问题所在，进行必要的优化和改动，即可以得到新系统的逻辑模型。

新系统的逻辑模型也可以通过相应的数据流程图加以说明。数据字典等有变动也要给出相应说明。

5. 实施计划

工作任务的分解：对开发中应该完成的各项工作，按系统功能划分，指定专人分工负责。

进度：对系统开发中各项工作制定预定的开始日期和结束日期，规定任务完成的先后顺序。可以使用 PERT 图或甘特图表示进度。

预算：逐项列出本项目所需要的劳务及经费的预算，包括各项工作所需要的人力、办公费、差旅费、资料费等。

5.7.2 系统分析报告的审议

　　系统分析报告是系统分析阶段的技术文档,也是这一阶段的工作报告,是提交审议的一份工作文件。系统分析报告一旦审议通过,则成为具有约束力的指导性文件,成为用户和技术人员之间的技术合同,成为下一阶段系统设计的依据。

　　对系统分析报告的审议是整个系统研制过程中一个重要的里程碑。审议应该由研制人员、企业领导、管理人员、局外系统分析专家等共同完成。审议通过之后,系统分析报告就成为系统开发人员和企业对该项目共同意志的体现,系统分析作为一个工作阶段,宣告结束。若有关人员在审议中对所提的方案不满意,或者发现系统开发人员对系统的理解有比较重大的遗漏或误解,就需要重新进行详细调查和系统分析。

习题 5

1. 系统功能结构图与数据流程图有什么区别与联系?

2. 简述数据流程图的基本成分,并且分别以图例方式表示。

3. 简述结构化方法的基本思想。

4. 设计信息系统流程图的基本原则是什么?

5. 有哪些系统调查方法?

6. 系统分析报告应包括哪些内容?

7. 根据考生成绩管理工作内容画出表格分配图:

考生成绩单一式 4 份,第一份做存档处理收入考生档案,第二份成绩排序后送入成绩汇总文件,第三份做录取数据登录存入考生文件,第四份制作成绩通知单送邮局做邮寄处理。

8. 某校学籍管理制度规定:

(1) 经补考仍有两门考试课不及格者留级。

(2) 经补考,考查课和考试课共计仍有 3 门不及格者留级。

(3) 经补考,仍有不及格课程但未达到留级标准者可升级,但不及格科目要重修。

试用判断树、判断表分别表示上述规则。

9. 某仓库管理系统按以下步骤进行信息处理:

(1) 保管员根据当日的出库单和入库单通过出入库处理去修改库存台账。

(2) 根据库存台账由统计打印程序输出库存日报表。

(3) 需要进行查询时,可利用查询程序,在输入查询条件后,到库存台账去查找,显示出查询结果。

试按上述过程画出数据流程图。

第6章 系统设计

教学要点

系统设计也称为系统的逻辑设计，其主要任务是在前一阶段系统分析的基础上，进一步明确新系统如何满足管理系统的要求，明确"如何做"的问题。系统设计阶段的工作可以分为总体设计和详细设计两大部分。

总体设计对系统功能进行规划，给出系统的逻辑结构，即信息系统流程图设计、功能结构图设计、功能模块图设计和系统平台设计等。功能结构图从功能的角度描述了系统的结构，信息流程图则给出了各功能之间的数据传送关系。

代码设计是为了便于计算机处理，合理的代码结构有助于提高效率和防止出错。输入/输出设计为用户提供方便的人机交互手段，为管理人员提供实用、快捷的信息。数据库设计是根据所选择的具体数据库系统进行设计。计算机处理过程的设计确定每个模块的内部特征，包括局部的数据组织、控制流、每一步的具体加工要求及种种实施细节。通过这样的设计，为编写程序制定了一个周密的计划。

系统设计报告作为系统设计阶段的成果，为系统实施阶段的工作提供了具体的方案。

本章的主要内容有：

（1）系统设计的目标和内容；

（2）系统功能结构设计；

（3）系统平台设计；

（4）代码设计；

（5）输入/输出设计；

（6）数据库设计；

（7）处理过程设计；

（8）系统设计说明书。

6.1 系统设计概述

系统设计阶段要回答的中心问题是：系统是"做什么"的，即明确系统功能，这个阶段的成果是以系统分析报告为形式的新系统逻辑模型。系统设计阶段是管理信息系统开发的第三个阶段，主要解决系统功能的实现问题，即"怎么做"的问题。其目标是进一步实现系统分析阶段提出的系统模型，详细确定新系统的结构、应用软件的研制方法和内容。在这一阶段，要根据实际的技术条件、经济条件和社会条件，确定系统的实施方案，即系统的物理模型。

系统设计包括总体设计（概要设计）和详细设计两大部分。总体设计与详细设计是交错反复进行的，主要包括系统结构设计、系统平台设计、信息分类、代码设计、子系统划分、输出/输入设计、数据库存储设计、处理过程设计等内容。

6.1.1　系统设计的目标

系统设计的优劣直接影响新系统的质量和经济效益。系统设计的目标应该是在保证实现系统逻辑模型的基础上,尽可能提高系统的各项指标,如系统的工作效率、可靠性、工作质量、可变性和经济性等。

1. 系统的功能

系统功能是系统设计中最根本的要求。在系统设计中应以系统分析报告作为系统设计的依据,忠实地实现系统分析阶段提出的系统逻辑模型。主要考查系统是否解决了用户希望解决的问题,是否具有较强的数据校验功能,能否进行必须的运算,能否提供符合用户需求的信息输出,等等。保证拟建的系统满足用户需要的功能,正是系统设计阶段的中心任务。

2. 系统的工作效率

系统的工作效率指系统对数据的处理能力(单位时间内处理事务的能力)、处理速度(处理单个事务所需要的平均时间)、响应时间(从发出要求到得到回应信号的时间)等与时间有关的指标。影响系统效率的因素很多,包括系统的硬件及其组织结构、人机接口设计的合理性、计算机处理过程的设计质量等。

3. 系统的可靠性

系统的可靠性是指系统在运行过程中抵御各种干扰,保证系统正常工作的能力,包括错误检查、错误纠正的能力,系统灾难恢复的能力,软、硬件的可靠性,系统安全保护能力等。系统平均无故障时间和系统平均修复时间是衡量系统可靠性的重要指标。

4. 系统的工作质量

系统的工作质量指系统提供信息的准确程度、使用的方便性、输出表格的实用性和清晰性等。为了保证系统良好的工作质量,要求系统设计人员在各个环节都要精心设计,如输入/输出设计、代码设计、人机接口设计等。设计时既要考虑应用的要求,还要考虑使用者的能力和心理反应。

5. 系统的可变更性

系统的可变更性指修改和维护系统的难易程度。系统在实施的过程中,需要测试、修改,即使是在系统交付使用后,有时也会因为发现系统存在某些错误或不足之处而需要对系统进行修改或维护。另外,随着系统环境的变化,用户会对系统提出新的要求。因此,系统修改的难易程度将直接关系到系统的生命周期。

6. 系统的经济性

系统的经济性是指系统的收益和支出之间的对比关系。值得注意的是,在衡量系统的经济费用的同时,还要定性考虑系统实施后取得的社会效益和经济效益等。

系统工作效率、可靠性、工作质量、可变更性、经济性等指标是相互联系又彼此制约的,甚至在一定程度上是相互矛盾的。因此,需要根据实际需要和可能性进行综合考虑,将指标按重要性排序,保证最重要的指标,如银行系统应在保证功能的基础上首先考虑系统的可靠性和安全性设计。

【阅读材料】 系统工作效率、可靠性、工作质量、可变更性、经济性等指标是相互联系又彼此止月的,在一定程度上是相互矛盾的。例如,为了提高系统的可靠性,就要采取一些校验和控制措施,系统的效率就受到一定影响。与此同时,由于系统可靠性的提高,抗干扰能力增强,系统能不间断运行,反过来有提高了系统的效率。

但是,从系统开发的角度看,系统的可变更性应该是首先考虑的因素。这是因为,无论对系统研制过程还是对今后的运行,它都有着直接的影响。据统计,在系统整体生命周期中,经费开销的比例为:研制占 20%(分析与设计占 7%,程序编写占 3%,调试占 10%),而维护占 80%。其中维护包括修改错误和遗漏,或为适应环境变化增加功能等。由此可见,修改系统的经费占了整个经费的 90%(20%×50%+80%),如果系统的可变更性好,就可以节约大量的人力、财力、延长系统的生命周期。

6.1.2 系统设计的内容

系统设计阶段的任务是提出实施方案。该方案是系统设计阶段工作成果的体现,以书面的正式文件——系统设计说明书提出,批准后将成为系统实施阶段的工作依据。

系统设计的基本任务可以分成两个方面。

1. 总体设计(Architectural Design)

总体设计又称为概要设计(Preliminary Design)包括功能结构图设计、信息系统流程图设计、系统平台设计等。其基本任务是:

(1) 将系统划分为模块,并确定每个模块的功能。

(2) 决定模块之间的调用关系及模块之间的信息传递关系。

(3) 信息系统平台设计,包括计算机处理方式、网络结构设计、软件及硬件平台设计等。

总体设计是系统开发中关键的一步,系统的质量和一些整体特性基本上取决于系统总体设计的质量。

2. 详细设计

详细设计就是为系统总体设计中提出的各个具体的任务选择适当的技术手段和处理方法。它包括:代码设计(Data Code Design)、数据库设计、输出/输入设计、处理流程图设计及编写程序设计说明书等。

表 6.1 列出了系统设计各部分的主要内容。

表 6.1 系统设计的主要内容

系统功能结构	子系统、功能模块划分 功能模块之间关系的确定
系统平台设计	网络结构设计 计算机软件、硬件选择 数据库管理系统选择
代码设计	代码结构的设计 使用范围、期限和维护修改权限 代码编制

系统输出设计	决定输出设备和输出介质 确定输出内容、格式和精度 确定输出时间
系统输入设计	数据源的确定,输入检查纠错 数据输入格式、内容和精度 选择数据输入设备和输入方式
用户界面设计	用户界面风格的设计 编写联机帮助 错误信息提示与处理
数据库设计	逻辑数据模型设计 数据一致性 物理数据模型
安全性设计	设备备份与数据备份 用户权限设定 事故处理与灾难恢复
文档编写	系统设计报告 用户操作手册编写

6.2 系统功能结构设计

系统功能结构设计主要是管理信息系统的子系统的划分及功能模块之间关系的确定。常用的子系统划分与当前的业务部门一一对应,有一个独立的业务管理部门,就有一个子系统。这种划分方法,在当时建立管理信息系统的时候比较容易得到组织、人力上的保证,得到部门领导和业务人员的支持,但是却存在一个致命的问题:管理信息系统与企业的组织结构缺乏相对独立性,当业务管理部门的组织结构或职责范围调整时,会导致管理信息系统需要重新设计。因此,管理信息系统子系统的划分不应当与当前的业务管理部门一一对应,而应该建立在系统分析的基础上,从信息的角度划分子系统。

系统功能结构的设计,是在遵循结构化和模块化设计思想基础上,以信息系统功能结构图、信息系统流程图表示的。

6.2.1 系统功能结构设计的原则

信息系统子系统的划分,应当遵循结构化和模块化的思想。

1. 结构化设计思想

结构化设计思想,就是把系统设计成由相对独立、功能单一的模块组成的层次结构,主要有 3 个要点。

（1）系统性

就是在功能结构设计时,全面考虑各方面情况。不仅考虑重要的部分,也要兼顾考虑次重要的部分;不仅考虑当前亟待开发的部分,也要兼顾考虑今后扩展的部分。

（2）自顶向下分解

将系统分解为子系统，各子系统功能总和为上层系统的总的功能，再将子系统分解为功能模块，下层功能模块实现上层的模块功能。这种从上往下进行功能分层的过程就是由抽象到具体、由复杂到简单的过程。这种步骤从上层看，容易把握整个系统的功能，不会遗漏，也不会冗余，从下层看各功能容易具体实现。

（3）层次性

上面的分解是按层分解的，同一个层次由抽象到具体的程度是同样的，各层具有可比性。如果有某层次各部分抽象程度相差太大，那极可能是划分不合理造成的。

2. 模块化设计思想

把一个信息系统设计成若干模块的方法称为模块化。其基本思想是将系统设计成由相对独立、单一功能的模块组成的结构，从而简化研制工作，防止错误蔓延，提高系统的可靠性。在这种模块结构图中，模块之间的调用关系非常明确、简单。每个模块可以单独地被理解、编写、调试、查错与修改。模块结构整体上具有较高的正确性、可理解性与可维护性。

6.2.2　功能结构图设计

为了保证信息系统与企业功能组织结构之间的相对独立性，管理信息系统子系统的划分是从信息的角度来划分的。管理信息系统的各子系统可以看做系统目标下层的功能。系统功能分解的过程就是一个由抽象到具体、由复杂到简单的过程。所谓功能结构图，就是按功能从属关系画成的图表，图中每一个方框称为一个功能模块。功能模块可以根据具体情况划分得大一点或小一点。分解得最小的功能模块可以是一个程序中的每个处理过程，而较大的功能模块则可能是完成某一任务的一组程序。例如，对于某电力企业管理信息系统，利用结构化方法分解的功能结构图如图6.1所示。

经过层层分解，可以把一个复杂的系统分解为多个功能较单一的功能模块，这种把一个信息系统设计成若干模块的方法称为模块化设计方法。通过模块化的设计方法，一方面，各个模块具有相对独立性，可以分别加以设计实现。另一方面，模块之间的相互关系（如信息交换、调用关系）则通过一定的方式予以说明。各模块在这些关系的约束下共同构成一个统一的整体，完成系统的功能。

功能结构设计的特点在于有很好的内聚性，内聚性是指一个程序模块执行单独而明确定义功能的适用程度。内聚性好的程序具有好的可变性和可维护性，修改执行独立功能的内聚性模块，对程序中其他功能模块的影响很小，甚至根本没有影响，相反地，如果模块完成许多功能或连接许多不同的处理过程，那么其内聚性就差，产生错误的机会就增大。系统模块之间的相互联系程度叫偶合，如果是紧密偶合，系统将难以维护。大而复杂的模块不仅难以修改，而且难以重复使用，因此，功能结构设计的另一特点在于提高重用性。所谓的"封装"模块设计目的之一就是提高系统的可重用性。

6.2.3　信息系统流程图设计

系统功能结构图主要从功能的角度描述了系统的结构，但并未表达各功能之间的数据传送关系。事实上，系统中许多业务或功能都是通过数据文件联系起来的。例如，某一功能模块向某一数据文件中存入数据，而另一个功能模块则从该数据文件中取出数据。再比如，虽然在

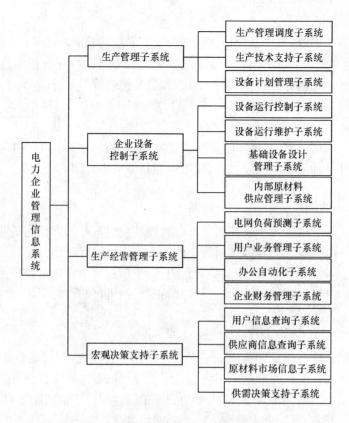

图 6.1　某电力企业管理信息系统功能结构图

数据流程图中的某两个功能模块之间原来并没有通过数据文件发生联系,但为了处理方便,在具体实现中有可能在两个处理功能之间,设立一个临时的中间文件以便把它们联系起来。上述这些关系在设计中是通过绘制信息系统流程图来从整体上表达的。

信息系统流程图是以新系统的数据流程图为基础绘制的。可以按下述思路来绘制信息系统流程图:首先为数据流程图中的处理功能画出数据关系图。图 6.2 是数据关系图的一般形式,它反映了数据之间的关系,即输入数据、中间数据和输出数据之间的关系。然后把各个处理功能的数据关系图综合起来,形成整个系统的数据关系图,即信息系统流程图。

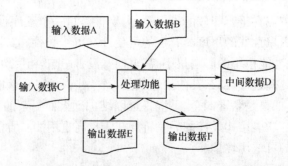

图 6.2　处理功能的数据关系图的一般形式

应当注意的是,从数据流程图到信息系统流程图并非单纯的符号改换,信息系统流程图表示的是计算机的处理流程,而不像数据流程图那样还反映了人工操作部分。因此,绘制信息系统流程图的前提是已经确定了系统的边界、人机接口和数据处理方式。

从数据流程图到信息系统流程图还应该考虑处理功能的合并与分解问题。因为在数据流程图中的部分处理功能可以合并或进一步分解，再把有关处理看做系统流程图中的一个处理功能。

图 6.3，是批处理方式下由数据流程图转换为信息系统流程图的示意图。图中数据流程图的输入 1 转化为系统流程图中的手工输入 1，数据流程图中的输出 1 和输出 2 则分别转化为系统流程图中的打印报告 1 和打印报告 2，数据流程图中的处理 1 和处理 2 合并转化为系统流程图中的处理 1。同时，系统流程图中还增加了一个临时的中间文件，用来进行与其他处理之间的信息联系，这是一种基于计算机具体处理实际问题的现实考虑。此外，数据流程图中的加工处理与系统流程图中处理步骤并不一定要求一一对应，设计者可以根据实际情况加以合并或分解。

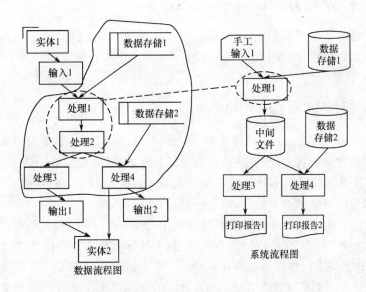

图 6.3　数据流程图转换为信息系统流程图的示意图

6.3　系统平台设计

管理信息系统是以计算机技术为基础的人机系统。管理信息系统的平台是管理信息系统开发与应用的基础。管理信息系统的平台设计包括计算机处理方式、网络结构设计、网络操作系统的选择、数据库管理系统的选择等软、硬件选择与设计工作等。

6.3.1　设计依据

随着信息技术的发展，各种计算机软、硬件产品争相投放市场。各种各样的计算机技术和产品为信息系统的建设提供了极大的灵活性，但同时也给系统平台的设计工作带来了新的困难，那就是如何从众多的产品与技术中作出明智的选择。系统平台的设计一般遵循以下原则。

（1）系统吞吐量。系统吞吐量即每秒钟执行的作业数。系统吞吐量越大，则系统的处理能力就越强。系统吞吐量与系统软、硬件的选择有着直接的关系，如果要求系统具有较大的吞吐量，就应当选择具有较高性能的计算机和网络系统。

（2）系统响应时间。系统响应时间是从用户向系统发出一个作业请求开始，经系统处理后给出应答结果的时间。如果要求系统具有较短的响应时间，就应当选择运算速度较快的CPU及具有较高传递速率的通信线路，如实时应用系统等。

（3）系统可靠性。系统可靠性是系统可以连续工作的时间。例如，对于每天需要24小时连续工作的系统，可以采用双机双工结构方式。

（4）集中式（Centralized Processing）或分布式（Distributed Processing）。如果一个系统采用集中式的处理方式，则信息系统既可以是主机系统，也可以是网络系统；若系统处理方式是分布式的，则应采用微机网络。

（5）地域范围。对于分布式系统，要根据系统覆盖的范围决定采用广域网还是局域网。

6.3.2　计算机处理方式的选择与设计

计算机的处理方式可以根据系统的功能、业务处理的特点、性能/价格比等因素，选择批处理、联机实时处理、联机成批处理或分布式处理等方式。在实际信息系统的开发设计中，也可以混合使用各种方式。

6.3.3　计算机网络系统的设计

在信息系统开发过程中，应该根据实际系统的需要选择中、小型主机方案或微机网络方案。对于微机网络方案而言，由于存在众多商家的技术和产品，也面临网络的选型问题。

（1）网络拓扑结构。网络拓扑结构一般有总线型、星形、环形、混合型等。在网络拓扑结构选择上应根据应用系统的地域分布、信息流量进行综合考虑。

（2）网络逻辑结构设计。通常将系统从逻辑上分为各个子系统，然后按照需要分配设备（如主服务器、主交换机、子系统交换机、集线器、路由器等），并考虑各设备之间的连接结构。

（3）网络操作系统。网络操作系统有 Netware、Windows NT、UNIX 等。UNIX 历史最早，是唯一能够适用于所有应用平台的网络操作系统；Netware 网络操作系统适用于文件服务器/工作站模式；Windows NT 随着 Windows 操作系统的发展和客户/服务器（Client/Server，C/S）模式向浏览器/服务器（Brower/Server，B/S）模式延伸，逐渐成为很有发展前景的网络操作系统。

6.3.4　数据库管理系统的选择

管理信息系统是以数据库系统为基础，一个好的数据库管理系统对管理信息系统的应用有着举足轻重的重要影响。数据库管理系统选择的原则是：

（1）支持先进的处理模式，具有分布式处理数据、多线程查询、优化查询数据、联机事务处理的能力；

（2）具有高性能的数据处理能力；

（3）具有良好图形界面的开发工具包；

（4）具有较高的性能/价格比；

（5）具有良好的技术支持和培训等。

目前，软件市场上有许多数据库管理系统，例如，Oracle，Sybase，SQL Server，Informix，FoxPro 等。Oracle 和 Sybase 是大型数据库管理系统，运行于客户—服务器模式，是开发大型MIS 的首选；FoxPro 在小型 MIS 中最为流行，Microsoft 推出的 Visual FoxPro 在大型管理信息系统开发中也获得了大量应用；而 Informix 则适用于中型 MIS 的开发。

6.3.5 系统软、硬件选择

从信息系统采取的计算机处理方式出发,采取批处理、联机实时处理、联机成批处理,还是采取分布式处理,要考虑硬件系统的主机和外设的配置。与此同时,系统应用软件的获得途径也要慎重考虑。

1. 计算机硬件的选择

计算机硬件的选择主要取决于数据处理方式和运行的软件系统。管理对计算机的基本要求是速度快、容量大、通道能力强、操作灵活方便,但计算机的性能越高,价格就越昂贵。一般来说,如果系统的数据处理是集中式的,系统应用的主要目的是利用计算机的强大计算能力,则可以采用主机-终端系统,以大型机或中小型机作为主机。而对于企业管理分布式的应用,采用微机网络更为灵活、经济。硬件的选择原则是:

(1) 选择技术上成熟可靠的标准系列机型;

(2) 处理速度快,数据存储容量大;

(3) 具有良好的兼容性、可扩充性与可维修性;

(4) 有良好的性能/价格比;

(5) 厂家或供应商的技术服务与售后服务好;

(6) 操作方便。

同时应该注意的是,为了保证系统在一定时间内的先进性,在硬件选择时可以"适度超前"。

2. 应用软件的选择

根据应用需求来研发管理信息系统最容易满足用户的特殊管理要求,但是成本较高。随着技术成熟、设计规范、管理思想先进的商品化应用软件的推广,系统设计人员又面临着对应用软件的选择问题:如果直接应用成熟的商品化软件,既可以节省投资,又能够规范管理过程、加快系统应用的进度,而且不一定要自行开发。

选择应用软件应考虑:

(1) 软件是否能够满足用户的需求。

(2) 软件的灵活性。由于存在管理需求上的不确定性,系统应用环境会经常发生变化。因此,应用软件要有足够的灵活性,以适应对软件的输入、输出和系统平台升级的要求。

(3) 软件的技术支持。对于商品化软件,稳定的技术支持是必需的。这一方面是为了保证软件能够满足需求的变化,另一方面是便于今后不断升级。

(4) 同时,通过考察相关企业对应用软件的选择情况,也可以帮助和指导系统应用软件的选择。

6.4 代码设计

代码是代表事物名称、属性、状态等的符号,它以简短的符号形式代替具体的文字说明。在 MIS 中,为了便于计算机处理,节省存储空间和处理时间,提高处理的效率和精度,需要将处理对象代码化。代码的设计和编制问题在系统分析阶段已开始考虑,经过一段时间的分析之后,在系统设计阶段才能最后确定。

【案例 6.1】 信息化中的代码设计问题

我国浙江某服装企业在信息化过程中遇到了问题：在 ERP 软件设计中，为了对服装的生产、销售进行全方位的跟踪掌握，需要对每一块面料、辅料、产品进行编码。但由于服装生产数量大，半成品多，单位价值低，造成软件设计时数据库容量大，运行速度慢，投资效益低，如果采用按批次编码的方法，第一，有可能编码不完全，造成信息缺口；第二，必须在生产流通过程中，加批次码，实现上具有一定困难。

讨论问题：

（1）代码设计问题是在什么条件下凸显出来的？为什么会出现代码设计的问题？

（2）代码设计在该服装企业的 ERP 设计过程中起到了什么作用？代码设计出现了什么样的难题？

6.4.1 代码的功能

代码设计的好坏，往往决定了数据库维护使用水平的高低。我国许多企业已经建立起来的 MIS 之所以使用不长时间就不能维持运转，问题往往出在代码设计上。

为什么一定要使用代码来代替文字表示事物呢？原因是代码具有以下功能：

（1）唯一化。在现实世界中有很多东西如果不加标识是无法区分的，这时机器处理就十分困难。所以能否将原来不能确定的东西唯一地加以标识是编制代码的首要任务，最简单、最常见的例子就是职工编号。在人事档案管理中不难发现，人的姓名不管在一个多么小的单位里都很难避免重名。为了避免二义性，唯一地标识每一个人，因此编制了职工代码。

（2）规范化。唯一化虽是代码设计的首要任务。但如果仅仅为了唯一化来编制代码，那么代码编出来后可能是杂乱无章的，使人无法辨认，而且使用起来也不方便。所以在唯一化的前提下还要强调编码的规范化。例如，财政部关于会计科目编码的规定，以"1"开头的表示资产类科目，以"2"开头表示负债类科目，"3"开头表示权益类科目，"4"开头表示成本类科目等。

（3）系统化。系统所用代码应尽量标准化。在实际工作中，一般企业所用大部分编码都有国家或行业标准。例如，在生产成品和商品的各行业中都有其标准分类方法，所有企业必须执行。另外一些需要企业自行编码的内容，如生产任务码、生产工艺码、零部件码等，都应该参照其他标准化分类和编码的形式来进行。

6.4.2 代码设计原则

合理的编码结构是信息处理系统是否具有生命力的一个重要因素，在代码设计时，应注意以下一些问题。

（1）设计代码时，要预留足够的位置，以适应不断变化的需要。如果容量不够，不利于今后的变化和扩充，随着环境的变化这种分类很快就将失去生命力。

（2）按属性系统化。分类必须遵循一定的规律。根据实际情况，并结合具体管理的要求来划分是分类的基本方法。分类应按照处理对象的各种具体属性系统地进行。如在线分类方法中，哪一层次是按照什么属性来分类，哪一层次是标识一个什么类型的对象集合等，都必须系统地进行，只有这样的分类才比较容易建立，比较容易被人们所接受。

（3）分类要有一定的柔性，不至于在出现变更时破坏分类的结构。所谓柔性，是指在一定情况下分类结构对于增设或变更处理对象的可容纳程度。柔性好的系统在一般的情况下增加分类不会破坏其结构。但是柔性往往还会带来其他一些问题,如冗余度大等,这都是设计分类时必须考虑的问题。

(4) 注意本分类系统与外系统及已有系统的协调。任何一项工作都是从原有的基础上发展起来的,故分类时一定要注意新老分类的协调性,以便于系统的联系、移植、协作及新老系统的平稳过渡。

6.4.3 代码的种类

一般来说,代码可以按照文字种类或功能进行分类。按文字种类可以分成数字代码、字母代码和数字-字母混合码。按功能则可以分成以下 4 类。

(1) 顺序码,又称为系列码,是一种用连续数字代表编码对象的代码。例如,用 1001 代表张三,1002 代表李四等。顺序码的优点是简单,缺点是没有逻辑基础且不便于对代码的操作。新增加的代码只能列在最后,删除则会造成空码。顺序码通常放在其他分类编码之后,只作为进行细分类的一种补充手段。

作为顺序码的一个特例是分区顺序码。它将顺序码分为若干个区,给每个区以特定的含义,并且可以在每个区预留些空码,以备扩展之需。例如,在高校教学计划中对课程进行编码:

01～09　　公共课(如公共课只有 5 门,即 01～05,预留了 4 个位置)
10～29　　基础课
30～49　　专业基础课
50～80　　专业课

在使用中,预留备用码的个数不易确定。

(2) 层次码,也称区间码。这种代码把数据项分成若干组,每一区间代表一个组,码中数字的值和位置都代表一定意义。典型的例子是邮政编码,如图 6.4 所示。

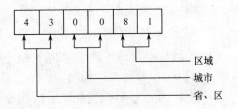

图 6.4　邮政编码的编码含义

层次码的优点是:容易进行数据处理的操作,如排序、分类、检索等。这种代码的长度与分类概念有关。在编码设计时,首先要对各种代码分类进行平衡,避免造成有很长的码或有很多多余的码。

(3) 十进位码,相当于图书分类中沿用已久的十进位分类码。如 610.736,小数点左边的数字组合代表主要分类,小数点右边的数字指出子分类。子分类划分虽然很方便,但所占位数长短不齐,不适于计算机处理。显然,只要把代码的位数固定下来,则可方便地利用计算机处理。

(4) 助忆码,即将编码对象的名称、规格等用汉语拼音或英文缩写等形式编写成代码,使用户可以通过联想帮助记忆。例如,"TV-C-34"表示 34 英寸的彩色电视机,"OR"表示运筹学。助忆码适用于对象较少的情况,否则容易引起联想错误。

6.4.4 代码的校验

代码输入的正确性直接会影响整个信息处理工作的质量。特别是人们处理时,发生错误的可能性更大。

1. 常见的录入错误

(1) 识别错误:例如,1 识别成 7,数字 0 识别成字母 O,字母 Z 识别为数字 2 等。

（2）易位错误：例如，12345 写成 13245。

（3）双易位错误：例如，12345 写成 13254。

（4）随机错误：包括以上两种或 3 种综合性错误或其他错误。

2. 代码校验位的确定

为了保证输入正确，可以在原有代码结构的基础上，另外加上一个校验位，使它事实上变成代码的一个组成部分。使用时，应录入包括校验位在内的完整代码，代码进入系统后，系统将取该代码校验位前的各位，按照确定代码校验位的算法进行计算，并与录入代码的最后一位（校验位）进行比较。如果相等，则录入代码正确；否则录入代码错误，进行重新录入。

计算校验位的方法主要有：算术级数法、几何级数法、质数法等。它们的基本原理都属于随机数法。其计算过程是：输入原代码，将原代码的各位数分别乘以权重，计算各乘积之和，用一个模数去除乘积之和，所得余数作为校验位，将校验位置于原代码之后，组成新代码。

假设有一组代码为：$C_1C_2C_3C_4\cdots C_i$（称为原码）

第一步：为设计好的代码的每一位 C_i 确定一个权数 P_i（权数可为算术级数、几何级数或质数）。

第二步：求代码每一位 C_i 与其对应的权数 P_i 的乘积之和 S。即

$$S = C_1P_1 + C_2P_2 + C_3P_3 + \cdots + C_iP_i \quad (i = 1, 2, \cdots, n)$$

第三步：确定模 M。

第四步：取余 $R = S \mod(M)$。

第五步：校验位 $C_{i+1} = R$。

最终代码为：$C_1C_2C_3C_4\cdots C_iC_{i+1}$。

例 6.1 校验位的确定

原代码为 12345，现在确定权数为 65432，模数为 11，试确定代码的校验位。

（1）求代码的每一位 C_i 与其对应的权数 P_i 的乘积之和 S，即

$$S = \sum C_iP_i = 50$$

$$S = C_1P_1 + C_2P_2 + C_3P_3 + \cdots + C_iP_i$$
$$= 1 \times 6 + 2 \times 5 + 3 \times 4 + 4 \times 3 + 5 \times 2 = 50$$

（2）确定模 $M = 11$，取余 R，$R = S \mod(M) = 50 \mod(11) = 6$，校验位为 $R = 6$。

最终代码为：123456。

$$R = S \mod(M) = 50 \mod(11) = 6$$

该组代码中的其他代码按此算法，分别求得校验位，构成新的代码。

6.5 输出/输入设计

输出是系统产生的结果或提供的信息。对于大多数用户来说,输出是系统开发目的和使用效果评价的标准。输出设计的目的正是为了正确及时地反映和组成用于生产和服务部门的有用信息,因此,系统设计过程与实施过程相反,是从输出设计到输入设计。即先确定要得到哪些信息,再考虑为了得到这些信息,需要准备哪些原始资料作为输入。

6.5.1 输出设计

输出设计的重要性是显而易见的,管理信息系统只有通过输出才能为用户提供服务。信息系统能否为用户提供准确、及时、适用的信息是评价信息系统优劣的标准之一。输出设计包括以下方面的内容。

(1)确定输出内容

用户是输出信息的主要使用者。因此,进行输出设计时,首先要确定用户在适用信息方面的要求,包括适用目的、输出速度、频率、数量、安全性要求等。根据用户的要求,设计输出的信息内容,包括输出信息形式(表格、图形、文字等)、输出项目及数据结构、数据类型、位数及取值范围、数据的生成途径、完整性及一致性的考虑等。

(2)选择输出设备和介质

常用的输出设备有显示终端、打印机、磁带机、绘图仪、缩微胶卷输出器、多媒体设备等。输出介质有纸张、磁带、磁盘、缩微胶卷、光盘、多媒体介质等。这些设备和介质各有特点,如表6.2所示,应根据用户对输出信息的要求,结合现有设备和资金进行选择。

表6.2 输出设备和输出介质特点一览表

输出设备	打印机	卡片/纸带输出机	磁带机	磁盘机	显示终端	绘图仪	缩微胶卷输出器
介质	打印纸	卡片/纸带	磁带	磁盘	屏幕	图纸	缩微胶卷
用途、特点	便于保存,费用低廉	可代替其他系统输入之用	容量大,适于顺序存取	容量大,存取更方便	响应灵活的人机对话	精度高,功能全	体积小,易保存

(3)确定输出格式

提供给用户的信息都要进行格式设计,以满足用户的要求和习惯,达到格式清晰、美观、易于阅读和理解的要求。

报表是最常用的一种输出形式。报表的格式因用途不同而有差异,但一般都由表头、表体和表尾组成。表头部分主要是标题;表体部分是整个表格的实体,反映表格的内容;表尾是一些补充说明或脚注。

报表的格式要与系统流行的表格尽量一致,尤其是各级统计部门制定的报表不得变更。如果要更改现行报表,必须有系统设计员、分析员共同讨论,拿出更改的理由与方案,与管理人员协商,得到有关部门的批准。

【案例6.2】 报表系统的变更

有位资深信息系统开发专家指出,虽然现行报表系统经过长时间的使用,历经几代人的修改和完善,但是并非无懈可击。从信息系统分析的结果出发,他在新信息系统中有意取消了他认为是多余的报表与一些报表中的几个栏目,新系统投入使用一年后仍未被用户发现,可见他的分析和设计是正确的。然而当初他在征求用户意见时,管理人员坚持现有的报表、报表栏目一个也不能少。"不识庐山真面目,只缘身在此山中",长期与报表为伴的管理人员,先入为主,没有深入分析现有报表及其关系,不易发现现行报表系统中存在的问题。

讨论问题:

(1) 该资深信息系统开发专家的发现证明了什么?

(2) 变更现行的报表系统时,为什么要与系统分析人员协商? 为什么要取得用户及有关部门的批准?

6.5.2 输入设计

"输入的是垃圾,输出的必然是垃圾。"输出设计的目标是保证系统输出正确的数据,在此前提下,应做到输入方法简单、迅速、经济、方便。

1. 输入设计的原则

输入设计包括数据规范和数据准备过程。提高效率和减少错误是两个最根本的原则,输入设计还包括以下几个原则。

(1) 最小量原则

由于数据录入工作一般需要人的参与,数据输入速度与计算机处理比较起来相对缓慢,系统在大多数时间都处于等待状态,效率显著降低,从而增加了系统的运行成本。因此,在输入设计中,应在满足处理要求的前提下使输入量尽可能最小。

(2) 简单性原则

输入的准备、输入过程应尽量容易,以减少错误的发生。

(3) 早检验原则

对输入数据的检验尽量接近原始数据发生点,使错误能及时得到改正。

(4) 少转换原则

输入的数据尽量用其处理所需的形式记录,以避免数据在转换介质时发生错误。

2. 输入设计的内容

输入设计的内容包括:

(1) 确定输入数据内容

输入数据内容的设计,包括确定输入数据项名称、数据内容、精度、数值范围等。

(2) 确定数据的输入方式

数据的输入方式与数据发生地点、发生时间、处理的紧急程度有关。例如,对于 ATM 机的存取款业务,由于发生地点远离计算机处理中心,发生时间又是随机的,又要求及时处理,则可以采用联机终端输入的方式,满足用户实时操作的需要。

(3) 确定输入数据的记录格式

记录格式是人机之间的衔接形式,如果设计得当,可以方便控制工作流程,减少数据冗余,增加输入的准确性,并且容易进行数据校验。

(4) 输入数据的正确性校验

我们已经意识到,输入设计中最重要的问题是保证输入数据的正确性。对数据进行必要的校验,是保证输入正确的重要环节。常见的数据校验方法有:人工直接检查、计算机应用程序校验、人与计算机两者分别处理后再相互查对校验等方法。

(5) 确定输入设备

常用的输入设备有键盘、鼠标、读卡器、磁性墨水字符识别仪、光电阅读器、条码识别仪、图像扫描仪等。

3.输入数据正确性校验

输入时校对方式的设计非常重要。特别是针对数字、金额数等字段,没有适当的校对措施做保证是很危险的。所以对一些重要的报表,输入设计一定要考虑适当的校对措施,以减少出错的可能性。但应指出的是,绝对保证不出错的校对方式是没有的。常用校对方式有以下几种方式。

(1) 人工校对

即录入数据后再显示或打印出来,由人来进行校对。这种方法对于少量的数据或控制字符输入还可以,但对于大批量的数据输入就显得太麻烦,效率太低。这种方式在实际系统中很少有人使用。

(2) 二次输入校对

二次输入是指同一批数据两次输入系统的方法。输入后系统内部再比较这两批数据,如果完全一致则可认为输入正确;反之,则将不同部分显示出来有针对性地由人来进行校对。它是目前数据录入中心、信息中心录入数据时常用的方法。该方法最大的好处是方便、快捷,而且可以用于任何类型的数据符号。尽管该方法中二次输入在同一个地方出错,并且错误一致的可能性是存在的,但是这种可能性出现的概率极小。

(3) 根据输入数据之间的逻辑关系校对

利用会计恒等式,对输入的记账凭证进行借贷平衡的检验。输入物资的收料单、发料单,产品的入库单、出库单,均可采用先输入单子上的总计,然后逐项输入的方式,计算机将逐项输入累计,用累计值与合计值比较,以此达到校对目的。

(4) 用程序设计实现校对

对数据字段,若在数据库设计时已知取值区间(可允许取值的上、下限)或取值集(如性别的取值集为男或女、产品的取值集为该单位所有产品集合等),则可通过设置取值区间检验,或利用输入数据表的外键(取值集所在表的主键)进行一致性检验,对输入日期型数据,一定要进行合法性和时效性检验。

✎ 6.6 数据库设计

任何一个 MIS 都要处理大量的数据,如何以最优的方式组织这些数据,形成以规范化形式存储的数据库,是 MIS 开发中的一个重要问题。

如何将客观世界事物及事物之间的联系描述出来,并最终转化为以数据库形式组织的规范化数据? 为此,我们首先需要了解一下数据库、数据库系统、关系规范化、实体联系(Entity-Relation)模型等基本概念。

6.6.1　数据库基本概念

传统的文件系统作为一种数据组织方式,由于其结构与记录内部的局限性,因而只适用于单项应用的场合。对于一个组织的管理信息系统而言,要求从整体上解决问题,不仅要考虑某个应用的数据结构,而且还要考虑全局数据结构。为了实现整个组织数据的结构化,就要求数据组织结构中不仅能够描述数据本身,而且还能描述数据之间的关系。数据库就是一种不仅可以描述数据本身,而且还可以描述数据之间关系的数据组织形式。

1.数据库、数据库管理系统和数据库系统

数据库(DataBase,DB)是以一定的组织方式存储在一起的相关数据的集合,它能以最佳的方式、最少的数据冗余为多种应用服务,程序与数据具有较高的独立性。它不仅描述了数据本身,也描述了数据之间的关系。

数据库相对于其他数据组织方式而言,具有以下特点:
(1) 数据共享和最小数据冗余(重复)度;
(2) 数据的完整性(数据的正确、一致);
(3) 数据的安全性(用户合法性的检验、数据存取权限的限定);
(4) 数据的独立性(数据独立于应用程序)。

数据库管理系统(DataBase Management System,DBMS)是管理数据库资源的通用工具软件。当前较有影响的数据库管理系统有 Oracle,Sybase,Informix,FoxPro,Access。

数据库管理系统基本功能有:
(1) 数据定义:定义数据的名称、大小、类型、范围及存储形式等。
(2) 数据操作:对数据进行添加、删除、修改,以及排序、索引、统计、检索等操作。
(3) 数据控制:对数据采取一定的保护措施,以确保数据的安全可靠。
(4) 与其他应用程序进行数据交换的数据通信功能。

数据库系统(DataBase System,DBS)是由计算机系统、数据、数据库管理系统和有关人员(数据库管理员、系统程序员、用户等)组成的具有高度组织性的总体。

2.数据模型

数据模型是数据库中数据组织的结构和形式,它表示着数据和数据之间的联系。其可分为层次模型(Hierarchical Model)、网状模型(Network Model)和关系模型(Relational Model)3种。

(1) 层次模型

层次模型也称树型,其结构就像一棵倒挂的树,它用树形结构表示客观事物之间的联系。层次模型用于反映事物间的一对多(1∶N)的联系。例如,图6.5用层次模型描述一个仓库管理单位的库存、仓库、职工和订购单的相互关系。

(2) 网状模型

网状模型是用网络结构表示客观事物之间联系的数据模型。网状模型(见图6.6)相对比较复杂。例如,一个老师上多门课、一门课可由多个老师上,则老师和课程的关系就是网状模型。网状模型用来反映事物间的多对多(M∶N)的联系。

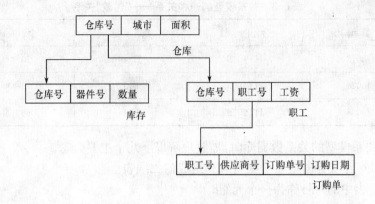

图 6.5　仓库管理的层次模型表示

（3）关系模型

用二维表（也称关系）形式来表示事物间的联系的模型称为关系模型。关系数据模型比较常见，其中二维表的行称为记录，列称为字段。关系数据模型有以下 3 个特性：

① 一个二维表中所有的记录格式和长度都相同；

② 同一字段的类型相同；

③ 行和列的排列顺序随意。

例如，在北京（WH1）、上海（WH2）、武汉（WH3）各有一个仓库，库存有显示卡（P1）、声卡（P2）、解压卡（P3）和散热风扇（P4），下面的二维表就表示了各个仓库库存各种器件的情况（见图 6.7）。

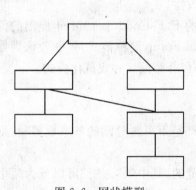

图 6.6　网状模型

仓库号	器件号	数量
WH1	P2	675
WH1	P3	250
WH1	P4	340
WH2	P1	280
WH2	P2	200
WH2	P4	270
WH3	P2	500
WH3	P1	330

图 6.7　仓库/器件/库存的关系模型表示

数据库根据其数据模型也可以分成层次型、网络型和关系型 3 类数据库。由于层次型、网络型数据模型都可以用关系型数据模型来表达（通过关联的方法），因此目前流行的数据库都是关系型数据库。

3. 关系模型相关概念

从用户的观点看，在关系模型下，数据的逻辑结构是一张二维表。每一个关系为一个二维表，相当于一个文件。事物之间的联系均通过关系来描述。例如，表 6.3 用 M 行 N 列的二维表表示了具有 N 元组的"付款"关系。每一行即一个 N 元组，相当于一个记录，用来描述一个实体（付款行为）。

表 6.3　关系模型的一种关系——"付款"关系

结 算 编 码	合 同 号	数 量	金 额
J0012	HT1008	1000	30 000
J0024	HT1005	600	12 000
J0048	HT1079	2000	68 000

使用基于关系模型的关系数据库时,需要理解以下几个主要概念。

(1) 关系。一个关系对应一个由行和列组成的二维表。

(2) 元组。表中的一行称为一个元组。

(3) 属性。表中的一列称为一个属性,给每个列取一个名字即为属性名。

(4) 域(Domain)。属性(字段)的取值范围。

(5) 主关键字(Primary Key)。表中的某个属性组,它的值唯一地标识一个元组,如表 6.3 中,"结算编码"和"合同号"共同组成主关键字。

(6) 关系模式。对关系的描述,用关系名(属性 1,属性 2,…,属性 n)来表示。

6.6.2　关系规范化

任何一个数据库都不可能是一成不变的,而是经常变化的。由于应用的需要,随时都有可能要求修改数据库。如何消除在对数据进行插入、修改和删除时可能产生的相互影响? 在引进新的数据时,如何减少对原有数据结构的修改,从而减少对应用程序的影响? 如何才能更容易地进行各种查询和统计工作? 为了解决以上问题,我们引入了关系规范化的概念,用规范化方法设计数据结构,提高数据的完整性、一致性和可修改性。

规范化理论(Normalization Theory)是 IBM 公司的 E. F. Codd 于 1971 年提出的。他及后来的学者为数据结构定义了 5 种规范化模式(Normal Form,简称范式)。一般认为处于第三范式的关系已经合理,满足数据库的要求,因此,本节仅介绍前 3 种规范化模式。

1. 第一范式(1NF)

如果在一个关系中,没有重复的组,而且各个属性都是不可再分割的基本数据项,则称该关系属于第一范式。

例如,表 6.4 所列的教师工资的数据结构是不规范的,其中的"工资"可以分为两个数据项,即"基本工资"和"津贴"。经过规范后的数据结构如表 6.5 所示。

表 6.4　不符合第一范式的关系

教 师 代 码	姓 名	工 资	
		基 本 工 资	津 贴
1001	张维	897.00	1253.00
1002	董放	865.00	1153.00
1003	周靳国	542.00	465.00

表 6.5　符合第一范式的关系

教 师 代 码	姓 名	基 本 工 资	津 贴
1001	张维	897.00	1253.00
1002	董放	865.00	1153.00
1003	周靳国	542.00	465.00

2. 第二范式(2NF)

在介绍第二范式之前,需要先介绍"函数依赖"(Functional Dependence)的概念。如果在一个数据结构 R 中,数据元素 B 的取值依赖于数据元素 A 的取值,称 B 函数依赖于 A;换句话说,A 决定 B,用"A→B"表示。

所谓第二范式,指的是这种关系不仅满足第一范式,而且所有的非主属性完全依赖于其主关键字。

在图 6.8 所示的数据结构中,主关键字是由"学号"和"课程"组成的复合主关键字。"成绩"完全依赖于整个复合主关键字,然而数据元素"姓名"、"性别"、"生日"、"所在城市"、"长途区号"并非完全依赖于整个复合主关键字,而只是依赖于主关键字中的一个分量——"学号",同样的"学期"和"学分"部分依赖于整个复合关键字(依赖于主关键字的分量"课程")。因此,图 6.8 所示的数据结构不符合第二范式,只有消除了部分函数依赖才能符合第二范式。

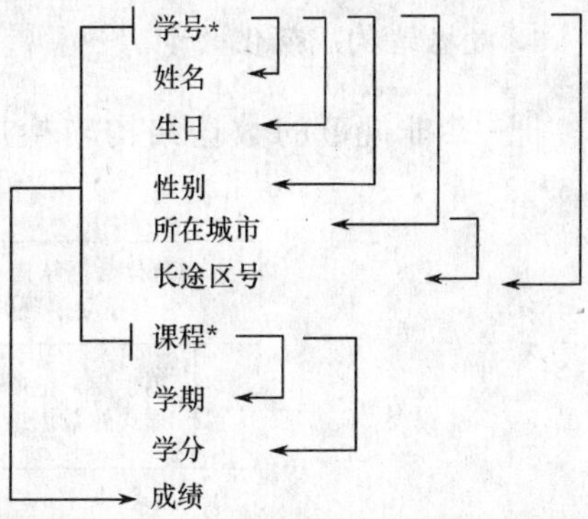

图 6.8　"学号–课程"中的数据元素关系

为了对它进行规范化,我们按如下步骤进行:

首先将"学号"和"课程"两个属性构成的主关键字拿出来,和完全依赖于它们的属性"成绩"组成一个新的数据表:成绩(学号＊,课程＊,成绩)。

再把"学号"和"课程"两个属性分别作为单一的主关键字,分别得到两个数据表:学生(学号＊,姓名,生日,性别,所在城市,长途区号)和课程(课程＊,学期,学分)。即:

学生(学号＊,姓名,生日,性别,所在城市,长途区号)

课程(课程＊,学期,学分)

成绩(学号＊,课程＊,成绩)

3. 第三范式(3NF)

在介绍第三范式之前,需要先介绍"传递函数依赖"(Transtive Dependence)的概念。

假设 A,B,C 分别是同一个数据结构 R 中的 3 个数据元素,或分别是 R 中若干个元素的集合。如果 C 函数依赖于 B,而 B 函数又依赖于 A,那么 C 函数也依赖于 A,称"C"传递依赖于"A",说明数据结构 R 中存在传递函数依赖。传递函数依赖关系如图 6.9 所示。

进一步分析图 6.10 所示的"学生"结构,虽然已经是第二范式,但是还存在传递函数依赖关系:"所在城市"完全依赖于"学号",且"长途区号"完全依赖于"所在城市",因此,"长途区号"传递依赖于"学号"。

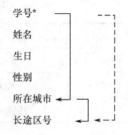

图 6.9　传递函数依赖关系　　　　图 6.10　"学生"中的数据元素关系

要消除传递函数依赖,只需要将"学生"关系模式:学生(学号＊,姓名,生日,性别,所在城市,长途区号)分解为以下两个关系模式即可:

学生(学号＊,姓名,生日,性别,所在城市)

城市(所在城市＊,长途区号)

另外两个数据结构"课程"和"成绩"显然已经是第三范式的数据结构。

4. 数据结构规范化的步骤

把一个非规范的数据结构转换成第三范式的数据结构,一般要经过 3 个步骤,参见图 6.11。

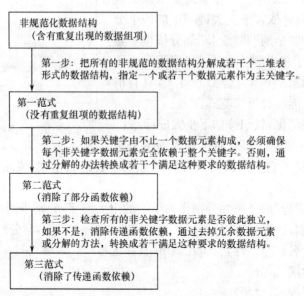

图 6.11　数据结构规范化的步骤

6.6.3　实体联系方法

实体联系方法(Entity-Relation)是由 P. P. Chen 于 1976 年提出的一种信息模型的表示方法。其主要思想是用 E-R 图来描述组织的信息模型。

1. E-R 模型的基本概念

E-R 模型是对现实世界的一种抽象,它抽取了客观事物中人们所关心的信息,而忽略非本质的细节,并对这些信息进行精确的描述,它与数据模型相互独立。

E-R 模型的定义和表示见表 6.6。

表 6.6　E-R 模型的定义和表示

序号	概　念	定　义	E-R 图素
1	实体(Entity)	现实世界中被描述的客观事物或事物之间的联系	▭
2	属性(Property)	实体具有的某种特征。实体分为个体和总体,总体是个体组成的集合。	◯
3	联系(Relation)	实体之间或实体内部属性之间的关系。 一对一,用 1∶1 表示; 一对多,用 1∶N 表示; 多对多,用 $M∶N$ 表示	◇

实体与实体之间或实体内部属性之间存在各种形式的联系。设 A,B 为两个包含若干个体的总体,其间建立了某种联系,其联系方式可以分为 3 类。

(1) 一对一联系

如果对于 A 中的一个实体,B 中至多有一个实体与其发生联系;反之,B 中的每一实体至多对应 A 中一个实体,则称 A 与 B 是一对一联系。如一个车间只有一个车间主任,一个车间主任领导一个车间,如图 6.12(a)所示。

(2) 一对多联系

如果对于 A 中的每一实体,B 中有一个以上实体与之发生联系;反之,B 中的每一实体至多只能对应于 A 中的一个实体,则称 A 与 B 是一对多联系。如在一个车间中有多个工人,但是一个工人只能属于一个车间,如图 6.12(b)所示。

(3) 多对多联系

如果 A 中至少有一实体对应于 B 中一个以上实体;反之,B 中也至少有一个实体对应于 A 中一个以上实体,则称 A 与 B 为多对多联系。如在加工过程中,一个工人加工多种产品,而一个产品又由多个工人加工而成,如图 6.12(c)所示。

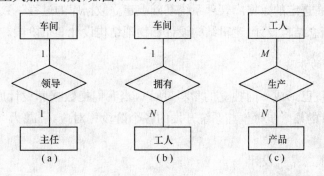

图 6.12　3 种联系方式

2. E-R 方法的应用

通常使用 E-R 方法为数据库构造概念模型。通过对客观事物及其联系的分析,绘制系统对象的 E-R 图,用以描述对象及其联系,完成数据库概念结构设计。

应用 E-R 方法有 3 个步骤：

（1）利用分类、聚集、概括等方法抽象出实体，并一一命名；

（2）通过分析，描述实体之间的联系；

（3）完成对实体属性和联系属性的说明。

下面以作者编著某图书这一事件作为分析对象来举例说明，如图 6.13 所示。

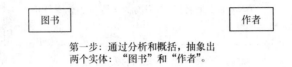

第一步：通过分析和概括，抽象出
两个实体："图书"和"作者"。

第二步：通过分析，描述实体"图书"和"作者"
之间的联系——"写作"，类型为"多对多"。

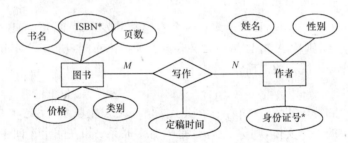

第三步：描述各个实体属性和联系属性。

图 6.13 "作者－图书"E-R 图绘制

6.6.4 数据库设计

数据库设计是在选定的数据库管理系统基础上建立数据库的过程。数据库设计除用户需求分析外，还包括概念结构设计、逻辑结构设计和物理结构设计 3 个阶段。

1. 数据库设计的步骤

由于数据库系统已形成一门独立的学科，所以，当我们把数据库设计原理应用到 MIS 开发中时，数据库设计的几个步骤就与系统开发的各个阶段相对应，且融为一体，它们的对应关系如图 6.14 所示。

（1）数据库的概念结构设计

概念结构设计应在系统分析阶段进行。任务是根据用户需求设计数据库的概念数据模型（简称概念模型）。概念模型是从用户角度看到的数据库，它可用前面章节中介绍的 E-R 图表示。

（2）数据库的逻辑结构设计

逻辑结构设计是将概念结构设计阶段完成的概念模型转换成能被选定的数据库管理系统（DBMS）支持的数据模型，如图 6.15 所示。数据模型可以由实体联系模型转换而来。通常，

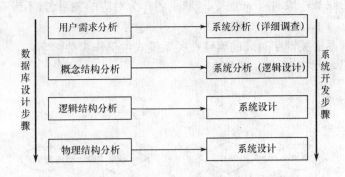

图 6.14　数据库设计与系统开发阶段对应关系

不同的 DBMS 其性能不尽相同。为此,数据库设计者还需要深入具体了解 DBMS 的性能和要求,以便将一般的数据模型转换成所选用的 DBMS 能支持的数据模型。

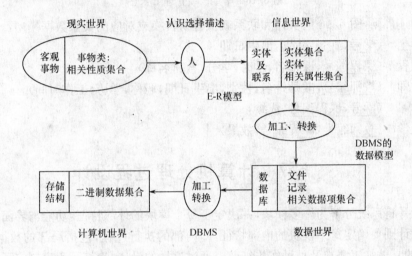

图 6.15　数据库设计:信息转换示意图

有关 E-R 模型所表示的概念模型转换为关系数据模型的方法将在后面详细介绍。

(3) 数据库的物理结构设计

物理结构设计是为数据模型在设备上选定合适的存储结构和存取方法,以获得数据库的最佳存取效率。

物理结构设计的主要内容包括:

① 库文件的组织形式。如选用顺序文件组织形式、索引文件组织形式等。

② 存储介质的分配。例如,将易变的、存取频繁的数据存放在高速存储器上,稳定的、存取频率小的数据存放在低速存储器上。

③ 存取路径的选择等。

2. 从 E-R 图到关系数据模型

E-R 图转换为关系数据模型的规则为:

(1) 每一实体集对应于一个关系模式,实体名作为关系名,实体的属性作为对应关系的属性;

(2) 实体间的联系一般对应一个关系,联系名作为对应的关系名,不带有属性的联系可以删除;

(3) 实体和联系中关键字对应的属性在关系模式中仍作为关键字。

概念结构的转换举例如图 6.16 所示。

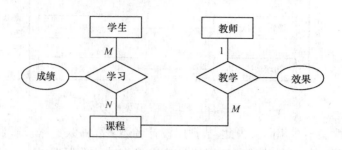

图 6.16　学生成绩管理 E-R 图

根据上述规则,图 6.16 的实体和联系就很容易转换成对应的关系数据模型:

学生　　(学号,姓名,性别,出生日期,籍贯)

课程　　(课程编号,课程名,学时,学分,教材名称)

教师　　(教师编号,教师姓名,性别,出生日期,职称,学历,工作时间)

学习　　(学号,课程编号,成绩)

教学　　(教师编号,课程编号,效果)

6.7　计算机处理过程设计

总体设计将系统分解为许多模块,并决定了每个模块的外部特征:功能与界面。计算机处理过程的设计则要确定每个模块的内部特征,即内部的执行过程,包括局部的数据组织、控制流、每一步的具体加工要求及种种实施细节。通过这样的设计,为编写程序制定了一个周密的计划。

处理过程设计的关键是用一种合适的表达方法来描述每个模块的执行过程。这种表达方法应该简捷、精确,并由此能直接导出用编程语言表示的程序。

目前常用的描述方法有图形、语言和表格 3 类,如传统的流程图、Warnier-Orr 图、程序语言、判定表等。本节以流程图为例介绍计算机处理过程的设计。

1. 流程图的基本要素

流程图(Flow Chart),即程序框图,是历史最久、流行最广泛的一种图形表示方法。流程包括 3 种基本成分:

(1) 加工步骤,用方框表示;

(2) 逻辑条件,用菱形表示;

(3) 控制流,用箭头表示。

流程图的标准结构有顺序结构、循环结构、选择结构和条件结构 4 种。对于计算机处理过程,通过几种标准结构的反复嵌套而绘制的流程图可以清晰表达,如图 6.17 所示。

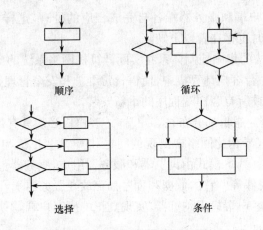

图 6.17　流程图的 4 种标准结构

2. 处理流程图的绘制

系统中每一个功能模块都可以作为一个独立子系统分别进行设计。由于每个处理功能都有自己的输入和输出,对处理功能的设计过程也应从输出开始,进而进行输入、数据文件的设计,并画出较详细的处理流程图。

图 6.18 是常用系统的主控模块的处理流程图。由图可见,该主控模块反映了该主控模块的主要功能是调用下层模块:销售模块、采购模块和会计模块。

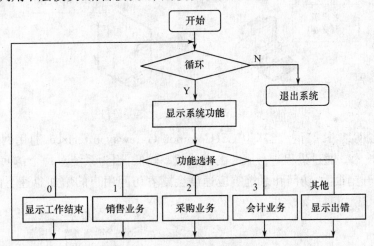

图 6.18　常用系统的主控模块的处理流程图

随着计算机系统软件功能的增强,有许多处理不必专门编写程序。这时,处理流程图设计这一步可以省略。

✎ 6.8　管理信息系统架构设计

6.8.1　C/S 结构信息系统

在传统的 C/S 模式中,客户端存放应用程序,它可以完成数据处理、数据表示和用户接口等功能。在客户端,可以对数据库进行操作,数据存放在服务器中,它可以完成 DBMS 的核心功能。在 C/S 模式中,客户端和服务器端各自完成相应的处理,这样可以充分发挥网络的优势,提高运行速度。但同时也存在着以下缺陷:

(1) 客户/服务器结构的集中控制体系在实际计算机网络系统的应用中遭遇很多难题,应用的商业逻辑分布在每一台客户计算机中,使得日常维护和安全管理显得很困难,对应用程序的微小修改,就有可能导致所有客户端程序的重新安装。

(2) 当应用的所有商业逻辑都分布在客户端时,客户机必须具有足够的处理能力,因而负担过重。为了解决 C/S 在异构化网络中出现的问题和 C/S 客户机和服务器端任务过重的问题,提出了新的 B/S 模式。B/S 模式由浏览器和服务器组成,服务器包括 Web 服务器、数据库服务器、应用服务器、中间件等。它的数据和程序都存放在服务器端,而服务器可包括 N 层结构,降低了各层的负担。客户端只需浏览器,实现真正的瘦客户端,不用维护,操作界面一致。

6.8.2　Web 技术发展的 3 个阶段

第一个阶段是客户端通过浏览器存取一般的网页文件,这些网页文件一般以 HTML 编辑,放在 Web 服务器上,客户端通过 HTTP 协议进行访问和传输,这里的网页称为静态网页,没有与数据库的动态交互,如图 6.19 所示。网页的优势在于超级链接(HyperLink),通过超级链接可以进行内容和网站之间的方便跳转,构成网状的信息发布方式。对此方式予以支持的主要技术有 HTML、XML 等语言。

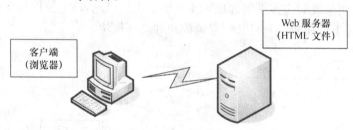

图 6.19　Web 技术发展之第一阶段

第二阶段以 C、Perl 等语言编写 CGI(Common Gateway Interface,通用网关接口),使用进程(Process)技术。通过进程进行服务的方式效率较低,因为系统对每个访问用户均会开辟一个进程,系统开销很大,访问和系统响应速度会随着访问用户的增加急速下降。如图 6.20 所示。

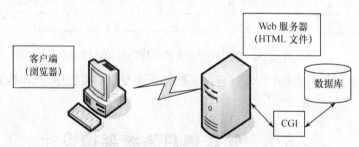

图 6.20　Web 技术发展之第二阶段

第三阶段则以线程(Thread)技术取代了进程技术,使用常驻服务,服务调用很快。由于使用了线程技术,降低了系统的开销,加快了系统的运行与服务效率。该阶段程序设计主要以脚本语言进行编写,如 ASP、JSP、PHP 等。

6.8.3 基于 Web 系统的组成要素

（1）计算机硬件。计算机硬件包括系统客户端和服务器端的所有硬件,如电脑设备(客户机与服务器)、计算机网络设备(路由器、交换机、Hub 等)及 UPS 等辅助设备。计算机硬件是现代系统的应用基础,是必备条件。

（2）系统软件。系统软件主要是指服务器端和客户端使用的系统,包括含打印等服务的操作系统和数据库系统软件等。服务器端系统软件和客户端系统软件有较大的差异,在安全性、系统性能等各方面均有较高的要求。

（3）应用软件。应用软件则是业务处理需要的常用软件,包括定制开发的信息系统、文字处理、电子表格、图形处理、电子邮件处理软件等。应用是信息系统的目的,缺乏应用的系统是没有任何意义的。应用软件也是分层的,有基于一般应用的电子邮件、内容浏览等软件,也有基于事务处理的信息系统。现代信息系统有逐步集成的趋势,将一般应用和系统应用进行集成以构造更加和谐的信息系统架构。

（4）服务器应用程序接口。最常用的服务器应用接口有 3 个,分别是：CGI、NSAPI (Netscape Application Programming Interface)和 IISAPI(Internet Information System Application Programming Interface)。

（5）网络通信服务。包括客户端能够和服务器端进行通信的所有软硬件。如 HTTP 协议、路由器、交换机等。

（6）客户端浏览器及展示层。浏览器(Browser)是网络中最主要的客户端软件,提供用户进行信息查询与网页浏览。现在主流的浏览器软件有：Netscape Navigator 和 Microsoft Internet Explorer。

（7）后端服务器软件主要进行信息处理和事务处理,其处理形式主要包括：内容(Content)、浏览(Navigator)、协同作业(Collaboration)、事务(Transaction)和安全管理(Security Management)。

6.8.4 网站设备方案

现代系统设计必须有专门的网络服务器,一般称为网站(Site)。网站就是能够提供网络服务(包括 WWW、E-mail、FTP、BBS 等)的服务站点。由于考虑到员工随时随地的访问和对世界各地客户的服务等,所以系统必须接入 Internet。企业在进行网站建设时就会有几种选择。

1. 虚拟主机

虚拟主机就是由 ISP(Internet Service Provider,互连服务提供者)在其网络服务器上开辟空间分租给不同的公司进行使用,该空间由 ISP 提供独立的域名,一般有一定的容量限制。现在有的 ISP 还提供标准的网页服务和邮件服务等,用户可以通过 FTP 进行网页更新,这是投资较少的方案。但是也隐含着众多问题,如服务不会非常复杂,如果太复杂就会有较高的成本。比如采取不同架构和数据库系统的信息系统要求就很高。现在虚拟主机有多种服务进行选择,如新网互连提供基于 UNIX、Windows 的提供静态页面、企业邮箱、支持如计数器、留言板、反馈单等 CGI 程序、支持手机管理的入门级服务和更大空间、支持数据库的中高级应用。

2. 实体主机

如果用户自己购买主机放置在 ISP 机房，使用 ISP 的网络进行访问，维护由自己的工程人员进行，这就是实体主机。将自己的主机放在 ISP 机房且由自己的工程技术人员进行维护是较好的选择，这样可以减少在网络机房等方面的投资，且有较好的带宽，具有较好的安全性。

3. 专线主机

专线主机就是将自己购买的主机放置在自己单位，由 ISP 提供接入服务，一切的维护由自己进行，这就是专线主机。专线主机在理论上是比较安全的，只有网络接入是由 ISP 提供和管理，数据、系统均由自己负责，安全性较好，现在大部分企业选择这种接入方式，利用防火墙等技术隔开外界的信息访问，内部就是一个局域网，这就是 Intranet，已经成为常见的接入方式。

6.8.5 系统选型与开发工具选择

基于网络信息系统的选型包括硬件和软件两部分。

1. 硬件系统选型

硬件系统主要包括计算机、网络设备及其他设备。硬件系统的选型主要取决于软件系统的要求和架构，因为采用不同的软件体系结构或开发工具需要有不同的硬件支持。

（1）服务器（Server）。网络服务器是整个网络系统的硬件核心平台，主要负责管理各种网络资源。网络服务器按所提供的服务可分为文件服务器、打印服务器、数据库服务器、Web 服务器、电子邮件服务器、代理服务器和应用服务器等。应用软件的类型一般决定了用户对服务器的要求。如银行、证券、保险等行业用户对应用系统的效率要求都很高，所以对服务器的联机事务处理和联机分析处理能力的要求也都很高。而对从国外直接引进软件的用户，软件本身就标注了所支持的软、硬件环境，如只支持 SUN 的 Solaris 或 IBM 的 AIX 等。所以，在这类用户中，特别是在业务数据处理方面，服务器的选购以 SUN 和 IBM 的服务器最为普遍，因为这些应用对服务器的运算速度要求很高，对存储方面有特别的性能要求。对非核心的管理内容（如电子邮件、办公自动化等）或经费不是很充足的用户，则一般会选择入门级的服务器或 PC 服务器。

（2）客户机（Client）。客户机也称网络工作站，是网络用户的终端设备，通常选用 PC，主要完成数据传输、信息浏览和桌面数据处理等功能。客户机的选择同样取决于软件结构，如 C/S 结构则要求客户机有较强的数据处理功能，因此配置要高一些，而 B/S 结构是"瘦客户端"，数据处理和运算在服务器端完成，对数据处理要求不高，因此配置可以稍低一些。

（3）网络硬件。企业建内部网要根据不同的网络传输协议采用不同的网络交换设备。目前局域网交换设备主要有 ATM、FDDI、以太网、快速以太网及千兆以太网几种，企业一般选用 FDDI 交换设备或快速以太网交换设备。此外，网络设备还包括网络互连设备。局域网之间的互连主要有两种情况，一种是指不同类型的局域网之间的互连，可通过网桥和路由器来实现；另一种是同类局域网之间的互连，可使用中继器来实现。局域网与广域网的互连也分两种情况，一种是与数据网（如 DDN，X.25，ISDN 和帧中继等）的互连，常通过路由器来实现；另一种是与模拟电话网（如公用电话网）的互连，通常使用访问服务器（Access Server）和调制解调器池（Modem Pool）来实现。

（4）辅助硬件。辅助硬件根据具体的应用有较大的差别。主要的辅助硬件有不间断电源（UPS）和网络外部设备等。不间断电源可以预防因突然断电造成的系统中断等意外事件。而网络外部设备则主要是网络用户共享的硬件设备，包括网络打印机、磁盘存储设备等。当前由于大容量存储设备的发展为信息存储提供了更多的选择。如磁盘阵列、磁带机、光盘等。对需要较长时间备份和不是非常常用的信息和数据可以考虑用低成本的光盘，需要进行随机存取的磁盘阵列，对进行顺序存取的可以采用磁带机。

2. 软件系统选型原则

软件系统是信息系统的核心，如果计算机硬件为"骨"，则软件系统为"血"和"肉"，这样组成的系统才是完整的。软件系统的选型有一定难度，一般基于以下几个基本原则。

（1）扩充原则。扩充原则是指选择的软件要容易扩充，当组织规模发展时，其中的部分资源仍然可以使用，保护前期投资。

（2）先进原则。所谓先进，是指所选择的软件要符合时代的发展，如数据库应该是关系型的数据库产品，操作系统应具有网络服务与管理功能，采用的软件结构要基于网络（即使当时并没有网络）等。

（3）经济原则。所谓经济原则，就是指选择的软件要和具体的应用规模相符合。如一个规模不大的制造企业进行进销存的管理，则选择的数据库不需要很专业，一般桌上型数据库（如 Access、FoxPro 等）足以处理。这样可以明显减少投资，降低信息化成本。

3. 软件系统选型

（1）操作系统

操作系统包括网络操作系统和客户机操作系统等。网络操作系统主要进行网络运行控制管理、资源管理、文件管理、用户管理、系统管理，是网络系统运行的核心和灵魂，它在很大程度上决定了网络的性能、功能和类型。常用的网络操作系统主要有 UNIX、Windows NT 和 NetWare。UNIX 是历史最悠久的网络操作系统，是大中型网络的首选操作系统；Windows NT 是目前发展最快的网络操作系统，广泛应用于中小型网络系统。客户端操作系统则根据计算机硬件及应用系统的要求进行选择，此类硬件标准化程度较好。一般常见的客户端操作系统有 Windows 系列等。

（2）数据库系统

当前主流的数据库系统软件有：Oracle，Sybase，Microsoft SQL Server，DB2，Access，FoxPro 等。其中，Oracle，Sybase，DB2 和 Microsoft SQL Server 是最常用的大中型数据库。在一些小型应用中 Access 是首要的选择，因为它使用简单，并且可以进行较好的数据交换。

（3）网络应用软件

常用的网络应用软件有电子邮件系统、计算机辅助设计、办公自动化软件及财务管理、进销存等管理软件。电子邮件系统在现代管理系统中是非常重要的组成部分，文件签署、会议通知等诸多管理内容均由电子邮件系统进行发送，用以取代传统的纸质文书等。办公自动化系统也是提高管理效率，降低管理成本的重要手段。现代企业或组织都致力于办公自动化的投入与实现，已经取得了较大的成绩。计算机辅助设计、财务管理等专业的软件系统主要取决于企业的类型和规模，可以根据情况灵活进行选择。

4. 构建免费的应用平台

随着计算机技术的快速发展，出现了许多致力于软件研究和反垄断的组织或个人。他们不断研究、开发新的涉及操作系统、数据库系统、开发工具、应用程序等各个层次的软件。对中小企业来说，投资过大会给企业带来巨大的包袱，现代信息系统的入门价格偏高，在某种程度上阻碍了企业的应用热情。因此，构建免费的应用平台成为企业实施信息化的有力支持和较好选择。

（1）免费的操作系统平台

操作系统在计算机系统中起着承上启下的作用，是介于裸机和应用系统之间的软件系统。随着微型计算机的快速发展，基于微型机的操作系统具有较大的需求。由于其复杂性造成介入操作系统市场的门槛很高，现在主要的操作系统有 UNIX，Windows 和 OS/2 等。免费操作系统主要以 Linux 为主，它是一款源代码完全开放的软件，Linux 操作系统的核心部分是全球开发人员共同努力的成果，Linux 操作系统可以大大节省成本。它支持各种像 POSIX 标准这样的开放标准和 TCP/IP 的 Internet 工程任务组标准，具有极其突出的稳定性和开发性。随着越来越多的硬件厂家和编程爱好者的支持和加入，Linux 必将拥有更大的用户群。

（2）免费的数据库平台

数据库在信息系统中占有极其重要的地位，是信息系统的核心。当前最著名的免费数据库是 MySQL。MySQL 是一个快速、多线程、多用户和强壮的 SQL 数据库服务器，它的突出特点是快速、健壮和易用。对 UNIX 和 OS/2 平台及一般的内部使用，MySQL 通常是免费的。但对微软平台，除了教育用途或大学、政府资助的研究设施免费申请许可证以外，其他用途必须在 30 天的试用时间后得到一个 MySQL 的许可证。如果直接销售 MySQL 服务器或作为其他产品或服务的一部分，或在某些客户端为了安装和维护一个 MySQL 服务器而收费，或者包括 MySQL 分发并收费则必须购买一个许可证。

（3）免费的服务器

免费的服务器非常多，包括 WWW 服务器、邮件服务器等。常用的 Web 服务器有：Apache服务器、Tomcat 服务器等。

① Apache 服务器是当前最流行的 HTTP 服务器软件之一。快速、可靠、可通过简单的 API 扩展，Perl/Python 解释器可被编译到服务器中，完全免费，完全源代码开放。对创建一个每天有数百万人访问的 Web 服务器，Apache 是最佳的选择之一。

② Tomcat 服务器。Tomcat 是针对 JSP 应用的服务器，起到 WWW 服务和 JSP 引擎的双重作用。当客户端第一次访问 Tomcat 服务器上的某个 JSP 文件时，首先由 Tomcat 进行编译，将 JSP 文件解释为 Java 文件，编译为字节码文件，然后再解释为 HTML 文件传送到客户端。

（4）免费的应用软件

应用软件相对数据库和操作系统来说丰富得多。现在有许多公司或个人致力于开发免费的应用软件，有些收费软件也推出了自由软件（Freeware）或共享软件（Shareware），为应用提供了更多的选择。

（5）免费的开发工具

基于网络的信息系统开发具有一些特殊的需求，如网络协议、数据存取和控制等。当前随着信息系统网络化的发展，基于网络信息系统开发的工具日益增加，功能也在不断地增强。开发工具是指进行程序开发的工具。基于 B/S 结构的系统开发工具主要是进行页面的编辑和调试、动态显示内容的处理等，现在有许多工具可供选择。

6.9 网络信息系统的安全性设计

随着计算机和网络等技术的快速发展，使信息系统突破了传统的技术架构，发展到基于网络的信息系统，包括客户/服务器模式和浏览器/服务器模式的多层架构。在网络信息系统中系统安全成为日益严重的问题，每年因为系统安全造成的损失达数百亿美元。网络安全已经成为与个人或企业信息化应用密切相关的话题。

6.9.1 网络信息系统安全的内容

信息系统安全可以理解为避免人为或自然的各种因素对信息系统的系统资源和信息资源造成损害的措施。信息系统是人机系统，因此除了技术因素外，管理等人为因素也非常重要。信息系统安全主要包括以下内容：

（1）实体安全。所谓实体主要是指系统相关的设备和设施等。如计算机房、计算机设备、网络设备等。实体是信息系统赖以生存的物质基础，因此实体安全是保证信息系统安全的基础。

（2）软件安全。软件包括操作系统、数据库管理系统、应用软件、网络软件等。软件安全涉及的层次较多，很难控制。因此，在软件安全方面更是系统的、需要相互协调的统一体，不同层次的安全由不同的组织负责。

（3）数据安全。数据安全就是指系统输入或产生数据和信息不被破坏或泄露，能够保证系统数据的完整性和有效性。

（4）系统运行安全。系统运行安全的基本内容属于管理领域的问题。即系统在运行过程中有良好的操作规程和制度，对系统的操作和运行维护有必要的措施。如数据备份与恢复机制、系统权限管理制度等。

6.9.2 信息系统安全原则

信息系统安全是个复杂、系统的问题，因此针对不同规模和范围的信息系统应该制定并采取不同的策略。信息系统安全应该掌握的原则有：

（1）系统性原则

所谓系统性原则，就是指系统安全不存在最主要或最关键的因素，任何疏漏都可能造成系统的崩溃或信息的泄露，诸多安全因素要系统地考虑，综合、协调地解决安全中的问题，不同的因素和措施解决不同的问题方面。

（2）相关性原则

相关性原则是指系统安全各个方面是彼此相关的，如协议不是独立的，是和管理等因素有较大相关性的。

（3）动态性原则

动态性是指系统的安全策略需要根据具体的情况进行不断的适时的调整。因此，系统的安全策略应该具有"安全性测评→安全性策略制定→安全性策略评估→安全性策略调整"这样的生命周期，不断进行反复，以保证系统有较高的安全性。

（4）相对性原则

所谓信息系统安全的相对性原则主要包括几方面的含义：一是安全本身是相对的，系统安全只能是一个相对的概念，实际上不存在绝对安全的系统，即使在某一时期或某种前提下可能是非常安全的;二是系统安全需要损失某方面的性能以换取安全性,如为了安全,需要进行系统登录和校验等一系列操作,这样必然使系统的使用不流畅,但是以牺牲灵活性、方便性等来提高系统的安全性应该是值得的。

6.9.3 网络信息系统安全模型

图 6.21 显示的就是网络信息系统的安全结构模型。该模型从网络信息系统层次、安全对策和安全服务 3 个维度对网络信息系统安全进行了分析。

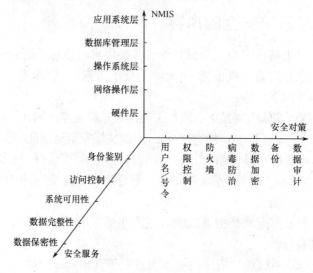

图 6.21　NMIS 安全结构模型

1. 安全层次

从构成网络信息系统的层次来看,可以分为硬件层、网络操作层、操作系统层、数据库管理层、应用系统层等几个层次。其中硬件是软件的基础,因此必须保证应用系统的硬件是安全的,包括计算机主机、网络设备、外部设备及其他辅助设备等。硬件安全主要是保证硬件在避免自然和人为的破坏方面的措施,建立良好的管理制度和机制,如自检、监控、设备冗余等措施。操作系统安全、数据库系统安全和应用系统安全均属于软件系统的安全,主要是保证自身系统运行正常、确保不受外界攻击、减少缺陷(Bug)等。

2. 安全对策

从安全对策角度分析有用户名/口令、权限控制、防火墙、病毒防护、数据加密、系统备份和数据审计等对策。这些对策有硬件、有软件,也有二者的结合。在实践中,可以根据具体系统对安全的需求进行设计,选择合适的安全对策。当前防火墙技术是比较成熟和使用广泛的网络技术。

防火墙(Firewall)是一种保护计算机资源的技术措施。防火墙通常是在一个企业或组织内部的局域网或内联网在与外部 Internet 连接的地方设置,主要功能是进行资源的控制和对某些访问进行限定,如特定的 IP、用户等。它可以控制那些试图跨越防火墙的数据流,识别并屏蔽非法的请求,从而保证内部的安全性。它是可信赖的、内部的或私有的网络和不可信赖网络之间的"哨卡",是企业网络与外界网络(如 Internet)之间的一道屏障。防火墙的结构主要有 3 种:基于路由器的过滤器、主计算机网关和独立的隔离网络。

（1）过滤包路由器。使用可编程路由器作为包过滤器。路由器根据源/目的地址或包头部的信息，有选择地使数据包通过或阻塞。这是目前用得最普遍的网络互连安全结构。但是，用编制路由器程序的方法排除一切侵袭是十分困难的，而大多数路由器的内部保护功能又很弱。

（2）基于主机的防火墙。通常用路由器的防火墙监控 IP 层的数据库，用计算机在应用层实施控制。该方式的问题是应用软件（甚至操作系统）可能有安全漏洞。

（3）隔离网络。是位于外部网络和内部网络（可信赖网络）之间的网络，它使 Internet 和内部网络都能对它进行存取，避免了内部网络与外部网络的直接访问。防火墙就是在开放与封闭的界面上构造了一个保护层，属于内部范围的业务，依照协议在授权许可下进行，内部对外部的联系，在协议约束下进行，外部对集团内部的访问受到防火墙的限制，只有事先被许可的节点用户才有可能访问自己的网络，从而保护集团内部不受来自外部的入侵。目前，商业网络大多数使用防火墙来预防外部节点的入侵。

3. 安全服务

任何计算机网络系统都存在着 3 个主要的信息安全问题：防止敏感应用的未经授权的访问（入侵）、防止数据在网上传输时被未经授权地存取（失密）和防止外界倾倒信息垃圾及传播病毒（防毒）。这些问题要靠身份鉴别、访问控制、系统可用性控制、数据完整性和数据保密性等措施进行保障。

（1）入网访问控制。这属于网络中的第一层控制，它对能够对网络进行访问的人员进行控制，鉴别合法性与访问级别，控制访问资源。

（2）网络的权限控制。该措施主要控制网络中非法操作的问题，对访问用户进行级别的划分，如读的权限、写的权限等。对网络中的文件、数据和目录等进行合理的控制，避免不该访问的数据被非法访问。

（3）用户控制策略。在系统的安全控制中，基于用户的权限管理和控制是最基本的方法。现代信息系统用户管理包括开机密码、操作系统登录用户和密码、网络登录用户和密码、应用系统登录等多个层次。层次结构的密码系统为系统安全提供了一定的保障，用户登录和使用系统需要进行多道检验，增加了系统的安全性。

构建企业信息系统的安全控制机制是复杂的事情，因为不同的企业可能具有不同的性质和特点，其信息系统更是大不相同，所以不可能具有一种单一的企业信息系统的安全控制模式。不同类型的企业要根据企业信息系统本身的特点来制定企业信息系统的安全机制。

6.10 系统设计说明书

系统设计阶段的最后一项工作是编写系统设计说明书。系统设计说明书既是系统设计阶段的工作成果，也是下一阶段系统实施的重要依据。系统设计说明书包括以下几个方面的内容。

1. 引言

说明项目背景、工作条件及约束、引用资料和专门术语。

2. 系统总体技术方案

这是系统设计说明书的主体部分，包括：

（1）模块设计。用功能结构图表示系统模块层次关系，说明主要模块的名称、功能。

（2）代码设计。说明所用代码的种类、功能、代码表。

（3）输出设计。说明输出的项目、主要功能、输出的接收者、输出数据的类型与设备、介质、数值范围、精度要求等。

（4）输入设计。说明输入的项目、主要功能、输入要求、输入的承担者、输入校验方法。

（5）数据库设计。说明数据库设计的目标、主要功能要求、需求性能规定、运行环境要求（设备、支撑软件等）、逻辑设计方案、物理设计方案。

（6）网络设计。说明系统的网络结构、功能设计等。

（7）安全保密设计。

（8）实施方案说明。

系统设计说明书还要说明实施的计划安排，给出各项工作的预定开始时间和完成时间，规定各项工作完成的先后次序。

除用户、系统开发设计人员外，还应该邀请有关专家、管理人员审批实施方案。并将评审意见及评审人员名单附于系统设计说明书之后。经批准后，实施方案方可生效。

习题 6

1. 简述输出设计的主要内容。

2. 在 MIS 系统设计中，设计代码时应主要注意哪些问题？

3. 系统详细设计阶段的主要工作内容是什么？

4. 试述我国身份证号中代码的意义，它属于哪种码？这种码有哪些优点？

5. 系统设计结束时要提交哪些文档资料？

6. 列举 3 种常用的校验数据输入错误的方法。

7. 系统设计中，为什么要先做输出设计，然后做输入设计？

8. 按照如图 6.22 所示的实体联系图，完成数据库的逻辑设计。

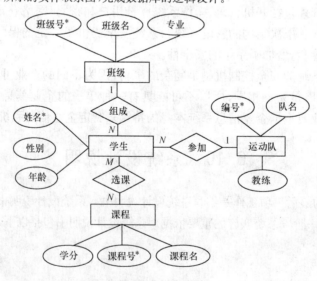

图 6.22 习题 8 图

9. 用几何级数法设计代码校验位：原代码共 5 位，从高位到低位依次取 2，4，8，16，32 作为权数；求出原代码与各位权数的乘积之和；用模 11 除乘积之和；取余数作为校验位。如果原代码是 13579，问校验位是多少？

第7章 系统实施

教学要点

系统设计完成后便进入系统实施阶段。系统实施就是将系统分析和设计的结果转换为能够在计算机上实际运行的系统的过程。具体而言，就是建立软、硬件的支持环境，进行应用程序的编制、系统数据的准备、人员的培训、系统的测试、转换及用户验收等。在系统实施阶段将投入大量的人力、物力和财力，使用部门可能会进行组织机构调整，人员、设备、工作方法、流程将发生较大变化甚至重大变革。因此，系统实施是信息系统开发的重要阶段之一。

本章主要内容有：

(1) 系统实施的任务、特点和方法；

(2) 程序设计的原则、标准和方法；

(3) 软件开发工具；

(4) 系统测试的原则、内容和方法；

(5) 系统转换的主要方式和工作等。

7.1 系统实施概述

7.1.1 系统实施的任务

系统实施的任务就是以系统设计方案为依据，按照系统实施方案进行具体的实现，最终组建出一个能够实际运行的系统交付用户使用。实施阶段的任务和工作内容包括以下4个方面。

1. 硬件准备

硬件包括计算机主机、输入/输出设备、存储设备、辅助设备(稳压电源、空调设备等)、网络通信设备等。硬件准备工作主要是购置、安装和调试硬件设备。购置和安装设备是件很简单的工作，只需按总体设计的要求和可行性报告对财力资源的分析，选择好适当的设备，通知供货厂家按要求供货并安装即可。但在购置硬件设备时，要做好验收工作，检查设备的工作状况，检测与用户使用有关的各种功能。由于计算机设备比较复杂，在验收时必须十分仔细，要有专人负责。

2. 软件准备

软件包括系统软件、数据库管理系统及一些应用程序。这些软件有些需要购买，有些需要组织人力编写。首先应根据系统设计报告购置系统软件及应用程序的开发工具，并对之进行消化和二次开发，使之适应系统的要求；其次是编写和调试应用程序，以实现系统的功能；最后测试系统，以保证系统能够完成设计功能并能正常运行。软件准备是系统实施阶段最主要的工作任务之一。

3. 人员培训

系统投入运行后,需要很多人参与其中的工作,如录入人员、管理人员、业务人员等,他们将承担系统中人工过程的处理和计算机的操作工作。为了保证系统的调试和运行的顺利进行,应根据他们的基础,提前对他们进行培训,使他们了解和掌握新的处理步骤和操作方法。人员培训的过程实质上也是考验和检查系统结构、硬件设备及应用程序的过程。通过人员培训,通过操作人员对系统的不断了解和认识,可将发现的问题及时通报给开发人员,开发人员再对系统进行及时地改进和完善,将有利于系统目标的实现。

4. 数据准备

由于在现行系统中有许多需要继续使用的数据,因此,需要把它们按新系统的要求重新组织、整理,使它们适应新系统的格式与要求,这些工作就称为数据准备。数据准备是一项非常烦琐的工作,一般来说,应先把现行系统中的数据分类整理出来,即将原有系统的数据加工成符合新系统要求的数据,其中包括历史数据的整理、增删、分类、编码等。在整理过程中,若发现信息缺少、不一致等情况,应由有经验的管理人员来补充或修改,并把整理出来的数据转化为系统要求的格式。数据准备好以后,如果原系统是手工处理数据的,那么还需要将准备好的数据录入到计算机中。没有一定基础的数据准备,系统调试将不能很好地进行,这就好比一个工厂建成后,因为没有原材料而无法投入生产一样。因此,要保证所开发系统运行的正确,今后能够为管理、决策提供支持和服务,必须要重视数据的准备工作。

在系统实施阶段完成了上述 4 项主要任务后,要使系统能够真正代替现有工作,还需要进行系统的试运行,完成系统的转换和用户的验收。系统实施阶段几方面任务的主要工作内容和工作流程如图 7.1 所示。本章将重点讨论软件准备这个耗时较多、工作量较大的工作。

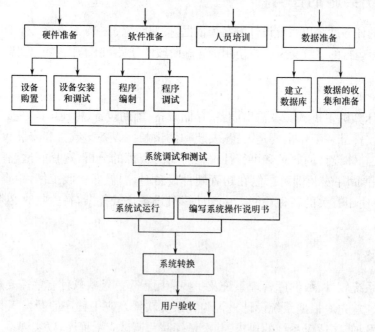

图 7.1　系统实施工作内容及工作流程

7.1.2 系统实施的特点

系统实施是管理信息系统开发工作的后期阶段,是一项涉及各级管理人员、系统开发技术人员、系统测试人员、系统操作和维护人员的组织协调,以及系统应用场地、设备和资金的调配管理,持续时间长且十分复杂的系统工程。与系统分析、系统设计阶段相比,工作量大,投入的人力、物力多,组织管理工作繁重是其主要的特点。

作为系统开发人员,特别是项目负责人应针对系统实施阶段的特点,制定合理和周密的实施计划,组织协调好各方面的任务,随时检查工作进度和质量,完成好新、旧系统的转换。

7.1.3 系统实施的方法

对于规模不同的系统,应采用不同的实施方法。简单系统内模块相对来说比较少,可先实现层次结构图中的上层模块,逐步向下,最后实现基础功能模块。实现上层模块时,其下层模块可视为"有名无实"的"空缺"模块,即可先设置模块名、输入/输出参数,而本身的处理有待今后实现或象征性地表示出某些显示信息。复杂系统内模块较多,不易全面铺开,应分阶段实施。分阶段实施是将整个系统划分为几个"版本",分期分批地去实现。首先实现系统的轮廓或框架,然后在此基础上不断添加新的功能,逐步完善,最后达到系统所要求的全部功能。划分版本时应考虑以下几个方面。

1. 划分版本的原则

划分版本的原则是先实现控制部分,后实现执行部分,即先上层、后下层。应特别重视第一版本,让控制流通过尽可能多的模块,以便测试尽可能多的接口。在第一版本中,所实现的模块大多数是控制模块,其中包括少数执行部分,而这正是系统最主要、最经常的业务所必须通过的模块。第一版本的重要性就在于验证系统结构,显示模块间确实可进行预期的调用和函数的正确性。

2. 确定版本的规模

在确定每个版本应该实现的模块的种类与数量时,要听取用户的意见,用户希望哪些功能最先实现,就应该组织这些模块的实施。另外,还应根据技术力量、设备、培训等方面的情况,确定同时可能开发多少个模块。参加系统实施的人多时,同时开发的模块可以多一些,否则就少一些,通常两、三个月完成一个版本比较合适。如果时间过短,那么完成的任务不可能太多,这样用户看不出项目的进展;而如果时间太长,与用户交流的机会少,就容易偏离用户的需求,用户对项目的进展情况不易了解,容易失去信心。

3. 实现复杂模块的方法

如果某些模块非常复杂,需要花费许多人力和时间,可考虑分阶段完成。例如,系统中的输入模块,正式使用时可能需要多机同时输入,在第一版本中可先实现单机输入,而将多机同时输入的情况留到后继版本中去实现。

4. 安排实现模块的顺序

实现任何一个模块均要涉及硬件设备、软件编制和人员培训等问题。因此,在安排模块实现顺序时,要考虑上述条件是否具备及相互配合等问题。若相互配合不好,则可能使工期拖延。

复杂系统的实施方法一般是在自顶向下的规划制约下,自底向上按子系统逐步实现,并在规划中预先确定子系统的优先顺序。而对每一个子系统又可采用自顶向下的方法来实现。

7.2 程序设计

程序设计是系统实施阶段的主要工作。程序设计是根据系统设计报告中模块处理过程描述及数据库结构,选择合适的程序设计语言和软件开发工具,编制出正确、清晰、易理解、易维护、工作效率高的程序源代码。

7.2.1 程序设计原则

为了保证程序设计工作正确而顺利地进行,一方面程序设计人员必须仔细阅读系统设计的全部文档资料,充分理解程序模块的内部过程和外部接口;另一方面,编程人员必须深刻地理解、熟练地掌握和正确地运用程序设计语言及软件开发环境和工具,以保证功能的正确实现。

在进行程序设计时应尽量使用通用的标准方法,这样可以尽可能地降低开发成本,减少编程工作量。保持整个系统开发过程的规范化,不但可以提高开发效率,还便于系统的调试、维护与二次开发。程序设计不是系统开发的目标,实现系统分析与设计中提出的方案与计划才是系统开发的最终目的。因此,不能够为程序设计而程序设计,应把过多的精力和时间放在具体的程序设计和调试工作上,要尽可能地借用已有的成熟程序模块和各种开发工具软件开发包,以更好、更快地完成系统实现的任务。

7.2.2 程序设计标准

程序设计的目的是为了编写出能满足系统设计功能的要求,并能正确运行的系统。程序设计工作完成后,是否达到了最初的目的和要求,需要进行衡量和检查。衡量和检查的标准恰恰就是程序设计的标准。程序设计标准应包括以下几方面。

1. 可靠性

可靠性是指系统运行的可靠性,主要包括两方面内容:一方面是程序或系统的安全可靠性,如数据存取的安全可靠性、通信的安全可靠性、操作权限的安全可靠性,这些工作一般都要靠系统分析和设计时来严格定义;另一方面是程序运行的可靠性,这一点只能靠调试时严格把关来保证。系统运行的可靠性是非常重要的,在任何时候它都应该作为程序设计的最首要的标准。

2. 规范性

规范性,即系统各功能模块及每个功能模块中各子功能模块的划分、各子功能模块程序的书写格式和命名、所有变量的命名等都应该按照整个系统的统一规范进行,这对于今后程序的阅读、修改、维护及功能扩充都是十分必要的。

3. 可读性

可读性即程序清晰,没有太多繁杂的技巧,能够使他人容易读懂。可读性对于大规模工程化地开发软件非常重要。因为可读程序是今后维护和修改程序的基础,如果一个程序很难读懂,则无法修改,而无法修改的程序是没有生命力的程序。从系统的生命周期中可以看到,系统投入运行后,就要进入使用和维护阶段,当运行的系统出现问题或错误时,就不可避免地要对源程序进行修改。所以从软件维护的角度来看,程序设计人员在保证程序可靠性的同时,还必须保证程序的可读性,以便他人对其进行修改。因此,程序的可读性应该是程序设计的另一个重要标准。

4. 可维护性

可维护性即程序各部分之间相互独立,不和子程序以外的其他数据关联。也就是说,不会发生那种在维护时"牵一发而动全身"的连锁反应。一个规范性、可读性、结构划分都很好的程序模块,其可维护性也是比较好的。

5. 健壮性

健壮性是系统能够识别,并禁止错误的操作和数据输入,不会因错误操作、错误数据输入及硬件故障而造成系统崩溃。

6. 高效率

效率主要是指系统运行速度、存储空间等指标。程序设计应该做到程序占用的存储空间尽量少,程序运行完成规定功能的速度尽量快。

7.2.3 程序设计方法

目前,采用的程序设计方法主要有结构化程序设计方法、原型式的程序开发方法、面向对象的程序设计方法及可视化的程序设计技术。

1. 结构化程序设计方法

结构化程序设计方法被人们称为软件技术发展史上继子程序和高级语言后,具有重要影响的第三个里程碑,成为存储程序计算机问世以来对计算机软件领域影响最大的一种程序设计理念,曾在整个软件技术产业中掀起了一场"结构化革命"的浪潮。结构化程序设计的主要目标是将程序划分为许多独立的功能模块,减少每个功能模块的复杂性。结构化程序设计主要包括以下两个方面。

（1）限制使用 GOTO 语句

从理论上讲,只用顺序、选择和循环这 3 种基本结构就能表达任何一个只有一个入口和一个出口的程序逻辑,程序中往往不需要使用 GOTO 语句。但有些特殊的处理,比如从某循环中跳出,使用 GOTO 语句更直截了当,因此,有些程序设计语言还是提供了 GOTO 语句,这样程序员在编写程序时就可能使用 GOTO 语句。

结构化程序设计方法要求尽可能少地使用 GOTO 语句,如果无限制地使用 GOTO 语句,将使程序结构杂乱无章,难以阅读,不便于修改。

（2）逐步求精的设计方法

对每一个程序功能模块，先从该模块功能的描述出发，一层一层地逐步细化，直到最后分解、细化成语句为止。

在系统程序框架实现阶段，采用结构化程序设计方法是比较合适的。然而，对于一个系统分析和设计得非常规范，并且对于各个子功能模块划分得比较细致和功能比较单一的功能模块程序设计来说，过分强调完全按照结构化程序设计方法实施就没有多少实际意义了。

2. 面向对象的程序设计方法

面向对象的程序设计方法一般应该与面向对象设计方法（Object-Oriented Design，OOD）的内容相对应，它是一个简单直接的映射过程，即将 OOD 中所定义的范式直接用面向对象程序设计语言，如 C++，Visual C，Smalltalk 等来取代即可。例如，用 C++ 中的对象类型取代 OOD 范式中的类-&-对象，用 C++ 中的函数和计算功能来取代 OOD 范式中的处理功能等。在系统实现阶段，面向对象的程序设计优点是其他方法所无法比拟的。

在面向对象的程序设计方法中，一个对象既是一个独立存在的实体，又有各自的属性和行为，彼此以消息进行通信，对象的属性只能通过自己的行为来改变，实现了数据封装，这便是对象的封装性。而相关对象在进行合并分类后，又可能出现共享某些性质，通过抽象后使多种相关对象表现为一定的组织层次，低层次的对象继承高层次对象的特性，这便是对象的继承性。另外，对象的某一种操作在不同的条件环境下可以实现不同的处理，产生不同的结果，这就是对象的多态性。现有的面向对象的编程语言中都不同程度地实现了对象的以上 3 个性质。

3. 可视化的程序设计技术

虽然面向对象的程序设计语言提高了程序的可靠性、可重用性、可扩充性和可维护性，但应用系统为了适应 Windows 界面环境，使用户界面的开发工作变得越来越复杂，有关这部分的代码所占比例也越来越大，为减轻程序设计人员的编程工作量，Microsoft 公司推出了Visual Basic，其中 Visual 是"可视化"的意思。Visual Basic 是可视化语言的先驱，而且它也是目前可视化程度最高的语言。有了 Visual Basic 后，程序设计人员不再受 Windows 编程的困扰，能够"所见即所得"地设计标准的 Windows 界面。

可视化程序设计技术的主要思想是：用图形工具和可重用部件来交互地编制程序。它把现有的或新建的模块代码封装于标准接口封包中，作为可视化程序设计编辑工具中的一个对象，用图符来表示和控制。可视化程序设计技术中的封包可能由某种语言的一个语句、功能模块或数据库程序组成，由此获得的是高度的平台独立性和可移植性。在可视化程序设计环境中，用户还可以自己构造可视控制部件，或引用其他环境构成的符合封包接口规范的可视控制部件，增加了程序设计的效率和灵活性。

可视化程序设计一般基于事件驱动的原理。用户界面中包含各种各样的可视控制部件，如按钮、列表框等，每个可视控制部件（控件）对应多个事件和事件驱动程序。当控件上发生某一事件时，将触发对应的事件驱动程序，完成各种操作。

面向对象的程序设计技术和可视化的程序设计开发环境的结合，改变了应用系统只有经过专门技术训练的专业人员才能开发的状况，它使系统开发变得容易，从而扩大了系统开发队伍。由于大量程序模块的重用和可视控件的引入，技术人员在掌握这些技术之后，就能有效地提高应用程序的开发效率,缩短开发周期,降低开发成本,并且使应用软件界面风格统一,有很好的易用性。

7.3 基于组件技术的信息系统开发

7.3.1 组件技术及其特点

1. 软件重用

在软件开发过程中尽可能重用已有软件元素(也称软部件,包括软件需求文档、设计文档、程序代码、测试计划等),以提高软件开发效率,从而缩短软件开发的周期。同时使用经过严格测试的可重用部件,还有利于提高软件质量、降低软件开发成本和软件维护成本,从而降低整个软件系统的成本。软件重用主要体现在以下方面:

(1)源代码重用。这是最低级的重用。它的缺点很明显,一是程序员要花很大力气看懂源代码,二是程序员经常会在重用的过程中犯错误。

(2)目标代码级重用。这是目前用得较多的一种重用方式,一般体现为函数库方式。程序员通过引用函数名称,重用库中标准函数。但由于程序员不能对其做任何修改,而使其灵活性大大降低。此外与源代码重用受语言限制一样,这种重用也不能做到与开发平台无关。它最根本的缺点在于未能与数据结合在一起,从而程序员无法大规模使用。

面向对象开发方法的出现将软件重用引入一个崭新的时代。传统软件开发方法最根本的缺陷在于从需求分析到设计阶段表示方法的转变。面向对象的开发方法是软件开发方法的一次根本变革,它能反映人们认识客观事物的基本方法,其最大优点是提供了从需求分析、设计到实现的一致表示方法,同时该方法把握了系统中最稳定的因素——对象。这种开发方法从分析、设计到实现的过程实际上是类及其对象不断扩充、不断细化的过程。在传统过程式程序设计中,软部件主要是过程和函数。由于这种软部件匹配新需求的机会比较少,因而大多数情况下需要对部件进行修改,但由于缺乏详细设计说明和模块接口说明等,修改这些模块不仅很困难,而且可能会引入新的错误。在面向对象程序设计环境中,类的封装和继承机制发挥了重要作用。封装是软件重用的基础,它把类作为黑箱,禁止用户查看其内部细节,增强了类之间的独立性。软件的适应性不是通过修改已有软部件实现,而是在继承的基础上,通过扩展和特殊化已有的软部件来完成,这比通过修改模块实现重用具有更大的优越性。在面向对象程序设计环境中,从设计者角度看,即使设计类时没有考虑到重用问题,由于封装和继承机制的存在,类仍比过程部件更容易重用。因而面向对象的软件开发更适合支持软件重用技术。在面向对象的程序设计环境中,与传统重用方式相比出现了如下新的软件重用方式。

(1)类库。类库与函数库一样都是经过特定开发语言编译后的二进制码。但它与函数库有本质区别,主要表现在继承、封装和派生上。类库的出现使大规模的软件重用得以实现,并使软件的重用性及可维护性得到大大增强。

(2)组件。组件(又称部件或构件)是一种具有某种特定功能的软件模块。使用组件开发软件就像搭积木一样容易,这比传统的函数(过程)重用方式有了很大提高。

2. 组件技术

所谓组件技术,就是指用可重用的软件组件来构造应用程序。软件的组件化不需要代码的重新编译和连接，而是直接作为功能模块在二进制代码级用于软件系统的装配。近几年来，组件在软件开发中得到了广泛应用，应用组件可以明显提高开发效率和开发质量，同时使得应用程序的后期维护也变得极其方便。尤其是将组件应用于 Internet 或 Intranet 进行各种事务处理，使组件显示了强大的功能，同时也给软件界带来了生机与活力。组件方法已成为软件业普遍接受的，提高软件质量、可靠性与生产率的有效方法和技术。

组件（Component）就是具有一定功能的、能够独立工作或同其他组件组合起来协调工作的程序体，用以专门完成特定的预定工作。组件可以一次编写、到处使用，然后可以只更新或替换这个组件来纠正或改进该组件的功能。组件一经产生，就与它的具体实现语言无关，可以认为是一段二进制代码或数据段。

组件技术主要的特点有：

（1）语言无关性。组件技术不依赖于任何语言环境，组件只是一种二进制代码的互操作规范。应用和组件、组件和组件之间只通过接口进行关联的操作以屏蔽不同语言之间的具体差异。

（2）封装性。面向对象程序设计中的一个重要的原则是封装性，在面向组件设计方法中，这也同样是完成模块分离的重要手段。对象声明承诺功能，开发人员只需要按预定义的对象功能进行调用，而不用关心对象（组件的载体）是如何实现它的功能。也就是说，每一个组件所寄托的对象必须实现接口完成组件的功能，而存取这些对象的服务唯一方法是通过它支持的接口，这是组件技术的主要基础。组件分析结构中的继承和面向对象程序则有所不同，在面向对象分析技术中，代码的复用多采用类的继承来实现，而在组件分析技术中，代码的复用多采用接口的继承来实现，并在许多情况下采用接口的聚合技术来代替采用接口的继承时，往往使整个系统间的耦合情况更小，使代码更加优化。

（3）多态性。在面向对象设计中使用多态以提高代码的编写效率和在程序运行时动态的行为，而这一特性在组件技术中有着更高级和更多的扩展，面向对象设计中使用的多态只允许子类对象按照它们定义的方式对消息作出响应，而在组件设计技术中使用多态与接口概念，使组件的升级不会造成目前使用者的困扰，使任何新版本的组件可以和旧版本的组件共同使用。使用者只要保证访问不超出接口控制，那么新旧组件的区别便是多态在发挥作用的结果。使用多态性的另一个惊人的结果是整个应用都将是可复用的。

（4）动态链接性。组件是分离于应用之外的二进制代码。组件的最终目标是要使使用者可以在应用程序执行时期替换所需组件，并通过上述接口不变特性以取得稳定性和低耦合性。组件的类型也可划分为进程内和进程外两种，不同的类型可以提供不同的可靠性。

（5）组件属于黑箱设计方法。组件利用接口继承的方式将实现细节严格地封装在类中，它易于使软件模块更加方便地扩展，并解决了它们之间的紧密耦合问题。接口消除了不同软件模块之间的依赖性，并加强了组件的可重用性，这是通过接口和实现的相互分离而实现的。有接口所实现的"契约"，保证了它所对应的对象将支持的功能和行为。这样我们便可将可靠性约束在实现接口的实际对象上，这为软件提供高度抽象的自由度和健壮的运行环境。不可变的接口（相对意义上的稳定）是组件技术中保证可靠性的基础。

（6）组件技术的本质。综上所述，组件技术是一种与语言无关的二进制代码规范，从机器角度来讲，属于一种内存结构说明，是一系列函数指针的集合，它将软件开发的方式改变为更加松散的组成构架，提供更高的集成度和稳定性，也提供了更高的复用度。其中，组件库是其最大的优点之一，就是可以快速地开发程序，最终的目标便是只需从组件库中挑选组件以搭积木的方式由组件组成一个应用程序。

（7）开发工具无关性。开发人员可根据具体情况来选择特定的语言工具实现组件的开发，不需求特定的开发工具，便于多人合作开发。

（8）组件具有可重用性。应用程序通过接口调用组件。组件接口保证了组件的重用性，一个组件具有若干个接口，每个接口代表组件的某个属性或方法，程序开发人员可通过设置这些属性和方法以使组件完成特定的商业逻辑。

（9）组件运行效率高，便于使用和管理。由于组件是二进制代码，因此运行效率高。由于组件在网络中的位置透明，因此便于管理和使用。

7.3.2　组件模型

组件就是可以自行进行内部管理的一个或多个类所组成的群体。除了群体提供的外部操作界面外，其内部信息和运行方式外部不知道，使用它的对象只能通过接口操作它。每个组件包含一组属性、事件和方法，组合若干组件就可以生成设计者所需要的特定程序。组件往往设计成第三方厂家可以生产和销售的形式，并能集成到其他软件产品中。应用程序开发者可以购买现成的组件，他们只要利用现有的组件，再加上自己的业务规则，就可以开发出一个应用软件。总之，组件开发技术使软件设计变得更加简单和快捷，并极大地增强了软件的重用能力。

目前，在组件技术标准化方面，主要有以下 3 个比较有影响的规范：OMG 起草与颁布的 CORBA，微软公司推出的 COM/DCOM/COM+ 和 SUN 发表的 JavaBeans。

1. CORBA 组件技术

（1）CORBA 组件技术介绍

CORBA(Common Object Request Broker Architecture)是一种面向对象的组件技术和分布式对象计算的体系结构，提供了一个可供软件（尤其是面向对象的软件）在异质网络中跨操作系统和跨平台进行交互操作的标准。它不依赖于编程语言、计算机平台和网络协议，非常适合于分布式系统应用程序的开发和系统集成。CORBA 以 ORB(Object Request Broker，对象请求代理)为核心，通过 ORB 和 IDL(Interface Definition Language，接口定义语言)实现客户方和服务器的互操作。ORB 提供一个软件总线，处理驻留在各个不同的机器上的对象之间的消息交互。IDL 的目的是允许以与任何具体编程语言无关的形式来定义对象接口。开发人员可以将中间层的业务逻辑分割成许许多多的较独立的功能，然后将它们封装在不同的 CORBA 组件中，而对组件外部只提供它们的功能接口。CORBA 模型向客户端屏蔽了许多与分布式计算有关的细节（如对象定位、网络连接的建立和请求的发送等），使分布式系统以透明的方式呈献给客户端。客户端对 CORBA 对象的使用就像调用本地对象一样方便，它只需通过名字服务获得某一远程组件的句柄，并根据该组件所提供的功能接口进行远程调用，在此过程中完全不用知道对方的实现细节和具体位置。用 CORBA 技术封装的组件还可供任意支持 CORBA 的语言调用。如果要对某一部分业务逻辑进行修改，则只需对相应的组件进行修改即可，无须重新编译整个程序。而在服务器端，各种服务都被封装在不同的 CORBA 组件之中，这些分布式组件可以放置在网络中的任意位置，向客户端提供服务，而且可自动实现负载均衡，将服务器端的负担分摊到多台计算机上。这样整个系统的性能就得到很大的提高，且具有较强的伸缩性。

（2）CORBA 体系结构

CORBA 技术是一种开放的分布式对象计算底层支持，CORBA 结构主要包括：对象请求代理（ORB）、公共对象服务（Common Object Services）、公共设施（Common Facilities）和应用对象（Application Objects）。其中，ORB 包含 5 个重要组成部分：ORB 核心、接口定义语言（IDL）、动态调用接口（DII）、接口池（IR）和对象适配器（OA）。简单地说，CORBA 的对象调用机制可以分为 3 个部分，即客户（Client）、对象实现（Object Implementation）和对象请求代理（ORB）。客户是唤起对象实现上的操作的程序实体。客户可以通过 IDL stubs 接口或 DII 接口发出请求。IDL stubs 提供服务请求的静态接口，用 IDL 定义，DII 提供动态调用接口。对象实现即服务提供者，也提供了静态接口（IDL Skeleton）和动态接口（DSI）。它和 ORB 的交互通常是通过对象适配器。对象请求代理（ORB）是对象总线，它在 CORBA 规范中处于核心地位，定义异构环境下对象透明地发送请求与接收响应的基本机制，是建立对象之间的中间件，而这些对象可以位于本地，也可以位于远程机器。ORB 拦截请求调用，并负责找到可以实现请求的对象、传送参数、调用相应的方法、返回结果等。ORB 提供一种机制，将客户请求透明地传给目标对象实现，这使得客户请求表现为本地过程调用。CORBA ORB 提供了丰富的分布中间件服务，对象可在运行时查找其他对象，并调用其他对象提供的服务。ORB 比传统的 RPC、数据库存储过程等其他形式的中间件要复杂得多。由于静态调用、动态调用及 IR 的支持，使得 CORBA 明显地优于其他中间件。

CORBA 互操作和 ORB 互操作的体系结构将 ORB 信息划分为不同的域，这些域由"桥"来连接，将一个域中的概念映射为另一个域的等价概念。ORB 域包括对象引用域、类型域、安全域、事务域等。通过桥来进行内容表示和语义的域间映射，使得对一特定 ORB，其用户将只看到适合自己的内容和语义。

2. COM/DCOM/COM+ 组件

（1）COM 组件

COM 是个开放的组件标准，有很强的扩充和扩展能力。COM 规定了对象模型和编程要求，使 COM 对象可以与其他对象相互操作。这些对象可以用不同的语言实现，其结构也可以不同。基于 COM，微软进一步将 OLE 技术发展到 OLE2。其中，COM 实现了 OLE 对象之间的底层通信工作，其作用类似于 CORBA ORB。在 OLE2 中出现了拖放技术及 OLE 自动化。COM 规范包括 COM 核心、结构化存储、统一数据传输、智能命名和系统级的实现（COM 库）。COM 核心规定了组件对象与客户通过二进制接口标准进行交互的原则，结构化存储定义了复合文档的存储格式及创建文档的接口，统一数据传输约定了组件之间数据交换的标准接口，智能命名给予对象一个系统可识别的唯一标识。

（2）DCOM 组件

DCOM 是微软与其他业界厂商合作提出的一种分布组件对象模型，它是 COM 在分布计算方面的自然延续，为分布在网络不同节点的两个 COM 组件提供了互操作的基础结构。DCOM 增强 COM 的分布处理性能，支持多种通信协议，加强组件通信的安全保障，把基于认证 Internet 安全机制同基于 Windows NT 的 C2 级安全机制集成在一起。但从系统内部的实现机制而言，DCOM 所采用的技术仍符合 COM 模式。DCOM 自动建立连接、传输信息并返回来自远程组件的答复。DCOM 在组件中的作用如 PC 间通信的 PCI 和 ISA 总线，负责各种组件之间的信息传递，如果没有 DCOM，则达不到分布计算环境的要求。微软通过纳入事务处理服务、更容易的编程及对 UNIX 和其他平台的支持扩充了 DCOM。

（3）COM+ 组件

COM+ 倡导一种新的设计概念,把 COM 组件提升到应用层,把底层细节留给操作系统,使 COM+ 与操作系统的结合更加紧密。COM+ 的底层结构仍然以 COM 为基础,但在应用方式上则更多地继承了 MTS(Microsoft Transaction Server)的处理机制,包括 MTS 的对象环境、安全模型、配置管理等。COM+ 把 COM、DCOM 和 MTS 三者有机地统一起来,同时也新增了一些服务,如负载平衡、内存数据库、事件模型、队列服务等,形成一个概念新、功能强的组件体系结构,使得 COM+ 形成真正适合于企业应用的组件技术。COM+ 是 DNA 结构的核心,它将成为企业应用或者分布式应用的基本工具。

COM+ 组件建立在 COM+ 系统服务基础上,可避免底层烦琐的细节处理,既保证应用程序的可靠性,又使其更趋于标准化。COM+ 以系统服务的形式提供应用有多方面的好处。其一,客户或者组件程序直接利用系统服务,避免底层细节处理,减少开发成本,降低编码量;其二,有些系统服务涉及较复杂的逻辑,如需进行底层系统资源的访问,应用层较难实现;其三,使用系统服务可增强可靠性。

（4）ActiveX

ActiveX 并不是微软公司推出的最新技术,而是微软公司开发多年的一个产品。微软首先推出了动态数据交换(DDE)技术,它是 Windows 程序之间传递消息的最原始的协议。接着推出了对象链接与嵌入(OLE)技术,这是对 DDE 的一种扩展,利用 OLE 可在应用系统的各程序间创建可视的链接关系。在 OLE 之后又推出了部件对象模型(COM),它几乎成为使用和设计 OLE 应用程序的工业标准。而 ActiveX 是 COM 的修改形式,是 COM 标准的一种升华,它引入了组件的概念。所谓 ActiveX 部件,是指一些可执行的代码,如 .exe,.dll 或 .ocx 文件。通过 ActiveX 技术,程序员能把可重用的软部件组装到应用程序中去。以 Visual Basic 为例,Visual Basic 中的控件是控件部件(即 .ocx 文件)提供的对象,一个控件部件可以提供多种类型的控件。控件制作者把控件工程编译成一个控件部件后,程序开发者就可以重用这些控件来创建新的应用程序。控件由 3 部分组成:控件的外观是公有的,用户能看到并能同它进行交互;控件的接口,包括控件的所有属性、方法和事件也是公有的,任何包含该控件实例的程序都会用到;控件的私有部分是它的实现,即控件工作的代码。也就是说,控件的实现效果是可见的,但代码本身不可见。用户通过继承控件私有部分、修改其可见部分就能匹配新的应用需求。

3. JavaBean

JavaBean 是基于 Java 的组件模型。在该模型中,它可以被修改或与其他组件结合生成新的组件或应用程序。JavaBean 具有完全的 OOP 编程风格,可以针对不同业务建立一套可重用的对象库。与其他模型相比,JavaBean 组件没有大小和复杂性的限制。JavaBean 组件可以是简单的控件(如按钮、菜单),也可以是不可见的应用程序,用来接收事件并完成幕后操作。与 COM 组件模型相比,虽然 JavaBean 只能用 Java 语言开发,COM 可由符合标准对象模型的任何语言(C++ ,VB 等)开发,但相对而言,JavaBean 比 COM 更容易开发;另外,COM 组件需要在服务器上注册,如果修改了现有组件,服务器需要重新启动才能使用它,而 JavaBean 不需要重新注册;同时 JavaBean 符合结构化对象模型:每个 Bean 由一个不带参数的构造函数控制,可以使用内省(Introspection)来设置其属性。

Bean 是一种特殊的 Java 类,是可执行的代码组件,可以在由应用程序构造工具所提供的应用程序设计环境中运行。Bean 可以在可视化的应用程序构造工具的支持下进行组合。Bean 同时具有设计环境接口和运行环境接口。通过设计环境接口，Bean 可以向应用程序构造工具提供信息，以便用户对 Bean 进行定制。通过运行环境接口，Bean 可以由正在运行的应用程序驱动执行。

JavaBeans 将 Java 语言本身所具有的"一次编写，到处运行"特性沿用到代码组件 Bean，使 Bean 也具有平台无关性。Bean 是特殊的 Java 类基于 Java 的代码组件重用技术 JavaBeans，它具有一般 Java 类所没有的一些特性。

JavaBeans 是以 Bean 及其容器为中心的一种代码组件模型。这种组件模型主要包括两部分内容：一部分是定义 Bean 的结构，另一部分是定义 Bean 的使用协议，包括从外部如何操作 Bean 及如何使 Bean 相互作用。前者主要与 Bean 的实现有关，后者主要与 Bean 的重用有关。JavaBeans 代码组件模型提供了一系列的 API，使代码组件 Bean 不仅易于重用，而且也易于实现。

Bean 重用有 3 种不同的方式。第一种是在应用程序构造工具中，主要通过可视化的操作方式重用 Bean；第二种是通过诸如 JavaScript 和 VBScript 之类的脚本编程语言来重用 Bean；第三种是在某种特定的编程语言中，用编程的方式重用 Bean，如在 Java 语言中将 Bean 当作一般的 Java 类来使用。第三种重用方式不能充分地利用 JavaBeans 所具有的各种利于重用的特性，如自查等，因此这种重用方式是低效的。

7.3.3　组件技术在 B/S 模式中的应用

在传统 B/S 模式中，用户通过浏览器发出请求，Web 服务器接收 HTTP 请求后，通过 CGI 或 ASP 访问数据库，数据库的数据传递给 Web 服务器，Web 服务器再把结果以 HTML 的形式返回用户浏览器。在基于组件技术的 B/S 模式中，核心的商务逻辑计算任务都由组件完成，用户可以绕过 Web 服务器直接对数据库进行存取，提高 B/S 模式对大量数据的处理能力，使得其性能和传统的 C/S 模式的应用程序相差无几。基于组件技术的 B/S 模式开发速度快、开发质量高。

1. B/S 结构中组件的类型

（1）客户端组件。Web 站点上客户端和服务器端的组件都是由脚本语言控制的，如 VBScript，JavaScript 及 PERL 等。在 HTML 代码中，ActiveX 对象通过〈OBJECT〉标记标识，Java 程序通过〈APPLET〉标记标识。在这些标记中，其参数在对象被激活后设置组件的初始值，然后，在 HTML 网页中的脚本将控制组件的行为。ActiveX 和 Java 小程序（Applet）会以不同方式下载到用户计算机。Java 小程序是整个 Java 应用程序的缩小版本，它们运行在作为 Web 站点浏览器的一部分实现的 Java 虚拟机（JVM）中。所有主要的站点浏览器都将 JVM 作为其核心功能的一部分，包括 Microsoft Internet Explorer 和 Netscape Navigator 等。但它也有缺点，由于程序并不在客户机上注册，所以在每次访问调用程序的网页时，都必须下载该程序，这就限制了跨站点的功能。ActiveX 控制是基于 COM（组件对象模型）的组件，是 Microsoft 基本对象技术的设计模型。COM 允许不同的应用程序和计算机共享信息和服务。ActiveX 控制通常是用 Visual C++ 或 Visual Basic 编写的，像其他基于 COM 的对象一样，它们只在用户系统中下载一次，并在 Windows 注册表中注册，然后就可以通过 Internet Explorer 或其他支持 COM 的应用程序在 Web 网页中访问它们。

（2）服务器端组件。服务器端组件有 JavaBean 和 ASP 组件等，它们可以被其他服务器应用程序使用，也可以重新组合现有的代码，让其作为活动的服务器组件工作。

2. 获得组件的途径

（1）嵌入产品或产品附带的组件。ASP 和 IIS 等均提供了内置组件，以便于收集按浏览器的请求发送信息、响应浏览器及保存特定用户的信息，它们单独或与其他组件代码一起工作，提供一定范围的服务。

（2）购买组件。很多经销商可以提供客户端和服务器端的 ActiveX 和 Java 组件。如将电子邮件、聊天及新闻功能添加到客户端，为动画、视频和音频的增强使用高级图形，以及多媒体功能等客户端组件及广告轮换，从 Web 服务器上发送电子邮件，根据用户安装的 Web 浏览器修改提供的内容等服务器端组件，都可以从经销商处得到满足。

（3）创建自己的组件。对于大部分组件需求，应该考虑要么使用客户机或服务器软件附带的组件，要么找到一家可以提供解决方案的经销商。但是，如果无法找到需要的组件，就不得不自己编写代码。可以采用的选择方案，包括开发 Java 小程序、开发 ActiveX 控件、开发 JavaBean、开发 ASP 组件等。使用客户端组件还是服务器端组件，也就是使用客户端代码，还是服务器端代码来执行需要的任务，则要综合考虑。最根本的出发点是：客户端的性能和服务器端的灵活性。首先要了解是客户机组件还是服务器组件能完成需要，如果决定需要创建自己的组件，就应该将技术方面的选择建立在目标用户、性能方面的考虑及工作组成员技术水平的基础之上。

7.4 软件开发工具

程序设计人员在编制程序时要使用许多程序设计技术和方法，如 6.2 节介绍的结构化程序设计方法、面向对象的程序设计方法及可视化程序设计技术等。当然，使用这些方法和技术进行程序设计还需要有相应的软件开发工具来支持。软件开发工具是指用来辅助软件开发、维护和管理的软件。目前常用的软件开发工具大致分为编程语言、数据库、可视化编程、专业系统及客户/服务器 5 类，本节将简单介绍这些软件开发工具。

1. 编程语言类

编程语言开发工具主要是指由传统编程工具发展而来的一类程序设计语言。如 C 语言、C++ 语言、Basic 语言、COBOL 语言、PL/1 语言、Pascal 语言、LISP 语言等。这些语言大多都是编译型语言，函数丰富、逻辑功能强，一般不具有很强的针对性，只是提供一般程序设计命令，因此适应范围较广，原则上任何功能模块都可以使用它们来编写。但是，这类开发工具最大的缺点是编程工作复杂、工作量大。

2. 数据库类

数据库是管理信息系统最重要的组成部分，它是系统中数据存放、数据传递、数据交换的中心和枢纽。数据库管理系统是管理和操作数据库的主要工具。目前市场上提供的数据库管理系统大致有两类，一类是微机数据库管理系统，如 DBase，FoxBase，FoxPro 等；另一类是大型数据库管理系统，如 Oracle，SyBase，INGRE，Infomax 等。无论是微机数据库管理系统，还是大型数据库管理系统,使用都非常方便,功能很强,与其他系统有很强的兼容性。使用这类开发工具进行程序设计时只需回答"做什么",不需说明"怎么做",这样大大降低了编程工作的复杂程度,提高了编程工作的效率。数据库管理系统类开发工具一般应用于管理软件和数据处理软件的开发。

3. 可视化编程类

前面提到 Visual Basic 开辟了可视化程序设计的先河,以它为代表的一批可视化、面向对象的开发工具应运而生。如 FoxPro,Visual Basic,Visual C++ ,Power Builder 等。这类开发工具的特点是利用图形工具和可重用部件来交互地编制程序,它们提供了大量的生成器,如屏幕生成器、报表生成器、综合程序生成器等,可以帮助生成各种程序模块,是一种面向对象的综合系统开发工具。可视化编程开发工具一般应用于管理软件和数据处理软件的开发。

4. 专业系统类

专业系统类开发工具是在可视化、面向对象的开发工具基础上发展起来的;它不但具有这些工具的功能,而且更加综合化、图形化,因而使用起来更加方便。目前专业系统类开发工具主要有 Excel,SDK,SQL,OPS 等。Excel 主要用于经营分析和图形处理,该工具的统计功能很强,使用简单、方便,图形功能也很强;SDK 主要用于帮助开发和生成 C 语言程序模块;SQL可以帮助开发和生成各种复杂的查询模块;而 OPS 能帮助表达知识和建立知识库系统,主要用于知识处理。这类工具最显著的特点是针对性较强,可以帮助用户开发出相对较为深入的信息处理模块。

5. 客户/服务器类

传统的软件开发工具,如编程语言类工具在解决问题时,一般都基于单一的语言来编制众多的模块来综合解决问题。这种解决问题的思路在人工编制程序时代是无可非议的,因为使用同一种工具可以减少用户在掌握、使用和维护、连接等方面的难度。但是到了机器自动编程及综合开发生成系统的时代却遇到了问题。如要想让机器编程,编程人员在设计系统时就必须要考虑每一个模块的各种可能性,这样就使得工具越做越大,越做越难。解决这个问题的最好方法是借助客户/服务器工具。

客户/服务器工具解决问题的思路很简单,它就是在原有开发工具的基础上,将原有工具改变为一个个既可被其他工具调用,又可调用其他工具的"公共模块"。这样今后系统的开发工作就可以不限于一种语言、一类工具,而是综合使用各类工具的长处,更快、更好地实现一个应用系统。例如,在 Visual Basic 应用程序模块中可以通过 ADO 直接调用 Access,这时Visual Basic 应用程序模块是客户,Access 应用程序是服务器,利用两者的综合,实现一个实际应用系统的功能。由于客户/服务器类工具的这种关系非常类似于在日常生活中人人都是用户,同时人人又都是服务者的关系,因此,被广泛地应用于开发工具、程序设计、网络软件调用等各个方面。另外在整个系统结构方面,客户/服务器继承了传统分布式系统的思想,并产生了前台和后台作业的方式,减轻了网络的压力,提高了系统运行的效率。

目前市场上的客户/服务器类工具主要有 FoxPro,Visual Basic,Visual C++ ,Excel,Powerpoint,Word 及 Borland International Inc. 公司的 Delphi Client/Server,Powersoft Corp. 公司的 Power Builder Enterprise,Sysmantec Corp. 公司的 Team Enterprise Developer 等。这

类工具最显著的特点就是它们之间相互调用的随意性。另外,像 Delphi Client/Server,Power Builder Enterprise 和 Team Enterprise Developer 等工具,都是面向对象的工具,功能很强,能够支持 SQL 等对各种大型数据库管理系统的数据操作,所开发的系统能够实现客户/服务器类型的程序调用关系,一般应用于管理软件、数据处理和网络系统的开发。

作为开发人员,应了解常用的软件开发工具,这样才便于选择。当然在选择软件开发工具时,首先要根据系统所处理问题的性质来选择软件开发工具的类型,然后在同类型的软件开发工具中再选择最合适的。需要考虑的要素主要有:性能、环境要求、系统风格、适应性、接口能力、流行性、先进性、可维护性等。此外,还要根据使用系统的人员所具备的技术的实际情况,选择用户较为熟悉,或易于学习、易于应用的开发工具,便于用户日后的维护。

✎ 7.5 系 统 测 试

任何软件,尤其是管理信息系统,不可能没有任何错误。软件是否存在着问题,只有通过调试和测试才能确认。调试和测试的目的都是为了找出程序中的错误,但调试一般由系统开发人员来承担,它是一种主动性的工作;而测试往往由专门的测试人员来进行,测试的目的是为了证明程序有错。因此,调试和测试的概念有所不同。本节将对程序调试和系统测试等问题进行讨论。

7.5.1 程序调试

程序调试的含义就是从表明程序中存在错误的某些迹象开始,确定错误位置,分析错误原因,并改正错误。调试是程序设计人员希望将其所编写的程序中的错误找出来,使其正确地运行的一种主动工作。

1. 调试方法

如何在浩如烟海的程序中找出有错误的语句,这是调试过程中最关键的问题。下面介绍的方法可以帮助确定错误的位置。

(1) 试探法

这种方法的思路是先分析错误的表现形式,猜想程序故障的大致位置,然后使用一些简单、常用的纠错技术,获取可疑区域的有关信息,判断猜想是否正确,经过多次试探,找到错误的根源。这种方法与个人经验有很大关系。因为效率比较低,这种方法只适合于小程序。

(2) 跟踪法

跟踪法分正向跟踪和反向跟踪。正向跟踪的思路是沿着程序的控制流,从头开始跟踪,逐步检查中间结果,找到最先出错的地方;反向跟踪的思路是从发现错误症状的地方开始回溯,即人工沿着程序的控制流往回追踪程序代码,一直到找出错误的位置或确定故障的范围为止。这种方法对于小程序而言是一种比较好的调试方法,往往能把故障范围缩小在程序的一小段代码中。当程序规模较大时,回溯的路径数目很多,因此,彻底回溯就变成完全不可能的了。

(3) 对分查找法

若已知每个变量在程序内若干个关键点的正确值,则可以用赋值语句输入这些变量的正确值,然后检查程序的输出。如果输出结果正确,则故障在程序的前半部分,否则故障在程序的后半部分。对于程序中有故障的部分重复使用这个方法,直到把故障范围缩小到容易诊断的程序为止。这种方法无论是大程序,还是小程序都是非常适合的。

(4)归纳法

这种方法是从错误征兆出发,通过分析这些征兆之间的关系而找出错误。具体做法是:首先收集有关数据,即列出已经知道的关于程序哪些部分做得对,哪些部分做得不对的一切数据;其次研究数据之间的关系,分析出错的规律,在这一步中特别重要的是发现矛盾,即什么条件下出现错误,什么条件下不出现错误;然后通过分析出的出错规律,提出关于故障的一个或多个假设;最后证明假设,若假设能解释原始测试结果,说明假设得到证实,否则重新分析,提出新的假设,直到最终发现错误原因。归纳法步骤如图7.2所示。

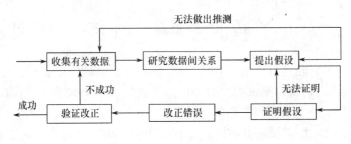

图7.2　归纳法步骤

(5)演绎法

这是从一般原理或前提出发,经过删除或精化的过程推导出结论的一种调试方法。这种方法的思路是首先列出所有可能成立的原因或假设,然后一个一个地排除列出来的原因,最后证明剩下的原因确实是错误的根源。其具体的步骤如图7.3所示。

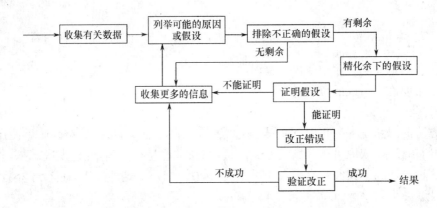

图7.3　演绎法步骤

2. 调试步骤

系统调试大致经过程序调试、联合调试和系统调试3步,如图7.4所示。

(1)程序调试

程序调试包括正确性调试和使用简便性调试等。正确性调试主要是利用前面介绍的调试方法排除程序中的错误,保证程序的正确性;使用简便性调试主要从程序的易操作性上进行调试,如果程序对使用者过于苛刻,不容易操作,就应该在调试时及时指出并加以纠正。

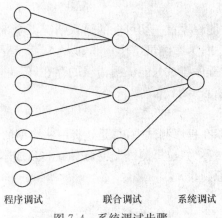

程序调试   联合调试   系统调试

图 7.4   系统调试步骤

（2）联合调试

联合调试是在每个独立程序调试完成后，将几个密切相关的程序组合在一起进行联调。这一步工作的重点主要是调试接口、检查接口是否匹配、通信规则是否合理。

（3）系统调试

系统调试主要检查各子系统之间的接口是否正确合理，系统运行功能是否达到系统目标的要求，系统遭到破坏后能否按要求恢复。在对系统进行调试时必须做好充分准备。参加调试的人员应包括系统分析员、系统设计员、程序设计员及系统使用人员。大家在一起讨论，明确总的要求，提出自己关心的问题，由系统分析员汇总，得到统一后，再由系统设计人员提出调试方案。

7.5.2 系统测试

测试是为了发现程序和系统中的错误而执行程序的过程。它的目标是在精心控制的环境下，通过系统的方法来检查程序，以便发现程序中的错误。测试工作是保证系统质量的关键，也是对系统最终的评审。尽管系统开发的每个阶段都采取了严格的评审制度来保证各阶段的质量，但也难免遗留各种各样的问题，如果没有在投入运行前的系统测试中被发现并纠正，问题迟早会在运行中暴露出来，到那时要纠正错误将会付出更大的代价。因此，测试工作展开的好坏将直接影响系统的质量和可靠性。

1. 测试特点

测试不仅是为了发现容易发现的错误和问题，更重要的是为了发现不易发现和从未发现的错误和问题。与系统开发的其他阶段相比，测试具有特殊的性质，主要表现在以下 4 个方面。

（1）挑剔性

测试是对质量的监督和保证，所以"挑剔"和"吹毛求疵"应成为测试人员奉行的信条。只有抱着为证明程序有错的目的去测试，才能把程序中潜在的大部分错误找出来。

（2）复杂性

一个好的测试用例（测试时选用的例子）是指这个测试用例发现一个尚未发现的错误的概率很高。有些人错误的认为开发程序是困难的，而测试程序则比较容易。事实上，设计测试用例是一项需要细致和高度技巧的复杂工作，稍有不慎就会顾此失彼，发生不应有的疏漏。因此，通常需要由非常有经验的人员承担。

（3）不彻底性

所谓彻底测试就是让被测程序在一切可能的输入情况下全部执行一遍，这种测试也被称为"穷举测试"。在实际测试中，穷举测试工作量非常大，实际上是行不通的，这就注定了测试的不彻底性。曾有人提出："程序测试只能证明错误的存在，但不能证明错误的不存在。"这句话正说明了测试的这一特点。

（4）经济性

因穷举测试行不通，所以在程序测试中，总是选择一些典型的、有代表性的测试用例，进行有限的测试，通常把这种测试称为"选择测试"。测试的越多，成本也就越高，因此选择测试用例时，应注意遵守"经济性"原则。

2. 测试基本原则

由于测试工作具有复杂性、不彻底性，其综合性强，技术含量高，还要求测试者具有丰富的经验，因此，测试工作需要一定的原则。

（1）测试队伍的建立

由于开发人员调试程序和测试人员测试程序在思想、方法和工作特点上都有所不同，要让程序人员找出自己程序中的错误，往往比较困难。如有些习惯性的错误自己不易发现，如果对功能理解有误，自己也不易纠正。因此，为了保证测试的质量，应分别建立开发和测试队伍。

（2）测试用例的设计

测试用例应包括输入数据和预期的输出结果两部分。设计测试用例时，要考虑测试用例的可操作性、有效性、效率和成本等因素。程序运行测试用例所产生的各种结果或测试数据应该能够便于分类整理，形成详细的文字记录和实验报告，并存入系统程序文档中。

（3）测试数据的选择

测试用例中测试数据的选择要覆盖各种可能的情况，不仅要选择合理的、期望的输入数据作为测试用例，而且应该选择一些不合理的和非期望的输入数据作为测试用例。

（4）测试功能的确定

测试程序或系统时，既要检查其是否完成了它应该做的工作，又要检查它是否还做了它不应做的事情。

（5）测试文档的管理

测试文档的管理主要包括测试用例和测试结果的保存和管理，这是一个非常重要的问题，应引起开发人员和用户的重视。

3. 测试文档

为了保证测试的质量，在测试过程中必须编制测试文档。测试文档主要包括测试计划及测试报告两方面的内容。

测试计划的主体是"测试内容说明"，它包括测试项目的名称、各项测试的目的、步骤和进度及测试用例的设计等。

测试报告的主体是"测试结果"，它包括测试项目的名称，实测结果与期望结果的比较，发现的问题及测试达到的效果等。

一个程序所需的测试用例可以定义为：

$$测试用例＝\{测试数据＋期望结果\}$$

式中，{}表示重复，它表明测试一个程序要使用多个测试用例，而每一个测试用例都应包括一组测试数据和一个相应的期望结果。如果在期望结果后面加上"实际结果"，就成为测试结果。

$$测试结果＝\{测试数据＋期望结果＋实际结果\}$$

由此可见，测试用例不仅是连接测试计划与报告的桥梁，也是测试的中心内容。

4. 测试步骤

测试主要分为模块测试、集成测试、系统测试和验收测试 4 步，每一步都是在上一步的基础上进行的。

（1）模块测试

模块测试是对单个模块进行的测试，目的是通过根据模块的功能说明，检验模块是否有错误，以保证每个模块作为一个单元能够正确运行。通常情况下模块测试的方案设计比较容易，发现的错误主要是编码和详细设计方面的错误。应该说，模块测试比系统测试更容易发现错误，能更有效地进行排错处理，是系统测试的基础。

（2）集成测试

集成测试是将经过模块测试的模块按照设计要求组装起来形成一个子系统进行测试，主要目标是发现与接口有关的问题，如数据穿过接口时可能的丢失；一个模块对另一个模块可能造成的有害影响；把子功能组合起来可能不能实现预期的主功能；个别看起来是可以接受的误差，组合起来可能积累到不能接受的程度；全程数据结构可能有错误等。

（3）系统测试

系统测试是把经过测试的子系统装配成一个完整的系统来进行测试。系统测试主要解决各子系统之间的数据通信、数据共享等问题，测试系统是否满足用户要求。在这个测试过程中，不仅要发现设计和编码的错误，还应该验证系统确实能提供的功能，全面考查系统是否达到了系统的设计目标。系统测试可以发现系统分析和设计遗留的未解决的问题。

（4）验收测试

在系统测试完成后，要进行用户的验收测试。验收测试把系统作为单一的实体进行测试，测试内容与系统测试基本一样，但是它是在用户积极参与下进行的，而且主要使用实际数据（系统将来要处理的数据）进行测试。验收测试的目的是验证系统确实能够满足用户的需求，同时考查系统的可靠性和运行效率。

经过上述的测试过程，软件就基本满足开发的要求，测试宣告结束，经验收后，将软件提交给用户。

5. 测试方法

在当今的系统测试活动中，人们使用着不同的测试，每种测试的思路和出发点不同，所具有的方法和手段也有所不同。总体来说测试包括静态测试和动态测试两种。

（1）静态测试

静态测试是通过被测程序的静态审查，发现代码中潜在的错误，它一般用人工方式脱机完成，故也称为人工测试。人们往往不重视静态测试，认为只有动态测试才能找出程序中的错误，事实上这种看法是不对的。经验证明，静态测试可以找出动态测试无法查出的错误。

（2）动态测试

动态测试是通过在计算机上直接运行被测程序，来发现程序中的错误。动态测试包括黑盒测试和白盒测试两种。

黑盒测试也称功能测试,这种方法是将程序看做一个黑盒子,测试人员完全不考虑程序内部的逻辑结构和内部特性,只依据程序的需求规格说明书,检查程序的功能是否符合它的说明,因此黑盒测试又称功能测试或数据驱动测试。黑盒测试的目的是为了发现以下几类错误:

- 是否有不正确或遗漏的功能?
- 在接口上,输入信息是否能被正确地接收?能否输出正确的结果?
- 是否有数据结构错误或外部信息访问错误?
- 性能上是否能够满足预定要求?
- 是否有初始化或终止性错误?

白盒测试是对软件的过程性细节做细致的检查。这种方法是将程序看做一个打开的盒子,它允许测试人员利用程序内部的逻辑结构及有关信息,设计和选择测试用例,对程序所有逻辑路径及过程进行测试。通过在不同点检查程序状态,确定实际状态与预期状态是否一致、是否相符,因此,白盒测试也称为结构测试或逻辑驱动测试。白盒测试主要对程序模块进行如下检查:

- 对程序模块的所有独立的执行路径至少测试一遍;
- 对所有的逻辑判定,取"真"与取"假"的两种情况都至少测试一遍;
- 在循环的边界和运行的界限内执行循环体;
- 测试内部数据结构的有效性。

粗看起来,不论采用上述哪种测试方法,只要对每一种可能的情况都进行测试,就可以得到完全正确的程序。包含所有可能情况的测试称为穷举测试。但事实上,穷举测试是不可能做到的,所以软件测试不可能发现程序中的所有错误,也就是说,通过测试并不能证明程序是完全正确的。

6. 测试用例的设计

既然测试工作不可能采用穷举测试方法,那么测试用例的选择就是测试的关键问题。好的测试用例应以尽量少的测试数据发现尽可能多的错误。前面提到的白盒测试和黑盒测试是设计测试用例的两种常用的方法。其中,白盒测试包括语句覆盖、判断覆盖、条件覆盖、条件组合覆盖及路径覆盖等方法;黑盒测试包括等价分类法、边界值分析法及错误推测法等方法。下面将分别介绍这几种设计测试用例的方法。

(1) 语句覆盖法

一般来说,程序的某一次运行并不一定执行其中的所有语句。因此,如果某个语句有错,但在程序运行时没有被执行,那么这个错误就不可能被发现。为了尽可能多地发现错误,应在测试中执行程序中的每一条语句。语句覆盖就是要选择这样的测试用例,使得程序中的每个语句至少能执行一次。

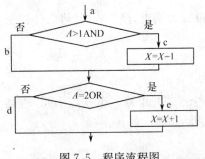

图 7.5 程序流程图

例如,有如下一段程序,其流程如图 7.5 所示。

```
* P. PRG
  PARA  A,B,X
  IF A>1 AND B=0
  X=X-1
```

```
        ENDIF
        IF A=2 OR X>1
        X=X+1
        ENDIF
        RETURN
```

在测试这段程序时,为了能使每个语句都执行一次,程序的执行路径应该是 ace,选择 $A=2,B=0,X=4$ 这组测试数据,就可以达到语句覆盖的标准。语句覆盖对程序的逻辑覆盖较少,如在这个例子中,两个判断条件都只测试了条件为真的情况。如果条件为假时,处理有错误,显然不能发现。此外,语句覆盖只关心判断表达式的值,而没有分别测试判断表达式中每个条件取不同值时的情况。如果第一个判断表达式中的"AND"错误地写成了"OR",或把第二个判断表达式中的条件"$X>1$"误写成"$X<1$",使用这组测试数据并不能查出这些错误。因此,语句覆盖实际上是功能很弱的一种覆盖,利用这种测试方法,上述提到的这些错误是不太容易被发现的。

(2)判断覆盖法

判断覆盖法是指设计测试用例使程序的每个分支路径最少被检查一次,即使程序中每个判断至少都获得一次"真"值和"假"值。对于上述例子来说,要实现这种覆盖,程序的执行路径和覆盖这些路径应使用的测试数据如表 7.1 所示。

判断覆盖的测试比语句覆盖强,如果每个分支都执行过了,则每个语句也就执行过了,但是对程序逻辑的覆盖率仍然不高。例如,表中的测试数据只覆盖了程序全部路径的一半,也未能检查 abd 执行时,X 的值是否保持不变。

(3)条件覆盖法

条件覆盖法指执行足够多的测试用例,使得判断中的每个条件获得各种可能的结果。图 7.5 的例子中有两个判断表达式、4 个条件:$A>1,B=0,A=2,X>1$,第一个判断表达式的所有条件和取值与第二个判断表达式的所有条件和取值如表 7.2 所示。

表 7.1 判断覆盖示例

序号	测试数据	覆盖路径
1	$A=3$ $B=0$ $X=1$	acd
2	$A=2$ $B=1$ $X=3$	abe

表 7.2 判断条件及其取值

条件	判断条件	取值	条件记为
条件 1	$A>1$	T	T1
	$A\leqslant1$	F	F1
条件 2	$B=0$	T	T2
	$B\neq0$	F	F2
条件 3	$A=2$	T	T3
	$A\neq2$	F	F3
条件 4	$X>1$	T	T4
	$X\leqslant1$	F	F4

要实现条件覆盖,程序的执行路径和覆盖这些路径应使用的测试数据如表 7.3 所示。

表 7.3 条件覆盖示例

序号	测试用例	覆盖路径	条件记为			
1	$A=2,B=0,X=4$	abe	T1	T2	T3	T4
2	$A=1,B=1,X=1$	abd	F1	F2	F3	F4
3	$A=2,B=0,X=1$	acd	T1	T2	T3	F4
4	$A=1,B=1,X=2$	abe	F1	F2	F3	T4

一般来说,条件覆盖比判断覆盖要求严格,因为判断覆盖的对象是每个判断结果,而条件覆盖考虑每个判断中的每个条件。但是,由于条件覆盖分别考虑每个条件而不管同一判断中诸条件的组合情况,因此,测试用例有可能满足条件覆盖的要求,但不满足判断覆盖的要求。例如,$A=1,B=0,X=3$ 和 $A=2,B=1,X=1$ 这两组测试数据就属于这种情况。

表7.4　8种条件组合

序号	条件组合	序号	条件组合
1	$A>1,B=0$	2	$A>1,B\neq0$
3	$A\leqslant1,B=0$	4	$A\leqslant1,B\neq0$
5	$A=2,X>1$	6	$A=2,X\leqslant1$
7	$A\neq2,X>1$	8	$A\neq2,X\leqslant1$

(4) 条件组合覆盖法

条件组合覆盖法是指在设计测试用例时,要使得判断中每个条件的所有可能取值至少出现一次,并且每个判断本身的判断结果也至少出现一次。在本例中,共有8种条件组合,如表7.4所示。其中,5～8中的 X 值在第二个判断表达式之前是要经过计算的,所以还必须根据程序的逻辑推算出在程序的入口点 X 的输入值应是什么。表7.5中的4个测试数据可满足上述8种条件组合覆盖的要求,能够覆盖的路径如表7.5所示。

表7.5　条件组合覆盖示例

序号	测试数据	覆盖路径	覆盖条件组合
1	$A=2,B=0,X=4$	ace	1, 5
2	$A=2,B=1,X=1$	abd	2, 6
3	$A=1,B=0,X=2$	abe	3, 7
4	$A=1,B=1,X=1$	abd	4, 8

显然满足条件组合覆盖的测试数据,也一定满足判断覆盖、条件覆盖标准。因此,条件组合覆盖是前述几种覆盖方法中最强的,但仍不一定能使程序中的每条路径都能执行到。例如,路径 acd 就没有执行。从上述讨论中可以看出,测试数据可以检测的程序路径的多少,也反映了对程序测试的详尽程度。

(5) 路径覆盖法

路径覆盖法是指在设计测试用例时,使它覆盖程序中所有可能的路径。在本例中,有4条可能的路径,能覆盖这些路径的测试数据如表7.6所示。

表7.6　路径覆盖示例

序号	测试数据	覆盖路径	序号	测试数据	覆盖路径
1	$A=1,B=1,X=1$	abd	2	$A=2,B=0,X=4$	ace
3	$A=1,B=1,X=2$	abe	4	$A=3,B=0,X=1$	acd

路径覆盖的测试功能很强,它保证了程序中每条可能的路径都至少执行一次,因此其测试数据更具有代表性,暴露错误的能力也更强。但它没有检验表达式中条件的各种可能的组合情况。如果把路径覆盖与条件组合覆盖两种方法结合起来,就可以设计出检测能力更强的数据。但也有一个问题值得注意,由于实际应用中程序的路径数据可能是比较庞大的,覆盖所有路径一般比较困难。

上述介绍的5种方法都属于白盒测试。与白盒测试相反,黑盒测试把程序看成一个黑盒子,完全不考虑程序的内部结构和处理过程。它只检查程序功能是否能按照系统分析报告和系统设计报告中的规定正常使用,程序是否能接收输入的数据,产生正确的输出信息,并保持外部信息的完整性。下面将要介绍的方法均属于黑盒测试。

（6）等价分类法

前面曾提到，在测试中只要对每种可能的情况都进行测试，就可以得到完全正确的程序，这种测试称穷举测试。黑盒测试如果采用了这种测试就必须使用所有可能的输入数据来测试程序，显然这是不现实的。因此，只能选取少量最有代表性的输入数据，以期用较小的代价暴露出较多的程序错误。

等价分类法可以做到这一点，所谓等价分类法，实质上就是将输入数据的可能值分成若干个"等价类"，并假定每一类有一个代表性的值在测试中的作用等价于这一类中的其他值，即如果某一类中的一个例子发现了错误，这一等价类中的其他例子也能发现同样的错误；反之，如果某一类中的一个例子没有发现错误，则这一类中的其他例子也不会查出错误。等价分类法是将被测程序输入数据的可能值划分为若干个等价类，使每类中任何一个测试用例都能代表同一等价类中的其他测试用例。使用等价分类法时，首先需要划分输入数据的等价类，为此需要研究程序的功能说明，从而确定输入数据的有效等价类和无效等价类。在确定输入数据的等价类时，常常还需要分析输出数据的等价类，以便根据输出数据的等价类导出对应的输入数据等价类。使用等价分类法设计测试用例的步骤如下：

① 划分等价类。

② 为每个等价类编号。

③ 设计一个新的测试用例，使它能包括尽可能多的尚未被包括的合理等价类。重复做这一步，直到这些测试用例已包括所有的合理等价类为止。

④ 设计一个新的测试用例，使它包括一个尚未被包括的不合理等价类，重复做这一步，直到测试用例已包括所有的不合理等价类为止。

划分等价类在很大程度上是试探性的，需要经验的积累，下面几点可供参考：

① 如果规定了输入值的范围（如 1～200），则可划分一个合理等价类（≥1 且≤200 的数）和两个不合理的等价类（<1 及>200 的数）。

② 如果规定了输入数据的个数（如每个学生可以选修 1～6 门课程），则可划分一个合理的等价类（选修 1～6 门课程）和两个不合理等价类（符合规则）及若干个无效等价类（从不同角度违反规则）。

③ 如果规定了输入数据必须遵循的原则，则可以划分出一个有效等价类（符合规则）及若干个无效等价类（从不同角度违反规则）。

④ 如果规定了输入数据的一组值，且程序对不同输入值做不同处理，则每个允许的输入值就是一个有效的等价类，此外，还有一个无效的等价类（任一不允许的输入值）。

⑤ 如果规定了输入数据为整数，则可以划分出正整数、零、负整数 3 个有效等价类。

（7）边界值测试法

经验表明，程序往往在处理边界情况时容易出现错误，例如，在数组容量、循环次数及输入/输出数据的边界值附近，程序出错的概率往往比较大。所以，检查边界情况的测试用例是比较高效的。边界值测试法与等价分类法的主要差别在于：边界值测试法不是从一个等价类中任选一个测试用例为代表，而是选一个或几个测试用例，使得该等价类的边界情况成为测试的主要目标；边界值测试不仅注意输入条件，它还根据输出的情况设计测试用例。使用边界值测试法首先是确定边界情况，通常输入等价类和输出等价类的边界，着重测试程序的边界情况。选取的测试用例应该刚好等于、刚好小于或大于边界值。

（8）错误推测法

使用边界值测试和等价分类方法，可以设计出具有代表性的、容易暴露程序错误的测试用例,但不同类型不同特点的程序,通常又有一些特殊的容易出错的情况。此外,有时分别使用每组测试数据时,程序能正常工作,这些输入数据的组合却可能检测出程序的错误。因此,测试人员必须依靠其经验和直觉从各种可能的测试方案中选出一些最可能引起程序出错的方案。例如,对一个数据库表进行操作,其需要特别检查的情况应有:

① 数据库表为空的情况;

② 表中只有一条记录的情况。

最后用一个简单例子,来说明如何使用黑盒测试方法设计测试用例。假设有一个程序,其功能是:输入表示三角形边长的3个整数,即可判断出构成何种三角形。

综合使用边界值测试、等价分类和错误推测等方法测试该程序时,应从11种情况进行测试,并根据需要测试的情况设计出相应的测试用例,表7.7显示了测试该程序的测试方案。

测试应该是有实效性的,也就是说,应该使测试是成功的,同时又是迅速的。所以,设计测试用例、确定测试方法与手段及测试管理是非常重要的工作。

表 7.7 黑盒测试法示例

测 试 功 能	测 试 数 据		
	a	b	c
正常的不等边三角形	8,10,12	8,12,10	10,12,8
正常的等边三角形	10,10,10	—,—,—	—,—,—
正常的等腰三角形	10,10,17	10,17,10	17,10,10
退化的三角形	10,5,5	5,10,5	5,5,10
非三角形	10,10,21	10,21,10	21,10,10
一条边数据为0	0,10,12	12,0,10	12,10,0
两条边数据为0	0,0,17	0,17,0	17,0,0
三条边数据为0	0,0,0	—,—,—	—,—,—
输入数据不全	—,—,—	—,—,—	—,—,—
	10,—,—	—,10,—	—,—,10
	8,10,—	10,—,8	—,8,10
输入数据中包含负整数	−3,4,5	−3,5,4	4,5,−3
无效输入	A,B,C	—,—,—	—,—,—
	=,+,*	—,—,—	—,—,—
	8,10,A	8,A,10	A,10,8
	7E3,10.5,A	10.5,7E3,A	A,10.5,7E3

7.6 系 统 转 换

系统实施的最后一步,就是新系统的试运行和新老系统的转换。它是系统调试和测试工作的延续,它是一项很容易被人忽视,但对最终使用的安全性、可靠性、准确性来说又十分重要的工作。本节将重点介绍系统转换的主要方式和工作内容。

7.6.1 系统转换的主要方式

系统测试通过以后,还不能马上投入运行,还存在一个新老系统转换的问题。系统转换是指以新系统代替老系统的过程。系统转换是一个渐变的过程,转换方式主要有4种。

1. 直接转换

直接转换就是在确定新系统运行准确无误时,立刻启用新系统,终止老系统运行,如图 7.6 所示。这种转换方式简单、费用小,但风险大。因为新系统没有试用过,很可能出现预料不到的问题,一旦出现问题,会造成巨大的损失。因此采用这种方式时,应采取一些预防措施,例如,老系统保持在随时可以启动的状态,以便一旦新系统出现问题,老系统尚能顶替工作。这种转换方式一般适用于一些处理过程不太复杂、数据不很重要的系统。

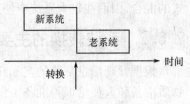

图 7.6　直接转换

2. 并行转换

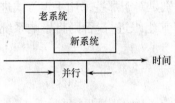

图 7.7　并行转换

这种转换方式是新老系统并行工作一段时间,经过一段时间的考验以后,新系统正式替代老系统,如图 7.7 所示。

对于较复杂的大型系统,它提供了一个与老系统运行结果进行比较的机会,可以对新老系统的时间要求、出错次数和工作效率给以公正的评价。当然,由于与老系统并行工作,消除了尚未认识新系统之前的惊慌与不安。在银行、财务和一些企业的核心系统中,这是一种经常使用的转换方式。它的主要特点是安全、可靠。但在并行期间,这种转换方式不仅需要双份的人力、物力进行工作,而且还要有附加的工作人员对两个系统的运行情况进行核对与检查,因此费用和工作量都很大。对于许多单位来说,负担比较大,难以承受。

3. 试运行转换

这种转换方式类似于并行转换。在试运行期间,老系统照常运行,新系统只承担部分工作,处理少量业务,当对每个部分的试运行都感到满意后,再全面运行新系统,停止老系统的运行,如图 7.8 所示。

例如,在库存管理工作中,先运行入库管理业务,以后再逐步扩大到出库管理、库存控制等业务。试运行转换与并行转换的不同是在并行运行期间,前者只运行新系统的部分功能,而后者是运行全部功能。这样可以节省费用,减少工作量。

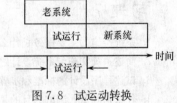

图 7.8　试运动转换

4. 逐步转换

这种转换方式实际上是直接转换和并行转换两种方式的结合。在新系统正式运行前,一部分一部分地替代老系统。如图 7.9 所示。

一般在转换过程中没有正式运行的那部分,可以在一个模拟环境中进行考查。这种方式既保证了可靠性,又节省费用。但是这种逐步转换对系统的设计和实现都有一定的要求,否则就无法实现这种逐步转换的设想。

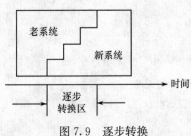

图 7.9　逐步转换

总之,第一种方式简单,但风险大,万一新系统运行不起来,就会给工作造成混乱,这只在系统小,且不重要或时间要求不高的情况下采用。第二种方式无论从工作安全上,还是从心理状态上均是较好的,这种方式的缺点就是费用大,所以系统太大时,费用开销更大。第四种方式是第一种和第二种方式的混合,因而在较大系统中使用较合适。

7.6.2 系统转换的主要工作

根据管理信息系统的实际开发和应用情况,确定了系统转换的方式后,除做好组织准备、物质准备和人员培训等准备工作外,还应进行数据准备和系统初始化等工作。

1. 数据准备

数据准备是从老系统中整理出新系统运行所需的基础数据和资料,即把老系统的数据整理成符合新系统要求的数据,其中包括历史数据的整理、数据口径的调整、数据资料的格式化、分类和编码、统计口径的变化、个别数据及项目的增删改等。特别是对于那些采用手工方式进行信息处理的老系统,这个数据准备的工作量是相当大的,应提前组织进行,否则将影响系统转换的进程。

2. 系统初始化

管理信息系统从开发完成到投入使用必须经过一个初始化的过程。系统初始化主要包括对系统的运行环境和资源进行配置、运行和控制参数设定、数据加载及调整系统与业务工作等内容。其中,数据加载是工作量最大且时间最紧迫的工作。因为大量的原始数据需要一次性地输入到系统中,而企业生产或管理业务活动还在不断产生新的数据,这些数据也需要及时输入系统;如果不能在有限时间内将数据输入完毕并启动系统,那么新的数据变化就会造成系统中的数据失效;另外,加载的数据一般都是通过手工输入到系统中,输入的正确与否也直接影响到系统的运行。因此,数据加载是启动系统的先决条件,其工作量大、要求高,应予以高度重视。

习题 7

1. 系统实施的主要任务是什么?
2. 简述系统实施与系统设计之间的联系。
3. 试述程序设计的标准和步骤。
4. 什么是调试? 调试的目的是什么? 可以使用的方法有哪些?
5. 调试与测试有何区别?
6. 什么是测试? 成功的测试是否指从被测试软件中没有找到错误,从而说明软件中无潜在的错误存在,请说明你的看法。
7. 简述系统测试的步骤和方法。
8. 一个测试用例包括哪两部分?
9. 试述测试中应遵循的基本原则,用你的体会说明这些原则的意义。
10. 黑盒测试包括哪些内容?
11. 白盒测试包括哪些内容?
12. 在使用白盒测试法进行测试时,穷举测试是否能够保证程序 100% 的正确?
13. 系统转换有几种方式? 各自的特点是什么? 实际应用中应如何选择?

第8章 系统维护与评价

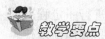

教学要点

管理信息系统经过转换并交付使用后,便开始了系统开发生命周期的最后一个阶段——维护与评价阶段。这是一个极为重要的阶段,对于具体的系统来说,这个阶段的长短在很大程度上取决于维护工作的好坏。维护工作不仅是保证系统正常使用的手段,而且是派生新系统的重要途径。严格地说,没有有效的系统维护就没有管理信息系统本身,而对系统的评价,则贯穿于系统开发过程的始终。本章主要介绍系统维护的内容、类型和管理,系统评价的内容和评价体系,同时还讨论有关信息系统的安全问题。

本章主要内容有:

(1) 系统维护的内容、类型和管理;

(2) 系统评价的内容和评价体系;

(3) 软件复用的概念和思想;

(4) 信息系统安全的内容、措施等。

8.1 系 统 维 护

管理信息系统不同于其他产品,它不是"一劳永逸"的最终产品,它有"样品即产品"的特点,它需要在使用中不断地完善。在系统开发中,虽然开发人员通过精心分析、设计和实施,开发出了符合设计要求的新系统,但难免会有一些不尽如人意的地方,甚至可能还有一些错误,而这些问题只有在实际使用时才会暴露出来。另外,随着管理环境的变化,对管理信息系统也会提出新的要求,只有适应这些要求,管理信息系统才能生存下去。因此,系统维护是系统生存的首要条件。

8.1.1 系统维护的内容

系统维护是为了应付系统的环境及其他因素的变化,保证系统正常工作而采取的一切活动,它包括系统功能的改进和解决在系统运行时发生的一切问题和错误。

1. 程序的维护

新系统的业务处理过程是通过运行程序来实现的,如果在运行系统的过程中,程序出现了问题或业务发生了变化或用户提出了新的需求,都需要对所使用的程序进行修改和调整。因此,系统维护的主要内容是对程序进行维护。

2. 数据的维护

数据是管理信息系统中的宝贵财富,数据的丰富和新鲜程度是管理信息系统好坏的重要指标,也是决定性的指标。数据要不断更新和补充,数据库文件的结构也必须得到有效的维护。在当今激烈的竞争中,企业的生存环境不断地变化,为了适应这种变化,企业要不断地改变经营策略,调整业务处理过程。当业务处理过程发生变化时,需要重新建立相应的数据文件,或修改现有文件的结构,这些是数据维护的主要内容。

3. 代码的维护

随着系统应用环境的变化和应用范围的扩大,系统中的各种代码都需要进行一定程度的增加、修改和删除,需要设置新的代码体系。代码维护工作中,最困难的工作是如何使新代码得到贯彻。因此,各个部门要有专人来负责代码管理工作。

4. 设备的维护

主要包括计算机系统、计算机配套设备的日常管理和维护,一旦机器发生故障,要有专门人员进行修理,保障系统的正常运行。另外,随着业务的不断扩展,有时还要对硬件设备进行调整和补充。

8.1.2 系统维护的类型

系统维护的主要工作是对程序的维护。由于对程序维护的原因、要求和性质不同,维护工作分为 4 种,即纠错性维护、适应性维护、完善性维护和预防性维护。

1. 纠错性维护

这是由于发现系统中的错误而引起的维护。由于系统测试不可能发现系统中存在的所有问题,因此,在系统投入使用后的实际运行过程中,系统内隐藏的错误就有可能暴露出来,诊断和修正这些错误,是纠错性维护的主要工作内容。

2. 适应性维护

这是为了适应外界环境的变化而增加或修改系统部分功能的维护。由于计算机科学技术的迅速发展,硬件的更新周期越来越短,新的操作系统和原来的操作系统的新版本不断推出,外部设备和其他系统部件经常有所增加和修改,这就必然要求管理信息系统能够适应新的软、硬件环境,以提高系统的性能和运行效率。另一方面,管理信息系统的应用对象也在不断发生变化,机构的调整、管理体制的改变、数据与信息需求的变更也要求管理信息系统去适应各方面的变化,以满足用户的实际需求。因此,为了适应这些变化,需要对管理信息系统进行必要的适应性维护。

3. 完善性维护

这是为改善系统功能或适应用户需要而增加新的功能的维护。在使用系统的过程中,用户往往要求扩充原有系统的功能,提高其性能,如增加数据输出的图形方式、增加在线帮助功能、调整用户界面等。尽管这些要求在原来系统开发的设计报告中并没有,但用户要求在原有系统基础上进一步改善和提高,并随着用户对系统的使用和熟悉,这种要求将不断被提出。这类维护工作占整个维护工作的绝大部分。

4. 预防性维护

系统维护工作不应总是被动地等待用户提出要求后才进行，应进行主动的预防性维护，即选择那些还有较长使用寿命，目前尚能正常运行，但可能将要发生变化或调整的系统维护，目的是通过预防性维护为未来的修改与调整奠定更好的基础。

根据以往维护工作的统计，在这 4 种维护工作中，一般纠错性维护占整个维护工作的 21%，适应性维护占 25%，完善性维护占 50%，而预防性维护及其他仅占 4%，如图 8.1 所示。可见在系统维护工作中，一半左右的维护工作是完善性维护。

图 8.1　各类维护工作的比例

8.1.3　系统维护的管理

在系统维护的工作中，特别是在进行程序维护、数据维护和代码维护时，由于系统各功能模块之间的耦合关系，可能会出现"牵一发而动全身"的问题，因此，维护工作一定要特别慎重。维护过程本质上是压缩了的系统定义和开发过程，因此，应按照系统开发的步骤进行。与系统分析和设计相比，维护阶段要求对管理、制定计划和系统的评审给予更大的重视，要采取一整套的管理程序，要把它当成一项大工程来看待，要有准备、有计划地进行。

系统维护工作的程序如下：

1. 提出修改要求

由系统操作人员或某业务部门的负责人根据系统运行中发现的问题，向系统主管领导提出具体项目工作的修改申请。申请形式可以是书面报告，也可以填写专门的申请表。这里应注意，修改要求不能直接向程序员提出。

2. 报送领导批准

由系统主管人员负责审批并报领导批准。系统主管人员在进行一定的调查后，根据系统目前的运行情况和工作人员的工作情况，考虑这种修改是否必要、是否可行，并作出是否进行及何时进行修改的明确批复。

3. 分配维护任务

维护工作得到领导批准后，系统主管人员就可以向程序人员或系统硬件人员下达维护任务，并制定出维护工作的计划，明确要求完成期限和复审标准等。

4. 实施维护内容

程序人员和系统硬件人员接到维护任务后，按照维护的工作计划和要求，在规定的期限内实施维护工作。完成维护任务后，要编写系统维护工程完成报告，并上交系统主管人员。

5. 验收工作成果

由系统主管人员对修改部分进行测试和验收。若通过，由验收小组写出验收报告，并将该修改的部分嵌入到系统中，取代原来相应的部分。

6. 登记修改情况

登记所做的修改,并作为新的版本通报用户和操作人员,说明新的功能和修改的地方,使他们尽快地熟悉并使用好修改后的系统。

在维护过程中应实行严格的管理,并从思想上认识系统维护在发挥系统作用中的意义。维护活动的管理包括严格维护申请与审批制度,加强对程序和文档的管理,以及建立维护机构和维护管理文档等工作。这对于避免混乱,防止和缩小维护的副作用,甚至积累维护经验都具有重要意义。此外,要使管理信息系统在企业中充分发挥效益,需要实行某种政策,使维护人员能在技术上、业务上有所长进,又能出色地保证系统高质量地运行。维护阶段也需要必要的经费支持,因为它既有消耗,又伴有新的开发。稳定一支好的维护队伍并支持必要的经费开支的关键,在于领导对管理信息系统意义、作用和规律的认识。没有维护就没有高质量的系统。

8.1.4 软件复用技术

通常在开发企业管理信息系统时,都希望从成功企业的管理模式和业务流程中提炼出精华,体现到管理软件中。这种软件往往大而全,企业在实施时一般要先做业务流程重组,然后再进行企业管理信息系统的开发、安装和调试,因此这种软件对企业的要求比较高。这种系统适应变化的能力较差,无法适应当今社会日新月异的变化趋势,无法使企业在这种形势下保证灵活性,保持企业的竞争力。所以,现在管理信息系统发展的趋势是从庞大的系统转变为模块化的系统,用户可以根据实际的需求进行组合。目前构件技术和软件复用技术是实现复杂系统和可复用系统的关键技术。这些技术将促进软件产业的变革,使软件产业真正走上工程化、工业化的发展轨道。

1. 软件复用的意义

通常情况下,应用软件系统开发过程包含:系统分析、设计、实施和维护。如果每个应用系统的开发都是从头开始,在系统开发过程中就必然存在大量的重复劳动,如用户需求获取的重复、分析和设计的重复、编码的重复、测试的重复和文档工作的重复等。软件复用是在软件开发中避免重复劳动的解决方案,其出发点是应用系统的开发不再采用一切"从零开始"的模式,而是以已有的工作为基础,充分利用过去应用系统开发中积累的知识经验,如需求分析结果、设计方案、源代码、测试计划及测试用例等,从而将开发的重点集中于应用的特有构成成分上。通过软件复用,在应用系统开发中可以充分利用已有的开发成果,消除了包括分析、设计、编码、测试等在内的许多重复劳动,避免重新开发可能引入的错误,从而缩短开发周期,降低开发和维护成本,提高软件开发的效率和质量。

2. 软件复用的概念

软件复用是指在两次或多次不同的软件开发过程中重复使用相同或相似的软件元素的过程。软件元素包括程序代码、测试用例、设计文档、设计过程、需求分析文档,甚至领域知识。对于新的软件开发项目而言,它们或者是构成整个目标软件系统的部件,或者在软件开发过程中发挥某种作用。通常将这些软件元素称为软部件。

为了能够在软件开发过程中复用现有的软部件,必须在此之前不断地进行软部件的积累,并将它们组织成软部件库。这就是说,软件复用不仅要讨论如何检索所需的软部件及如何对它们进行必要的修整,还要解决如何选取软部件、如何组织软部件库等问题。因此,软件复用方法学通常要求软件开发项目既要考虑复用已有软部件的机制,又要系统地考虑生产可复用软部件的机制。这类项目通常被称为软件复用项目。

复用概念的第一次引入是在 1968 年 NATO 软件工程会议上 Mcilroy 的论文《大量生产的软件构件》中。在此之前,子程序的概念也体现了复用的思想。但其目的是为了节省当时昂贵的机器内存资源,并不是为了节省开发软件所需的人力资源。然而,由于子程序的概念可以用于节省人力资源的目的,从而出现了通用子程序库,供程序员在编程时使用。例如,数据程序库就是非常成功的子程序复用的例子。

在其后的发展过程中,有许多复用技术的研究成果和成功的利用实践活动。库函数是最早的软件复用技术,很多编程语言为了增强自身的功能,都提供了大量的库函数。对于库函数的使用者,只要知道函数的名称、返回值的类型、函数参数和函数功能,就可以对其进行调用。但是复用技术在整体上对软件产业的影响却并不尽如人意,这是由于技术方面和非技术方面的各种因素造成的,其中技术上的不成熟是一个主要原因。近十几年来,面向对象技术出现,并逐步成为主流技术,为软件复用提供了基本的技术支持,软件复用研究重新成为热点,被视为解决软件危机,提高软件生产效率和质量的现实可行的途径。面向对象技术通过方法、消息、类、继承、封装和实例等机制构造软件系统,并为软件复用提供了强有力的支持。与库函数对应,很多面向对象语言为应用程序开发者提供了易于使用的类库,如 VC++ 中的 MFC。

软件复用分为黑盒复用和白盒复用两种。黑盒复用是指对已有构件不需做任何修改,直接进行复用,这是理想的复用方式;白盒复用是指已有构件并不能完全符合用户需求,需要根据用户需求进行适应性修改后才可使用。而在大多数应用系统的组装过程中,构件的适应性修改是必需的。

软件复用有 3 个基本问题:一是必须有可以复用的对象,二是所复用的对象必须是有用的,三是复用者需要知道如何去使用被复用的对象。解决好这 3 个方面的问题才能实现真正成功的软件复用。

3. 软件复用技术

利用可复用的软件成分来开发软件的技术称为软件复用技术。软件复用技术主要有 3 种。

(1)软件构件技术

按照一定的规则将可再用的软件成分组合在一起,构成软件系统或新的可再用的软件成分。这种技术的特点是使可再用的软件成分在整个组合过程中保持不变。

(2)软件生成技术

根据形式化的软件功能描述,在已有的可再用的软件成分基础上,生成功能相似的软件成分或软件系统。使用这种技术需要可再用软件库和知识库的支持,其中知识库用来存储软件生成机理和规则。

(3)面向对象的程序设计技术

传统的面向数据和面向过程的软件设计方法,把数据和过程作为相互独立的实体,数据用于表达实际问题中的信息,程序用于处理这些数据。程序员在编写程序时必须时刻考虑所要处理的数据格式,对于不同的数据格式要做同样的处理,或者对于相同的数据格式要做不同的处理,都必须编写不同的程序。由于传统的软件设计方法忽略了数据和程序之间的内在联系,因此,可再用的软件成分比较少。

事实上,用计算机解决的问题都是现实世界中的问题,这些问题由一些相互存在一定联系的事物组成。面向对象的程序设计技术将这些事物称为对象,可以描述每个对象所需要使用的数据结构,也可以描述对这些数据要进行的有限的操作。面向对象的程序设计方法将数据结构和对数据的操作作为描述每个具体对象的两个基本特征。

8.2 系统评价

管理信息系统投入使用后,是否达到了设计要求,是否实现了使用者所提出的目标,是否真正发挥了为管理、决策提供服务的目的,需要进行全面的检验和分析,需要根据运行的实际效果给出真实、客观的评价,并写出评价报告。这项工作称为系统评价。

8.2.1 系统评价的主要内容

系统评价一般是根据使用者的反映及系统的运行情况,对系统的功能、效率和效益进行客观的评价,从而提出系统改进和扩充的方向。系统评价的内容一般视系统的具体目标和环境而定。总体上来说包括:

1. 系统质量

管理信息系统的质量决定了管理信息系统是否能够真正发挥其效益的关键。因此,管理信息系统投入使用一段时间后,要对其质量进行评价,以便及时发现错误,及时纠正错误。管理信息系统质量就是在特定环境下,在一定的范围内,区别某一事物的好坏。质量的概念是相对的,所谓优质只能是在某种特定条件下相对满意的。

2. 系统运行

管理信息系统在运行后要不断地对其运行状况进行分析和评价,并以此作为系统维护、更新及进一步开发的依据。对系统运行的评价一般应从系统建立的目标及其用户接口方面来考查系统。

3. 系统性能

这里主要是评价计算机系统的性能,包括对硬件的评价、对软件的评价及综合评价。系统性能包括面向设计者的性能和面向用户的性能两个方面。性能评价实际上从系统开始酝酿时就开始了。在系统设计时,要确定性能目标,提出为达到性能目标所应采取的措施,预测系统所能具有的性能;系统完成后,要检验系统是否达到了原来的设计目标,还要经受用户的选择评价,这对于系统是否成功来说是至关重要的。因此,可以说性能评价是伴随系统的整个生命周期进行的一项长期活动。

4. 经济效益

应用计算机的目的不仅是要代替人们繁重的、重复性的事务劳动,更重要的是要引起企业管理的一系列改革,促进管理水平的提高,从而使企业获得较高的经济效益与社会效益。如果建立管理信息系统不能为企业带来足够的效益,那么建立管理信息系统就失去了意义。因此,正确评价管理信息系统的各种效益不仅影响管理信息系统本身的前途,还将影响企业的长远发展和效益。

管理信息系统的经济效益评价主要是指对系统所产生的直接经济效益和间接经济效益的评价。管理信息系统所产生的直接经济效益一般比所产生的间接经济效益小。管理信息系统所产生的经济效益通常主要体现在其运行结果所产生的间接经济效益方面。

8.2.2 系统评价的指标体系

管理信息系统投入使用后,如何分析其工作质量?如何对其所带来的效益和所花费成本的投入/产出比进行分析?如何分析一个管理信息系统对信息资源的充分利用程度?如何分析一个管理信息系统对组织内各部分的影响?这些都是评价体系所要解决的问题。

1. 系统质量评价指标

管理信息系统质量的评价指标包括:

(1)用户对系统的满意程度
- 系统是否满足了用户和管理业务对管理信息系统的需求?
- 用户对系统的操作过程和运行结果是否满意?

(2)系统的开发过程的规范程度
- 系统开发各个阶段的工作过程是否规范?
- 系统开发各个阶段文档资料是否规范?文档资料是否完备?

(3)系统功能的先进性
- 系统功能是否先进、有效和完备?

(4)系统运行结果的有效性、可行性和完整性
- 系统运行结果对于解决预定的管理问题是否有效?是否可行?
- 是否充分利用了现有的数据?
- 处理结果是否全面满足了各级管理者的需求?

(5)信息资源的利用率
- 是否最大限度地利用了现有的信息资源?
- 是否充分发挥了信息资源在管理决策中的作用?

(6)提供信息的质量
- 系统所提供的信息是否及时?
- 系统所提供的信息是否准确、精确?
- 系统所提供的信息的推理、分析、结论是否有效、实用和准确?

(7)系统的实用性
- 系统对各个管理层业务处理的支持程度如何?
- 系统对实际管理工作是否实用?用户是否满意?

(8)系统的安全性和保密性
- 系统是否安全?
- 数据的保密性如何?
- 系统的恢复功能如何?

2. 系统运行评价指标

系统的运行情况可从预定系统开发目标的完成情况、系统运行实用性及适用性和设备运行效率3个方面进行评价。其具体的评价指标是：

(1) 预定系统开发目标的完成情况

- 对照系统目标和组织目标，检查系统建成后的实际完成情况。
- 是否满足了科学管理的要求？各级管理人员的满意程度如何？有无进一步改进的意见和建议？
- 为完成预定任务，用户所付出的成本(人、财、物)是否限制在规定范围以内？
- 开发工作和开发过程是否规范？各阶段文档是否齐备？
- 功能与成本比是否在预定的范围内？
- 系统的可维护性、可扩展性、可移植性如何？
- 系统内部各种资源的利用情况。

(2) 系统运行实用性及适用性

- 系统运行是否稳定、可靠？
- 系统的安全保密性能如何？
- 用户对系统操作、管理、运行状况的满意程度如何？
- 系统对误操作保护和故障恢复的性能如何？
- 系统动能的实用性和有效性如何？
- 系统运行结果对组织各部门的生产、经营、管理、决策和提高工作效率等的支持程度如何？
- 对系统的分析、预测和控制的建议有效性如何？实际被采纳了多少？这些被采纳建议的实际效果如何？

(3) 设备运行效率

- 设备的运行效率如何？
- 数据传送、输入、输出与其加工处理的速度是否匹配？
- 各类设备资源的负荷是否平衡？利用率如何？

3. 系统性能评价指标

系统性能的评价指标主要包括：

(1) 周转时间

周转时间是指用户从提交作业到执行后的该作业返回给用户所需的时间。

(2) 响应时间

响应时间是指从用户按下回车键到系统开始显示回答信息为止的时间。响应时间同每次会话时要求系统完成的工作量的大小有关，也同硬件、操作系统及同时运行的其他作业有关。响应时间不能太长，否则会引起用户的不满。

(3) 吞吐量

吞吐量是指单位时间内所能完成的工作量。它用于衡量整个计算机系统的能力。

(4) 利用率

这是指系统中各种资源的利用效率。

4. 经济效益评价指标

对管理信息系统直接经济效益的评价一般采用工程投资项目的经济效益计算方法。而对间接效益的评价尽管在管理信息系统经济学、软件工程评估方法中已有一些估算模型,但迄今为止,最主要的评价方法还是一些定性的指标。下面主要给出对间接经济效益的评价指标:

(1) 系统所提供信息的质量和适用程度。

(2) 系统所采用的推理、分析、结论的有效性、准确性和被管理人员引用的比率。

(3) 系统建立后对组织的工作效率、工作质量及劳动生产力的提高程度。

(4) 系统建立后对各种资源(人、财、物、设备等)的利用率的提高程度。

(5) 系统对哪些管理模式和管理决策方法有所触动和提高?这些方法对经营生产的影响程度如何?

(6) 系统建立后填补了哪些管理上的空白?对哪些原管理者想干而又没有能力干的工作提供了信息支持?

(7) 系统自身的投入、产出比如何?

(8) 系统对组织的经营发展战略和组织内部的管理运行机制有哪些影响?

(9) 对组织的各级管理者的工作支持的程度。

(10) 系统对提高企业劳动生产率、均衡生产过程、降低产品成本、提高产品质量及缩短生产加工周期和按期供货方面的贡献。

(11) 系统对控制库存物资规模、减少储备资金的占用及及时保障生产物资需求的贡献。

(12) 系统对提高资金利用的效率、加速资金周转、分析和控制资金流动状态等的贡献。

(13) 系统对信息输出精度、查询反应速度、分析结果的有效性程度等方面的贡献。

(14) 系统对企业生产、经营、管理状况的分析,对市场情况的分析,对同行业竞争对手情况的分析,以及这些分析综合起来对企业发展战略、竞争策略、经营决策等方面的作用。

(15) 系统开发对企业管理科学化、规范化方面的作用。

至此,对管理信息系统开发的讨论已经接近尾声,但还有一个问题值得特别注意,那就是信息系统安全和信息道德。

8.3 信息系统安全性维护

从前面章节的讨论可以看出,管理信息系统的使用能够给企业带来极大的效益,包括利润的增长、产品和服务质量的提高、工作环境的改善等。可以说,企业已经离不开信息系统,离不开计算机。然而,在信息系统给企业、社会和国家带来效益的同时,也带来了一些问题。例如,计算机资源的浪费问题、计算机犯罪和保密问题及信息道德问题等。这些问题的出现,除由于广泛使用信息系统外,更重要的是网络技术的普遍应用给网络入侵者和有意破坏者提供了可乘之机。信息系统安全问题已经成为信息系统建设中一个非常重要的问题。

8.3.1 信息系统安全的内容

随着信息系统应用的深入,计算机信息处理逐步由单机向局域网、广域网方向发展,特别是Internet 的迅速发展,信息系统安全面临新的、更严峻的挑战,信息系统的安全问题日益突出。

从技术角度来看,信息系统安全一般包括计算机安全、网络安全和信息安全3个方面。构成信息系统基础的计算机、操作系统和网络的千差万别,实现计算机连接的多种网络拓扑结构的混合,所采用的通信介质的多样,信息处理的或集中式,或分布式,正是这样一个"超混合"的模式大大增强了信息系统安全问题的解决难度。因此,对信息系统安全的研究不仅是对系统中的某个或某几个元素的研究,也是从整体上对系统内所有元素的研究。

1. 计算机安全

对于单独运行的计算机系统而言,计算机安全的主要目标是保护计算机资源免受毁坏、替换、盗窃和丢失。这些资源涵盖计算机设备、存储介质、软件、计算机输出材料和数据等。计算机安全主要包括:进入计算机系统之后,对文件、程序等资源的访问进行控制;防止或控制不同种类的病毒和计算机破坏程序对计算机施加影响;对信息编码和解码,以保证只有被授权人才能访问信息,即加密;保证计算机装置和设备的安全;伴随网络和电信系统增长的通信安全问题;计划、组织和管理计算机相关设备的策略和过程以保证资源安全。

2. 网络安全

相对于计算机安全,网络安全主要关心网上设备的系统、程序和数据的安全。计算机系统的互连在大大扩展信息资源的共享空间的同时,也将其本身暴露在更多的能够损坏或毁坏计算机系统和数据的攻击之下,所以,正是由于网络独有特点增加了网络安全问题发生的可能性。比如网络上的"共享",虽然资源共享无疑是网络的最大利益,但是从安全的角度来说,"共享"却可以使更多的用户,无论是友好的用户还是恶意的用户,都可能从远程访问系统,这就可能导致数据被拦截,以及对数据、程序和系统资源进行非法访问。

网络系统的安全涉及网络的各个层面,包括物理层、链路层、网络层的安全,也包括操作系统、应用平台、应用系统等的安全。当内部网络通过路由器同 Internet 互连后,网络除了面临来自其自身的内部威胁外,还有来自 Internet 庞大系统的外部威胁。

3. 信息安全

计算机安全和网络安全的核心问题是信息安全。信息安全是指防止信息财产被故意的或偶然的非授权泄露、更改、破坏,或是信息被非法系统所辨识和控制,即确保信息的完整性、保密性、可用性和可控性。信息安全主要包括信息的存储安全和信息的传输安全两个方面。

信息的存储安全指信息在静止存放状态下的安全,包括是否会被非授权者调用等。信息的传输安全是指信息在流动传输状态下的安全,主要包括:对网上信息的监听、对用户身份的仿冒、对网络上信息的篡改及对发出信息的否认。

8.3.2 威胁信息系统安全的因素

企业信息系统比较容易受到威胁,这里的威胁是指可能对企业系统软硬件和系统内部数据带来直接或者间接破坏、损害的潜在可能性。在现实当中,企业信息系统会受到这样或者那样的威胁。威胁企业信息系统的因素包括:硬件故障、软件故障、人员行为、终端访问渗透、数据窃取、程序错误、远程通信以及灾难和供电问题等,可以将这些威胁概括为灾难、系统安全问题、系统错误问题和信息系统质量问题等。

1. 灾难

灾难是指人为引起的灾难或者自然灾难,包括水灾、火灾、雷电、电力故障以及其他导致信息系统瘫痪的灾难。灾难会破坏企业信息系统的硬件设备、计算机程序以及数据文件。一旦灾难发生,要想重新恢复原有的系统需要投入很多的精力和金钱,更重要的一点是企业系统的某些数据文件可能无法恢复,这会给企业带来很大的损失。作为运用信息系统的企业,必须具有应对灾难的措施。

2. 系统安全问题

美国网络信息保护中心曾做过统计,平均每月会出现十个以上针对互联网的新的攻击手段,这无异于更加重了网络安全所面临的严峻形势。企业信息系统安全问题是指未经授权的任何个人或者组织利用任何手段进入企业信息系统,并且修改数据文件、窃取数据文件,对系统的软硬件或者数据文件进行破坏所引发的问题。可以说计算机黑客入侵、计算机病毒泛滥是目前信息系统最为突出和最为严重的安全问题。

3. 系统错误与质量问题

系统错误问题是指由于数据处理错误、数据传输错误、程序错误、计算机硬件以及软件错误等等引发的系统本身的错误。这种错误不仅仅会导致产生错误的信息,给决策者提供错误的决策依据,严重的还会导致整个系统的瘫痪。系统的质量问题是指由于系统软件或者数据存在缺陷而引发的系统问题。由于软件是由成百上千甚至成千上万条程序代码构成,非常复杂,在软件开发的整个过程中的许多环节比如分析、设计、代码编写等等都可能存在一些问题,对于一个较大的软件,要对其完成包含着成千上万条选择和路径的完善测试是不现实的。所以说,对于软件而言,要想获得零缺陷的全面质量管理活动这一目标是不可能的。对于一个技术质量比较高的软件系统,如果其内部的数据质量存在问题,比如说不完整、不正确,它同样会造成整个软件系统的质量问题,会使企业的经营决策遇到障碍。比如说,错误的财务数据也许会给企业带来巨大的损失。

从安全构成的主要因素来源又可以分为自然因素、人为因素和系统本身因素 3 个方面。

1. 自然因素

自然因素一般来自于各种自然灾害(如水灾、火灾、雷电)、恶劣的场地环境、电磁干扰、电力故障等。这些无目的的事件,有时会直接威胁信息系统安全,影响信息的存储媒体,破坏计算机程序及数据文件。这种由自然因素引起的灾难一旦发生,要想重新恢复原有的系统,需要投入很多的人力和资金,更重要的是,企业信息系统的某些数据文件可能根本无法恢复,这会给企业带来巨大的损失。如 1998 年 8 月吉林省某电信业务部门的通信设备被雷击中,导致设备损坏、通信中断,造成了很大的损失。因此,作为运用信息系统的企业,必须具有应对灾难的能力和措施。

2. 人为因素

人为因素主要包括有意威胁和无意威胁两种。

有意威胁信息系统安全主要有 3 种人:故意破坏者、不遵守规则者和刺探秘密者。故意破坏者企图通过各种手段去破坏网络资源与信息,如涂抹别人的主页、修改系统配置、造成系统瘫痪。不遵守规则者企图访问不允许访问的系统,他们可能仅仅是到信息系统中看看,找些资料,也可能想盗用别人的计算机资源。刺探秘密者的企图非常明确,即通过非法手段侵入他人系统,以窃取商业秘密与个人资料。通常采取的手段是假冒、篡改和抵赖等。假冒一般是非法用户冒充合法用户、特权小的用户冒充特权大的用户。篡改是对数据的完整性进行攻击,如修改数据内容,删除其中的部分内容,用一条虚假的数据替代原始数据,或者将某些额外数据插入其中等。抵赖是一种来自合法用户的攻击。比如,否认自己曾经发布过的信息、伪造对方来信、修改来信等。除上述介绍的主要攻击手段外,事实上还有一种破坏力极大的攻击手段,这就是制造和传播计算机病毒。

无意威胁主要来自于一些人为的无意失误和各种各样的误操作。比如,文件的误删除、输入错误的数据、操作员安全配置不当、用户口令选择不慎、用户将自己的账号随意转借他人或与别人共享等,这些无意的行为也会给企业信息系统安全带来影响。

3. 系统本身的因素

信息系统面临的威胁并不仅仅来自于自然或人为因素,事实上很多时候来自于系统本身,如系统本身的电磁辐射或硬件故障、未知的软件"后门"、系统自身的错误和漏洞等。

计算机硬件系统的故障是影响信息系统的因素之一。故障是指造成计算机功能的硬件物理损坏或机械故障。计算机故障发生的原因有很多,如集成电路本身引起的故障、静电感应引起的故障、环境问题引起的故障等。除上述原因外,事实上管理问题也会引起计算机故障。

软件的"后门"常常是因为软件公司程序设计人员为了自己方便而在开发时预留设置的。这样做,为软件调试、进一步开发或远程维护提供了方便,但同时也为非法入侵提供了通道。这些"后门"一般不为外人所知,但一旦"后门"洞开,其造成的后果将不堪设想。

由于系统中的程序是由成百上千甚至成千上万条程序代码构成的,非常复杂,在系统开发过程中,开发人员不可能保证开发出来的系统是百分之百的正确,可能会存在错误或缺陷。比如在系统开发时,程序调试和测试不严格,很多错误没有被发现;再比如,系统或数据结构设计的不合理,或系统设计时没有考虑防止误操作和严格的输入校验措施,网络设计时没有考虑安全问题等。这些都可能导致开发出来的系统在运行时出现数据处理错误、数据传输错误、程序错误、计算机硬件错误,这些错误都会引起系统本身出现问题,会导致系统产生错误的信息,给决策者提供错误的决策依据,严重的还会导致整个系统的瘫痪。可以说,任何一个系统都可能会因为开发人员的一个疏忽、设计中的一个缺陷等原因而存在问题和漏洞,这也是信息系统安全的主要威胁因素之一。

8.3.3 对策与措施

针对上述可能对信息系统带来破坏的因素和隐患,在信息系统的开发过程中,一定要给予充分的重视,应采取相应的对策和防范措施。

1. 抓好信息系统的安全控制

为了最大程度地减少自然因素、人为因素及系统本身的质量问题给企业信息系统带来的各种破坏和损害,企业需要对信息系统进行有效的控制。所谓控制,是指为了确保企业信息系统的顺利实施,以及保证企业信息系统的正常运转而进行的全过程的人工、自动化或两者相结合的一系列措施。

（1）硬件设备控制

硬件设备的控制是指信息系统中的计算机硬件设备的物理安全保障。一方面要检查信息系统硬件设备的故障并及时排除，另一方面应该具备防止和应付水灾、火灾、电力等引起的系统灾难的能力。容错计算机系统是支持计算机系统备份和避免硬件故障以维持计算机正常运转的重要方法，容错计算机具有专用的处理和存储设备，它能够运用专门的软件程序来探测硬件故障，自动地将数据备份到备份设备上。

（2）软件控制

软件控制对于信息系统的安全来说十分必要。软件控制是指通过监控阻止任何未经授权的对企业信息系统的系统软件、应用软件及程序的进入。计算机系统软件尤其是数据库管理系统软件应该是企业控制的重要部分，因为它全面控制着对数据和数据文件的直接处理。企业信息系统控制的有效手段应该是人为方式和软件方式并重。比如，如果一个企业的信息系统是由企业组织自行开发的，一旦该系统的主要开发人员离开该企业，那么该企业的信息系统可能会受到一定的威胁，针对这种情况，企业应该制定相应的规章制度，进行人为限制和约束，并且应该通过加密等手段使系统具备一定的防范性能。

（3）数据安全控制

数据安全控制是指通过人工或者自动化手段，保证信息系统存储介质上的数据和文件不被任何未经授权的个人或者组织访问、改变和破坏。例如，首先可以通过人为限制和约束，只允许具有使用权限的个人使用某个终端，还可以运用软件密码方式，通过对授权用户分配密码而使他们具有登录到企业信息系统的权力，而且针对企业特定的系统和应用，可以对企业中具有不同等级的系统用户分配不同等级的系统使用权。比如，可以使低级别权限用户只有浏览某些数据的权限，使较高级别权限的用户具有修改这些数据的权限。

（4）系统实施控制

系统实施控制是指贯穿于企业信息系统整个实施过程的控制。在企业信息系统的实施过程中，对每个阶段要设定正式的检查点，以审查和评价各阶段系统实施情况。例如，在可行性分析阶段，可采用经济可行性衡量手段运用结果来进行检查；在系统测试阶段，可利用系统测试结果进行检查和评价；在系统转换阶段，可运用转换后的运行状况来进行检查和评价等。这些贯穿始终的审查和评价过程是获得高质量信息系统的基本保证。

（5）管理控制

管理控制是指企业通过制定正式标准、规则程序和纪律等来确保其他控制的执行和实施。首先为了确保企业资产的安全，企业必须进行职能隔离，比如，负责系统运行的人员不应该具有通过该系统使资产发生变化的交易权力，也就是说，企业要把负责系统数据和程序文件的IT技术部门的人员和具有执行交易权力的用户在职能上严格区分开。另外，企业要制定正式的政策和准则来控制企业信息系统的正常运转，这一方面要求必须清楚地阐明权力、责任和义务，另一方面必须具有良好的和充分的监督。

2. 解决好系统开发中的问题

（1）严格按照工程化的方法开发系统

在系统开发过程中，如果能严格按照前面所述的系统开发方法开发系统，就可以消除在系统开发过程中可能带来的问题和隐患。比如，严格系统调试和系统测试，以减少程序错误的发生；工程化的系统分析和设计，以避免结构的不合理现象；完善的输入设计和校验设计，以防止误操作或错误数据带来的系统运行错误等。

（2）充分考虑配置和安装设备时的安全问题

也就是让设备和磁介质避开火、水、碰撞、强电磁波等危险区域。

（3）重视系统的安全设计，建立安全机制

在进行系统设计时，要重视系统的安全设计，如前面提到的用户级别设计、数据保密设计等。另外，还应建立安全机制，制定安全方案。一个完善的信息系统安全方案至少应该包括以下几个方面：访问控制、检查安全漏洞、攻击监控、备份和恢复、加密、多层防御和建立必要的管理机制等。通过对特定网段、服务建立访问控制体系，将绝大多数攻击阻止在到达攻击目标之前；通过对安全定期检查，即便攻击可到达攻击目标，也可使绝大多数攻击无效；通过对特定网段、服务建立攻击监控体系，可实时检测出绝大多数的攻击，并采取相应的措施，如断开网络连接、记录攻击过程、跟踪攻击源等；对关键数据则进行级别较高的加密；良好的备份和恢复机制，可在攻击造成损失时尽快地恢复数据和系统服务；攻击者在突破第一道防线后，多层防御可以延缓或阻断其到达攻击目标。建立必要的管理机制，为信息系统安全体系提供管理、监控、保护及紧急情况的处理。

Internet 的迅猛发展加速了信息技术在社会的每个神经细胞的渗透过程，越来越多的个人和企业依赖以计算机为基础的系统对大量的信息进行管理，而信息的丢失和破坏也就成为了一个广泛存在的问题。当安全问题发生以后，亡羊补牢的工作自然必不可少，而更多的工作应该是未雨绸缪、防微杜渐。

8.3.4 数据备份与系统恢复

当系统中的数据或系统本身遭到破坏后，系统将不能正常地运行。此时数据的备份就显得极为重要，通过恢复网络和系统所需的数据和系统信息，以保证系统的正常运行。

1. 数据备份

备份是指在某种介质上，如磁带、磁盘、光盘等，存储数据备份的复制。备份的内容包括操作系统核心、编译和配置操作系统的文件、网络软件和应用程序、数据等。

备份解决方案有许多种。大家熟悉的有 PowerQuest 公司的 Drive Image 和 Drive Keeper（它现在是 Drive Image Pro 的一个组件）、磁带机、CD 盘、Symantee 公司的 Ghost 系列产品，网络上的某个存储设备（如 Snap Server）或者某个专门用做存储区的子网。

备份有"冷备份"和"热备份"两种。"热备份"是指在线的备份，即备份的数据仍在计算机系统和网络中，只不过传到另一个非工作的分区，或另一个非实时处理的业务系统中存放。"冷备份"是指不在线的备份，下载的备份存放到安全的存储媒介中，这种存储媒介与运行的系统和网络没有直接联系，在系统恢复时重新安装。

2. 系统恢复

恢复也称为重载或重入。是指当磁盘损坏或系统崩溃时，通过转储或卸载的备份重新安装数据和系统的过程。

恢复的方法一般为周期性地对数据和系统文件进行转储，把它复制到备份介质中，作为后备副本，以备恢复之用。转储通常又可分为静态转储和动态转储两种。静态转储是指转储期间不允许对数据库进行任何存取、修改活动；而动态转储是指在存储期间允许对数据库进行存取或修改。

利用备份的数据恢复受损的系统和网络时,应注意以下几点:

- 保证备份数据的安全。
- 提前知道自己的合法权限。
- 如果发现系统的二进制代码已经发生变化,那么从经过授权的原始产品媒介上恢复它们。为了安全起见,应该从受损的地方恢复系统。
- 为了避免恢复中引起新的安全问题,可以参阅安全审计日志和系统日志,若入侵检测系统能确切地告诉受损系统发生了什么变化,可以仅仅替换那些被入侵者破坏的程序就能够恢复系统。
- 将黑客增加的所有隐藏文件或目录从系统中清除。
- 对符号连接要格外小心,不能删除一个与入侵者生成的文件之间存在符号连接的系统文件。

习题 8

1. 试说明系统维护与系统评价在系统开发中的作用?
2. 系统维护的特点是什么? 它与一般的系统维护有什么不同的地方?
3. 系统维护工作包括哪些主要内容?
4. 系统维护分哪几种类型?
5. 系统维护是一项长期而重要的工作,请论述为什么要进行系统维护? 如何进行系统维护?
6. 进行系统评价的指标体系是什么?
7. 管理信息系统的质量概念是什么?
8. 什么是软件复用? 软件复用的意义是什么?
9. 软件复用技术包括哪些?
10. 评价间接经济效益的指标包括哪些内容?
11. 什么是信息系统的安全性? 如何保障信息系统的安全?

第9章 系统开发管理

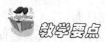教学要点

信息系统作为一类涉及人财物众多资源协调的特殊项目,在整个过程中应该采用 IT 项目管理的相关理论和方法,来保证信息系统开发的成功率。

本章主要内容包括:

(1) 系统开发项目计划的编制方法;

(2) 系统开发过程的范围管理;

(3) 系统开发时间管理;

(4) 系统开发成本管理;

(5) 系统开发进度管理等。

9.1 系统开发项目计划

在一个规范的项目管理过程中,首先必须选择合适的项目,然后正式确认该项目的存在,再制定出项目计划,而这个计划将成为各项管理工作的基线(Baseline)。

9.1.1 项目的选择

由于信息系统对企业和组织有多方面的作用,在同一个时间段内许多利益相关者都会提出潜在的项目,但由于组织的资源总是有限的,所以需要决定将资源投入哪些项目之中,这一过程就是项目的选择。显然,项目的选择需要同时考虑两方面的问题。

(1) 信息系统将起的作用。信息系统对组织的作用可体现在战略、战术和作业等多个层次。一般来说,越是能够直接支持企业的战略活动,则信息系统起到的作用越大。例如对于一家制造型企业来说,一个全面的 ERP 系统将可能增加企业的敏捷性、降低成本,增强企业的竞争优势。对于同一家企业来说,开发一个仓库管理系统固然也可能对企业的经营管理有益,但作用就不能与 ERP 系统相提并论了。

(2) 开发和实施信息系统所需的条件。一方面,开发和实施常常需要外购产品和服务从而产生货币支出;另一方面,开发和实施需要消耗企业内的人力资源;更重要的是,信息系统的开发与实施与企业的流程、制度与文化存在互动关系。一些可能给企业带来较大收益的信息系统需要的资源投入过多,或者与企业现状的冲突过于剧烈,则这些系统并不具备开发和实施的条件。

项目选择有以下 3 类常用的方法。

(1) 分类法。可以按战略、战术、作业等 3 个层次对备选的信息系统进行分类,也可以按信息系统的作用类型分类。例如,有些系统是解决企业中现已存在的明显的问题的,还有一些是为企业开拓新的商业机会的,另外一些系统则是企业为满足外部的规定而开发的。在对备选的系统进行分类后,决策者通过系统所属的类别决定开发哪一个或哪一些系统。这种方法简洁直观,适用于项目的初步筛选,也有助于决策者迅速决策,但缺点是主观性较强。

（2）财务数据分析法。将开发和实施各个备选系统所需的资源统一换算为财务支出，将系统带来的各种收益用财务收入来计量，由此得到时间序列上的现金流，然后计算净现值、投资回收期、内部收益率等财务指标，基于这些指标来选择开发项目。这种方法最大的好处是能得到明确、客观的评判指标，但在将开发信息系统所需的资源及建成后的收益换算为财务收支值时，仍然需要人们的主观判断。

（3）加权评分法。将在决策中需要考虑的多方面因素列举出来作为指标，给每项指标赋予一定的权重，然后针对每一个备选的系统开发项目打分，将每项指标的权重与得分相乘，累加分较高的项目优先实施。这种方法由于能兼顾多方面的因素，兼顾定性和定量分析，因而为专家决策所青睐。在加权评分的基础之上还可以延伸出层次分析等更复杂的方法。当然，这种方法略显复杂，有可能会降低决策效率。

9.1.2　项目审批

选择了需要开发的信息系统后，就需要正式地确认开发工作，这一步称为项目审批，也可以称为立项。由于各种组织的业务流程千差万别，所以立项的具体步骤会有所不同，但大体上都需要由下级或开发方提出一份确认项目的书面文档。此份确认项目的书面文档是后期所有工作的重要基础，在项目管理领域称其为项目章程。在实践中有时不使用"项目章程"这样的术语，但应该有"报告"、"计划"、"信息系统建设合同"等文档，让这些文档起到项目章程的作用。

项目章程中至少应包含以下要素。

（1）项目名称。必须简明扼要地反映出项目的主要内容。

（2）预计的开始和完成日期。一般来说，上级或委托方签署章程就意味着项目开始；需要综合考虑各种因素，合理制定出切实可行的完成日期。

（3）预估的费用及经费的来源。此处的费用既包括货币性支出，又包括系统开发所需的其他重要资源。例如："预计需要支出人民币（　　　）元，另外还需要一间（　　　）平方米的房间作为系统服务器长期运行的机房，机房装修等费用已包含在预算之中"。经费来源是指的哪一个组织的哪个部门负责提供经费。

（4）项目的目标。每个信息系统的开发都应该有明确的目标，在项目结束时应能核查是否已经达到了这些目标。

（5）项目经理。或称为项目负责人，需要领导项目团队成员在预定的时间和费用约束下达成预定的项目目标。

除上述内容外，项目章程中还可以对本系统的开发方法和主要开发步骤加以描述，还可以列举出系统开发的利益相关者。

经过相关各方的讨论后，上级或委托方在项目章程上签字，表明其批准章程的主要内容，并将为项目进行提供相关的费用和其他支持。若有可能，可以要求其他重要的利益相关者也在章程上签字，以确认他们对本项目的支持。

9.1.3　项目计划

项目负责人应组织团队基于项目章程的内容来制定项目的整体计划。IEEE 制定的软件项目管理计划标准（IEEE Std 1058—1998）是信息信系统开发时可参考的重要标准之一，其中要求项目计划包含以下主要内容。

（1）概要。简要说明项目的目的、范围、目标、项目的假设和限制内容，列出项目的可交付成果，项目进度计划和预算的摘要，还要说明如何对本计划进行修订。

（2）参考资料。列出本计划中提到的其他文档的相关信息，包括文档名称、编号、修订日期、作者、索取方式、出版的组织等。

（3）定义。在计划中可能会使用许多术语、缩写，如"系统软件"、"应用软件"、"CIS"等，即使在信息系统开发的语境中，这些术语也有多重含义，此处就需要针对当前特定的开发项目，对这些概念加以说明，也可以列出能说明这些概念的相关文档的信息，从而避免歧义。

（4）项目组织。说明项目界限，即哪些组织和人员在项目团队之外而又与团队有直接联系；规划出项目团队内部的组织结构；将主要的团队成员分派到项目各项工作中去，列出成员在各项工作中的角色和责任。

（5）管理过程计划。这一部分内容说明将如何管理本项目，它必须与项目范围的陈述保持一致，而且应包括项目启动计划、风险管理计划、项目工作计划、项目控制计划和项目竣工计划。

（6）技术过程计划。具体说明将使用的开发过程模型、技术方法、工具；将使用哪些技术来开发可实际工作的产品；建立和维护项目基础设施的计划；还要说明产品的验收计划。

（7）支持过程计划。软件开发过程还涉及其他许多支持过程，对这些支持过程也需要制定计划，包括配置管理计划、验证和批准计划、软件文档管理计划、质量保障计划、回顾和审计计划、问题处理及分包商管理计划等。

需要指出的是，有些信息系统开发的复杂程度不太高，不一定需要按 IEEE 标准建立完整的计划体系，但是一定需要建立基本的项目管理计划框架。如果没有计划体系作为基线，则信息系统的建设过程就容易陷入失控的境地。

9.2 系统开发的范围管理

系统开发项目的范围是指该项目最终需交付的成果和为得到这些成果而进行的工作过程。交付预定的成果是对系统开发的基本要求，而相关的工作过程则是成果的来源。IT 咨询公司 Standish Group 在 2009 年发表的报告显示，平均只有 67% 的 IT 项目满足了特性和功能需求。合理的范围管理是系统开发工作成功的基本保障。

9.2.1 范围定义

范围定义是指在项目章程和项目管理计划的基础上，对范围进行明确化和细化，其主要成果是项目范围说明书。表 9.1 是一份项目范围说明书的示例。

表 9.1　项目范围说明书示例

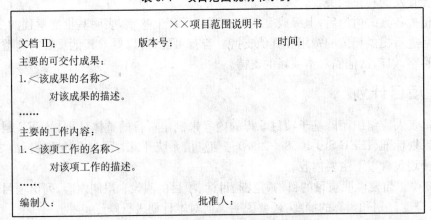

范围定义需要有关键的利益相关者的充分参与,通过讨论使各方清晰地认识到项目中包含什么、不包含什么,并对此达成共识。项目范围的定义是一个逐渐细化的过程,表 9.2 是这一过程的示例。

表 9.2　项目范围定义的细化示例

项目章程	……在内联网站上显示当前库存……
项目整体计划	……开发内联网站……经过授权的用户可访问当前库存数据……
项目范围说明书	……需在 Linux 平台上用 JAVA 语言开发内联网网站……包括用户管理子模块、查询子模块……

9.2.2　工作分解结构

工作分解结构(Work Breakdown Structure,WBS)将项目分解为多个条目,对这些条目加以定义,以此来帮助定义项目的整体范围并体现项目各条目之间的关系。这些条目可以是产品、数据、服务、工作任务,也可以是它们的组合。条目是分层次的,一个条目下可有多个子条目,所以 WBS 呈现树形结构,图 9.1 反映了一个项目中的部分条目及它们之间的关系。WBS 是项目管理中的一个基础性的文档,项目范围管理、时间管理、成本管理及其他多方面的管理工作都要依赖于它。

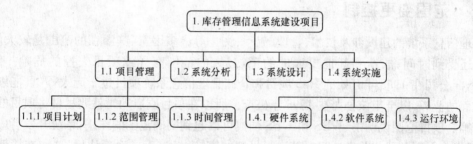

图 9.1　WBS 的树形结构

确定 WBS 中的要素需遵循以下原则。

(1) 完整性。WBS 应定义项目的全部范围,反映所有的可交付成果,也包括项目管理工作本身。有项目管理专家甚至建议不包括在 WBS 中的工作就不应该去做。

(2) 互斥性。各个同级条目所包含的范围应该是没有交叠的。若两个同级条目中包含了同一项工作或产出,就会导致重复工作、权责冲突、成本计算错误等许多问题。同样的道理,一个条目的范围正好等于其所有子条目范围之和。

(3) 成果导向。条目应反映可提交的最终成果或中间过程的结果,而不是罗列将可能采取的各种行动。如果是行动导向的话,则 WBS 可能会要么包含过多的行动以至于超出了项目的范围,要么包含的行动要素过少以至于无法得到预定的成果。如果一个全新的系统开发项目涉及许多新的不确定的行动,则最好按系统结构或系统特性指标来进行要素分解。

(4) 适当细化。WBS 中末端的,不再细分的条目也被称为工作包(Work Package)。关于分解的细致程度,通常应遵循以下经验法则。首先,一个工作包所对应的工作时间不宜超过80 个小时;其次,工作包对应的工作时间不宜超过报告周期,例如若每周都需要报告一次项目进展情况的话,则一个工作包一般应能在一周内完成;除以上两条原则外,划分条目时还要依赖系统开发人员的经验和常识判断。

（5）层次化的编号体系。WBS中的条目是呈树型结构排列的，其编号也要体现这种结构特征。以下几种方法可以帮助编制工作分解结构。

（1）使用模板。有些企业已经为某些类别的项目提供了制作WBS的指南和模板，项目管理软件往往提供了一些通用的模板，互联网上也能找到一些现成的模板。使用现有的指南和模板能让WBS编制过程变得更加容易。

（2）类比其他项目。以一个类似的项目所用的WBS作为起点，根据本项目的具体情况进行调整，既能够减少编制过程所需的时间，又能够充分吸取已有的经验和教训，还能实现知识的积累和管理过程的持续优化。

（3）自上而下分解法。将项目分解为多个大任务，再将大任务分解为小任务，按这种思路逐渐细化。这种方法适用于项目经理对全局工作很有预见性的场合。

（4）自下而上统合法。先关注项目中的具体工作，再将相关的小任务汇总成较大任务，按这种思路将任务逐级汇总。当项目涉及非常广的知识领域，项目团队成员来自许多不同的专业部门时，这种方法常常比较有效。

WBS的条目名称一般比较简短，以便于用图形或表格来显示条目间的关系，但带来的问题是条目的含义可能比较模糊，所以还需要用WBS词典来描述WBS中每项条目的详细信息。

9.2.3　范围变更控制

管理信息系统的建设涉及技术、管理、流程、文化等诸多因素，其潜在的范围是较大的，然而项目还受到时间、成本和其他要素的约束，过大的范围有导致项目失控的危险。例如，FoxMeyer公司在1993年开始的R/3项目和仓储管理信息系统项目过于庞大，严重拖累了公司各方面的业务，以至于该公司在1996年破产。所以在项目刚启动时就要尽量将项目的范围加以明确。项目范围说明书、WBS和WBS词典可以起到明确范围的作用，系统开发者应与用户、项目发起人等利益相关者一起对其进行仔细的审核，经过正式地确认后，这些文档就构成了项目的范围基线。

需要注意的是，几乎所有的项目在进行过程中，其范围都会发生变化。变化常常是必须的，也是有益的。合理地控制变化能让项目获得更大的成功；拒绝变化会让项目无法正常进行，或者开发出无用的系统。而如果变更失去控制，就会导致范围蔓延等问题。范围蔓延表现为项目范围越来越大，需要的时间越来越长、成本越来越高，最终导致项目失败。项目范围变化有以下几方面的原因：

（1）用户很难在一开始就准确地描述他们对项目的期望和要求；

（2）开发者对用户需求的理解不一定正确、完善；

（3）项目团队对开发工作的预估有偏差；

（4）用户需求会随着时间的推移而改变；

（5）技术进步会导致项目的技术环境发生变化；

（6）项目的外部条件可能会发生改变；

（7）项目团队内部成员会发生变化。

为有效地控制变更，需建立正式的变更控制流程和变更控制委员会。

（1）变更控制流程。是一个正式的有书面记录的流程，说明项目范围变更的方式，哪些人有权作出变更的决定，如何批准变更，如何记录变更，以及如何将变更及时通报给相关人员。

（2）变更控制委员会。是决定和修订变更控制流程，批准大的变更，跟进所有范围变更的正式组织。其成员包括项目经理、用户代表和其他重要的利益相关者。该委员会授予项目经理和项目团队其他人员自行处理较小变更的权力，以使变更过程更加灵活。

以下一些原则和技术有助于做好范围变更控制。

（1）信息系统开发项目应是需求驱动的。用户对系统有明确的核心需求，而这些需求得到了决策者的认可并有资金和其他资源来保障，在范围变更时要确保核心需求不被新增的需求所代替。

（2）项目团队中有用户参与。部分用户应该是项目团队的成员，开发方和使用方的空间距离应该接近，以利于互相了解。

（3）定期沟通。相关各方要定期开会评审当前状况，开发方要定期提交一些工作成果，其他各方应及时对此进行正式的反馈。

（4）建立项目管理文档系统。建立方便易用的文档系统，及时记录各种信息尤其是变更信息，这些信息应能方便地发送给相关的人员，也能随时查询。自动化的文档系统能极大地提高团队协作的工作效率。

（5）强调完工日期。将范围变更与项目目标，时间和成本等因素综合起来考虑，特别是关注变更对完工日期的影响。一位项目经理在领导一项预定 15 个月完成，价值 7 百万美元的集成供应链项目时，始终强调"5 月 1 日是完工的截止日期，所有的事情都与之相关；如果用户来要求我们做一些事情，我们就会问他们愿意放弃什么来做交换"。该项目有条不紊地进行了 15 个月并按期完工，用户对此非常满意。

9.3 系统开发的时间管理

目前，信息技术设施已经越来越容易获得了，以至于有一种观点认为 IT 在企业竞争中已不再扮演重要的角色；另一种观点认为 IT 依然是企业竞争优势的来源之一，理由之一是率先成功应用新技术的企业能获得领跑优势，特别在网络经济领域，后来者很难进入业已形成的市场。然而，调查发现 70% 以上的 IT 项目不能按期完工，不仅影响了项目成果应发挥的作用，而且不能按时完工也常常意味着范围蔓延和成本超支。时间管理包括任务定义、进度安排和进度控制等 3 方面的过程。

9.3.1 任务定义

任务定义是指基于项目章程、范围说明书、WBS 和 WBS 词典来对项目任务进行定义，目的是使项目团队成员清楚地认识到，为了生成项目的可交付成果，他们必须完成哪些任务，这些任务有哪些具体要求。

多数情况下 WBS 中的一个条目就是一项任务，不过也有一些条目需要继续分解。一种情况是细分为多项连续的任务，例如"完成系统分析报告"可分为"完成初稿"、"项目组内部审批"、"修订"、"用户确认"等任务序列；另一种情况是一个条目对应于多项周期性的任务，例如 WBS 中的"项目组周例会"可能对应于每周一次、每次一小时的若干次任务。WBS 词典中一般会定义任务的预期成果及要求，在任务定义阶段要加入与进度安排相关的信息，如前导任务、后继任务、资源需求，以及必须遵循的开工、完工时间等约束条件。

有一些任务耗时不长但意义重大，例如用户签署系统分析报告、系统打印出第一张报表等，这些任务称为里程碑（Milestones）。要达到一个里程碑必须完成前导的一系列任务，完成里程碑任务则标志着项目的阶段性进展。在项目初期就要设定里程碑,而且里程碑应小而多以利于进度的监控。

9.3.2 任务排序

任务之间存在着时间逻辑关系,任务排序就是找出这些关系并形成文档。理论上任务之间有以下 4 种时间逻辑关系。

(1) 完成-开始(Finish to Start)。表示前置任务完成后才能开始后续任务,例如调试完子模块后才能进行系统调试。这是最直观:最容易理解的关系,有些小规模的项目管理软件只支持这一种关系类型。

(2) 开始-开始(Start to Start)。表示后续任务开始后,前置任务才能开始。例如系统运行与记录系统运行日志是两项相关的任务,在系统运行开始之前无法记录运行日志;系统运行是后续任务而记录系统运行日志是前置任务。

(3) 完成-完成(Finish to Finish)。表示前导任务完成后后续任务才能完成。例如用户使用手册的撰写常与软件编码、调试等任务同步进行,在编码等任务完成后,文档的撰写工作才能完成。

(4) 开始-完成(Start to Finish)。表示后续任务开始后,前导任务才能完成;它与完成-开始有相似之处,但逻辑上正好相反。例如在某些项目中,在用户开始履行保管硬件设备的任务之前,开发方的保管任务不能结束。

人们常使用网络图来表示任务之间的时间顺序。

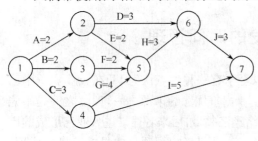

图 9.2 箭线图示例

(1) 箭线图。如图 9.2 所示,用箭线表示任务,线上标注任务的标识和任务量或工期;用节点表示活动之间的联系。最左侧的节点表示项目开始,最右侧的节点表示项目结束。一个节点终结两条以上的箭线,则此节点为会聚点(Merge);一个节点导出两条以上的箭线,则此节点为分支点(Burst)。箭线一般要求从左向右画,而且不能有交叉。

(2)前导图。箭线图比较直观也比较容易绘制,但由于箭线上方的空间有限,不易加入更详细的任务信息,在实际工作中用得更普遍的是前导图。图 9.3 是用 Microsoft Project 绘制的前导图的局部截图,图中的每个方框表示一项任务,其中包含了较详细的信息。任务 C 和 G 的框线加粗,表示它们为关键任务。

9.3.3 任务工期估计

任务的工期(Duration)是指一项任务从开工到完工所经历的时间。显然工期与任务的工作量及投入到任务中的资源数量都有一定的联系。例如,某项任务是将传统纸质文档中的数据录入新建的信息系统,一位打字员需要的工期是 4 天,两位打字员需要的工期就只有 2 天。不过,工期、工作量与资源数量之间通常没有简单的算术关系,一位程序员需 2 周时间完成的任务,两位程序员可能需要 1 周、2 周或更长的时间才能完成。

任务工期估计的主要依据有工作分解结构、项目的约束和假设前提、资源的可获得性以及风险等。工期估计的常用方法有专家判断法、类比估计法、参数估计法和计划评审技术(Program Evaluation and Review Technique, PERT)等方法。此处仅介绍 PERT,其他方法在成

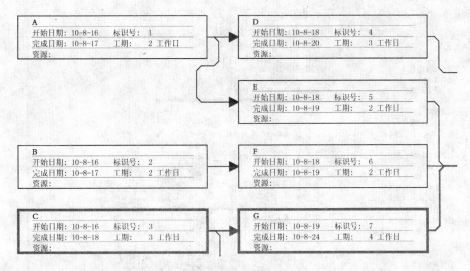

图 9.3　前导图示例

本估计中也会用到,将在后面详述。

PERT 是一种对完成项目所需的任务进行分析的方法,特别适于估算完成每项任务所需的时间,以及完成整项任务所需的最短时间。1957 年美国海军特别项目办公室为支持北极星潜艇项目开发出了这种方法,用以简化大型复杂项目的计划和调度过程。它能够在不确切地知道所有任务的细节和工期的情况下,考虑到不确定的因素并作出项目进度计划。任务工期存在不确定性,PERT 要求先乐观地估计出一个工期(O),再悲观地估计出一个工期(P),然后再不偏不倚地估计一个最可能发生的工期(M)。在编制进度计划时使用工期期望值 T_E,即

$$T_E = \frac{O+4M+P}{6}$$

当项目的完工时间比成本等因素更重要时,PERT 较为适用。

9.3.4　进度计划编制

进度计划编制就是根据前面的工作成果计划项目及其中各项任务的开工和完工日期,编制项目进度表,从而为监控项目的实际进度提供依据。进度计划编制完成并通过审核后,就形成了控制阶段所需的进度基线。

甘特图和关键路径分析是在编制进度计划时很常用的两种工具。

(1) 甘特图(Gantt Charts)。也称为横道图或条状图,它用横道和时间刻度直观地表示出任务的起止时间、工期及任务之间的联系。

图 9.4 是基于 Microsoft Project 软件中的模板生成的一个项目的甘特图。图的左半部分是工作分解结构,右半部分是时间刻度和每项任务对应的横道;图中"方案管理"等任务称为摘要任务,它们有下属的子任务;最后一项任务"完成电子政务项目"是里程碑,用菱形符号表示。里程碑应满足 SMART 条件(SMART criteria),即里程碑应该是明确具体的(Specific)、可度量的(Measurable)、可指派的(Assignable)、符合实际的(Realistic)、有时间限制的(Time framed)。横道之间的箭线表示了任务之间的时间关联性。

(2) 关键路径分析(Critical Path Analysis)。可帮助项目管理者预测整个项目的工期,找出影响工期的关键任务。关键路径是项目中耗时最长的任务序列,此序列中的任务称为关键任务。在一个项目中可以存在多条关键路径,这些路径的工期相等。任何一项关键任务的延

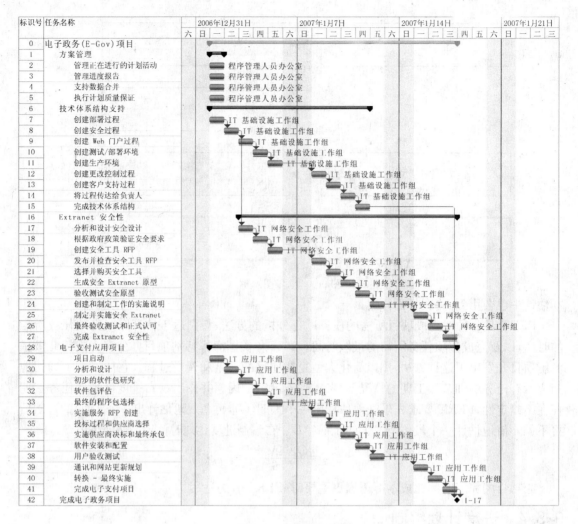

标识号	任务名称	2006年12月31日	2007年1月7日	2007年1月14日	2007年1月21日
0	电子政务(E-Gov)项目				
1	方案管理				
2	管理正在进行的计划活动	程序管理人员办公室			
3	管理进度报告	程序管理人员办公室			
4	支持数据合并	程序管理人员办公室			
5	执行计划质量保证	程序管理人员办公室			
6	技术体系结构支持				
7	创建部署过程	IT 基础设施工作组			
8	创建安全过程	IT 基础设施工作组			
9	创建 Web 门户过程	IT 基础设施工作组			
10	创建测试/部署环境	IT 基础设施工作组			
11	创建生产环境	IT 基础设施工作组			
12	创建更改控制过程	IT 基础设施工作组			
13	创建客户支持过程	IT 基础设施工作组			
14	将过程传达给负责人	IT 基础设施工作组			
15	完成技术体系结构				
16	Extranet 安全性				
17	分析和设计安全设计	IT 网络安全工作组			
18	根据政府政策验证安全要求	IT 网络安全工作组			
19	创建安全工具 RFP	IT 网络安全工作组			
20	发布并检查安全工具 RFP	IT 网络安全工作组			
21	选择并购买安全工具	IT 网络安全工作组			
22	生成安全 Extranct 原型	IT 网络安全工作组			
23	验证测试安全原型	IT 网络安全工作组			
24	创建和制定工作的实施说明	IT 网络安全工作组			
25	制定并实施安全 Extranet	IT 网络安全工作组			
26	最终验收测试和正式认可	IT 网络安全工作组			
27	完成 Extranet 安全性				
28	电子支付应用项目				
29	项目启动	IT 应用工作组			
30	分析和设计	IT 应用工作组			
31	初步的软件包研究	IT 应用工作组			
32	软件包评估	IT 应用工作组			
33	最终的程序包选择	IT 应用工作组			
34	实施服务 RFP 创建	IT 应用工作组			
35	投标过程和供应商选择	IT 应用工作组			
36	实施供应商决标和最终承包	IT 应用工作组			
37	软件安装和配置	IT 应用工作组			
38	用户验收测试	IT 应用工作组			
39	通讯和网站更新规划	IT 应用工作组			
40	转换 - 最终实施	IT 应用工作组			
41	完成电子支付项目				
42	完成电子政务项目			1-17	

图 9.4　甘特图示例

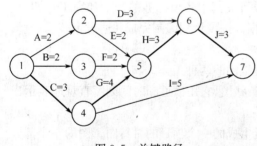

图 9.5　关键路径

迟都意味着整个项目的延迟,而缩短关键任务的工期则很可能缩短整个项目的工期。图 9.5 中的任务 C、G、H 和 J 构成了一条关键路径。

已有成熟的数学方法来计算关键路径,许多项目管理软件也能标出关键路径。找到关键路径后,需要确保关键任务按期完工;若有必要,还可将原来分配给非关键任务的资源转移到关键任务中以加快整个项目的进展。在项目进行中随着任务实际工期和估计工期的变化,关键路径也会随之而改变。

9.3.5　进度控制

在项目进行中几乎总会发生实际进度与进度基线的偏差,进度控制的目标就是了解实际状况,度量偏差,根据偏差调整下一步的计划,以确保最终的项目完工日期是可预见的、合理的。

发生偏差的首要原因是初始的任务工期估计不切合实际,有时是迫于高层管理者和其他重要利益相关者的压力,有意低估了完成任务所需的时间,也有时是将资源安排太紧凑所造成的。例如,有些项目经理在制定计划时给所有的团队成员都安排了100%的工作量,那么一旦有人不能按时完工则整个项目都会受到拖累。建议制定计划时就要考虑到意外情况,对资源的利用应留有余量,计划利用率达到75%即可。

在项目进度控制中常使用跟踪甘特图来反映偏差。在图9.6的示例中,"分析"任务已经完成,但推迟了几天,导致后继任务的开工和完工时间都可能会推迟。图中的空心菱形符号表示进度基线上的里程碑,实心菱形符号表示实际上已通过的或根据当前状况预测的里程碑。

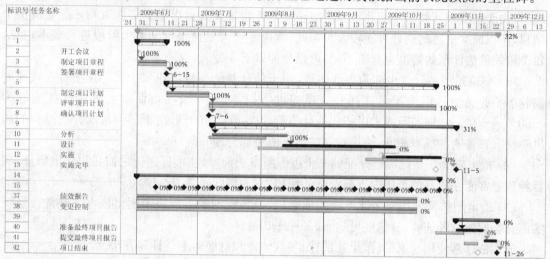

图9.6　跟踪甘特图示例

跟踪甘特图在项目组内部使用,也用在有其他利益相关者参与的项目进度报告会议中。项目经理有责任及时、真实地向利益相关者报告当前进度;若发现了可能严重影响进度的事件,要及时向高层管理人员报告,寻求他们的支持以尽快解决问题。

让信息系统开发项目按期完工是一个挑战。进度控制涉及上述的方法和工具,还涉及团队建设、沟通管理等问题;有时为了加快进度,还不得不调整成本预算,让范围、时间和成本达到新的平衡。

9.4　系统开发的成本管理

成本是指为了生成某种产品、提供某种服务或达到某个目的而耗费的物化的劳动和活劳动中所包含的价值,直观地看就是占有和消耗的物质资源及人力资源。为了方便计算,人们一般用货币单位来度量成本。在管理实践中,不易用货币来衡量的无形成本也需要纳入考虑范围,在决策时又常常需要忽略过去已发生的沉落成本。

成本管理是系统开发时面临的一个重大挑战,对于IT项目来说尤其是这样。据Standish Group的统计,1994年时IT项目的实际成本平均超过预算189%[①]。IT项目一般会涉及新技术的应用和新的业务流程,在开发的初始阶段还不易获取准确的用户需求,不易准确估计未来的支出情况,具有相当高的不确定性。但这并不是说IT项目的超支是不可避免的,有效地管理可以让成本处于可控的状态,同样据Standish Group统计,2004年时IT项目的平均超支

①　THE STANDISH GROUP. CHAOS[R]. Boston:The Standish Group,1995.

下降到了 47%[①]。一个项目的成本管理是指在可接受的预算内确保项目团队完成预定的项目范围所需的管理过程,包括成本估计、成本预算和成本控制等 3 个过程。

9.4.1 成本估计

成本估计是指估算出项目的总成本以及得到各类资源所需的成本。信息系统开发项目的成本通常可以分为两大类:一类是外购软、硬件的成本,它相对较容易估计;另一类是人力资源成本,由于在项目开展的早期并不容易准确预估需要多少人付出多少工作时间才能完成整个项目,所以成本估算的误差可能较大。为此,项目经理需要在项目的多个阶段进行成本估计,每个阶段的估计值的精度也有所不同,可以分为以下 3 类。

(1) 概略量级估计。也称为大致估计,用于估计整个项目将花多少钱。在项目正式开展前就需要此类估计以为项目选择和立项提供依据,对于一般项目而言它的精确度通常为 $-50\% \sim +100\%$,即实际成本可能比估计值低 50% 或高 100%,由于信息系统开发过程的高风险性和较普遍的成本超支,使用较高的估计值更加合理一些。

(2) 成本概算。是把资金分配到一个组织所做的预算,在项目进行之初必须作出概算,项目经理通常能在概算的范围内支配资金的使用,它的精度通常为 $-10\% \sim +25\%$。

(3) 确定型估算。用来估计最终的项目成本,为后期的采购决策提供依据。常常在系统实施开始前做这种估算,其精度可达 $-5\% \sim +10\%$。

成本估计常使用专家估计、类比估计、参数估计和自底向上估计等方法。

(1) 专家估计法。由若干业内专家根据经验和判断给出成本估计值,这种方法方便快捷,但精度不高,当有许多备选项目时可以用这种方法辅助进行项目的初步筛选。

(2) 类比估计。也称为由上到下估计,考察已进行的类似项目的成本,以此为参照来估计新项目的成本。这种方法的精度有所增加,但每个项目的特征都有所区别,两个看起来相似的项目可能会有较大的成本差异,所以这种方法也主要用在项目选择阶段。

(3) 参数估计。有些组织将过去项目的相关参数和成本数据收集起来,建立了参数化模型,就可以基于此模型估计新项目的成本。例如一个模型的参数包括系统开发时使用的编程语言、工作人员的专业水平、数据量、报表数量等,预估新项目的这些参数并代入模型就可以估算出成本。这种方法的精度更高一些,但不是所有的组织都建立了参数模型,模型的有效性随着时间的推移也会发生变化。这种方法可以用于量级估算和成本概算。

(4) 自底向上估计。先估计单项任务的成本,再将它们逐级汇总起来得到项目的总体成本。这种方法的优点是可以让执行任务的人直接参与成本估算,考虑的因素也比较周全,所以精度较高,但当任务分得很细时,这种方法需要较多的人员参与,花费较多的时间才能完成。所以它比较适用于成本概算和确定型估算。

尽管有许多方法和技术,在信息系统开发实践中,成本估计仍然可能是不准确的。Tom Demarco 提出了估计不准确的 4 方面原因和一些应对措施。

(1) 大型软件开发项目的估计工作是很复杂的,需要付出较大的努力才能完成,但是许多情况下在得到清晰的系统需求之前就要给出估计值。必须承认成本估计是分阶段的,每个阶段的估值可以不同,项目经理需要为每个阶段所做的估计给出理由。

(2) 进行成本估计的人可能缺乏经验,也没有足够准确可靠的项目数据来支持估计。如

---

① Anonymous. Failure Is Not an Option[J]. PM Network, 2007, 21(6): 8~10.

果企业使用好的项目管理方法并能记录包括估计在内的过往项目信息,对新项目的估计就会更准确一些;为 IT 人员提供成本估计方面的培训和指导也能提高估计的准确度。

(3)人们有低估的倾向。例如,高级 IT 专业人员和项目经理在做估计时往往基于他们自身的能力和水平,忽略了在项目团队中还有许多初级员工。项目经理和高级管理者需要对估计进行评审以减少偏差。

(4)管理层期望得到一个准确的成本值以帮助他们对外投标或从内部获得资金支持,有时期望的成本低于估算出的成本。项目经理需要运用领导才能和协商技巧来让管理层认识到估计值比期望值更合乎实际情况。

9.4.2 成本预算

项目成本预算涉及将估计的项目成本分配到每个具体的工作条目中。这些工作条目与 WBS 中的任务有着密切的联系,所以 WBS 是成本预算的依据之一。预算还需要按时间段来划分,所以工作进度计划是成本预算的另一个依据。成本预算的主要目的是分配资金的使用。表 9.3 是一个按任务和时间分配成本预算的示例。

表 9.3 按任务和时间分配成本的预算示例(单位:元)

任务	6月	7月	8月	9月	10月	11月	总计
启动							
开工会议	200						200
制定项目章程	2500						2500
签署项目章程							
计划							
制定项目计划	4500	1200					5700
评审项目计划		400	400	350	350		1500
确认项目计划							
执行							
分析		7500	1000				8500
设计		500	6000	5000			11500
实施				4000	6000		10000
实施完毕							
控制							
状态报告		500	800	700	600		2600
绩效报告		200	200	150	100		650
变更控制		450	500	600	300		1850
收尾							
准备最终项目报告					1000	1200	2200
提交最终项目报告						500	500
项目结束							
总和	7200	10750	8900	10800	8350	1700	47700

多数组织建立了预算编制的规范,例如要求在预算中开列全职员工的人数,再根据人数和薪酬定额来计算人工成本,有的要求将预算进一步细化到不同类别中去,如咨询费、差旅费、折旧、租金等。经过批准的预算及其相关说明文档形成了成本基线。

9.4.3　成本控制

成本控制的目标是在项目进行中及时发现实际成本与成本基线的偏差,向利益相关者通报可能影响成本的范围变更、时间变更及其他变更,在必要时对成本基线进行变更。与项目进度控制相类似,必须定期对成本绩效进行评估,提出绩效报告。挣值管理是一种较好的绩效评估技术。

挣值管理最初在 1960 年代用于对美国政府项目做财务分析,后来迅速成为了项目管理中普遍接受的一种工具。它将项目范围、进度和成本要素整合为一个系统,以便于客观地评估、理解和量化项目的进展,帮助发现项目绩效问题,预估项目的未来进展情况。

挣值管理需要使用 4 个基本参数。

(1) 完工预算(Budget at Completion,BAC),是指成本基线中整个项目的预算成本。

(2) 计划值(Planned Value,PV),也称为计划工作的预算(Budgeted Cost for Work Performed, BCWP),是指到某一个时间点为止按成本基线的要求应完成的工作所对应的预算。

(3) 实际成本(Actual Cost,AC),也称为已完成工作实际成本(Actual Cost of Work Performed,ACWP),是指到某一个时间点为止实际已发生的成本。

(4) 挣值(Earned Value,EV),也称为已完成工作的预算成本(Budgeted Cost for Work Performed,BCWP)。在计算 EV 时关注的是已完成了多少工作量,按原定预算标准,这些工作量应分摊多少成本。

计划值来自于前期制定的成本基线,在项目进行中要经常核查实际值和实际完成的工作量,并在进展报告会确认相关的数据。基于以上 4 个参数,可以很方便地计算出偏差和绩效指数并作出预测。

(1) 成本偏差(Cost Variances,CV)。不是简单地计算实际成本与预算成本之差,而是考虑到项目的工作进度,计算挣值与实际成本之差。

$$CV=EV-AC$$

CV 值为正说明成本有节余,CV 值为负说明出现了超支。

(2) 进度偏差(Schedule Variances,SV),用挣值和计划值的差异来表征。

$$SV=EV-PV$$

SV 值大于零表明实际进度快于计划进度。

(3) 成本绩效指数(Cost Performance Index,CPI)。

$$CPI=EV/AC$$

当 CPI 值小于 1 时,说明已完成工作的价值低于实际付出的成本,所以绩效不高;CPI 值为 1 表明成本符合预定基线;CPI 值大于 1 说明成本有节余。

(4) 进度绩效指数(Schedule Performance Index,SPI)。

$$SPI=EV/PV$$

(5) 预计完工成本(Estimate At Completion,EAC),是基于当前的成本绩效表现,用线性趋势外推法预估出的整个项目最终将发生的成本。

$$EAC=BAC/CPI$$

以表 9.3 中的数据为例,假设到 7 月底为止,该项目已实际开支 18450 元,但完成的工作量只有预定工作量的 80%。挣值及其它相关参数的计算结果见表 9.4。

表 9.4　挣值管理计算示例

变　量	数　值
完工预算(BAC)	47700 元
计划值(PV)	7200+10750=17950 元
实际成本(AC)	18450 元
挣值(EV)	17950(80%=14360 元
成本偏差(CV)	14360-18450=-4090 元
进度偏差(SV)	14360-17950=-3590 元
成本绩效指数(CPI)	14360/18450=77.8%
进度绩效指数(SPI)	14360/17950=80%
预计完工成本(EAC)	47700/77.8%=61311 元

项目进行过程中需要多次进行挣值计算,将一系列的数据绘制在同一幅图上可以直观地跟踪项目绩效的变动情况,图 9.7 是一个总工期为 6 个月的项目开工 3 个月后的挣值分析图。

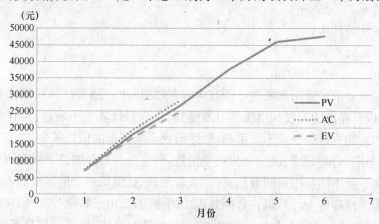

图 9.7　挣值分析图示例

挣值管理和其他成本控制方法一起服务于信息系统的成本管理。范围管理、时间管理和成本管理构成了信息系统开发管理的框架。信息系统开发是非常复杂的过程,开发人员还有必要了解质量管理、人力资源管理、风险管理等其他许多相关领域的知识,并在实践中积累经验才能增强管理这种复杂过程的能力。

习题 9

1. 什么是项目管理?
2. 项目管理主要包括哪些内容?
3. 范围管理是什么含义?
4. 什么是 WBS 分解? 其作用是什么?
5. 什么是关键路径? 如何用关键路径进行项目进度的调整?
6. 项目成本管理主要包括哪些内容?

第 10 章　管理信息系统应用与集成

 **教学要点**

　　信息系统在企业中的应用是随着信息技术、管理理念、组织理念的发展而不断变化的。随着信息系统应用的不断深入,信息孤岛等现象会越来越显著,对信息流的整合需求意愿因此会加强。本章主要对管理信息系统的应用,尤其是集成的思想和方法进行介绍,重点介绍集物料、资金、人力资源和信息资源等于一体的 ERP 概念、体系和系统。

　　本章主要内容包括:

　　(1) 信息集成与系统集成;

　　(2) ERP 的基本思想;

　　(3) ERP 系统的结构;

　　(4) ERP 系统的发展等。

　　信息技术在企业中的应用和发展已经有 40 多年的历史。随着计算机硬件和软件技术水平的不断提高,以及经济的发展和组织学习的提升,企业对计算机不断进行再创造,或者重新赋予计算机新的功能。这种变革不断累积,最终形成影响深远的信息革命,改变了现代企业的组织结构、业务范围、管理方式、供应链和竞争优势,催生新业务并创造无限商机。

　　信息系统在企业中的应用是随着信息技术、管理理念、组织理念的发展而不断变化的。起初信息系统被简单地理解为计算机在数据处理中的应用,如电子数据处理(EDP)、事务处理系统(TPS);后来被理解为辅助企业进行管理、控制和决策的系统,如管理信息系统(MIS)、决策支持系统(DSS)、经理支持系统(EIS);进入 20 世纪 90 年代以来,随着信息技术尤其是互联网技术的发展,信息系统在企业中已经不再是扮演辅助的角色,很多企业将其看成保证企业成功的重要战略资源。从戴尔(Dell)公司到思科(Cisco)公司,从 UPS 到沃尔玛(WalMart),很多实际的例子证明信息系统在现代企业中越来越起到战略性的作用。这一时期,涌现出很多蕴含先进现代管理思想和方法的信息系统,它们在国内外得到广泛的应用,并迅速转化为生产力,成为推动企业发展的巨大动力。这些系统主要包括:

- 企业资源计划(Enterprise Resources Planning,ERP);
- 供应链管理(Supply Chain Management,SCM);
- 客户关系管理(Customer Relationship Management,CRM);
- 产品数据管理(Product Data Management,PDM);
- 企业间信息系统(Inter Organizational Information System,IOIS);
- 电子商务(Electronic Commerce,EC / Electronic Business,EB);
- 战略信息系统(Strategic Information System,SIS);
- 商务智能(Business Intelligence,BI);
- 知识管理(Knowledge Management,KM)。

美国纽约大学的 Laudon 教授从企业角度，也就是以强调信息系统的作用和目的的角度给出了信息系统的定义：信息系统是企业面对挑战时，基于 IT 的组织和管理的解决方案。企业并不是为了处理本身的信息而存在的，相对地，企业处理信息是用来改善组织的绩效并创造利润。信息系统是为组织创造价值的重要工具。因此，现代企业在构建其信息系统时，并非依赖某一单一的信息系统就能解决其所有问题，而必须认真分析企业运营的环境中所面临的问题与挑战，全面地从技术、组织与管理 3 个方面考虑，包括战略问题、技术问题、应用系统、信息处理及建设过程涉及的人、财、物等的管理等，是一个集成化的解决方案。任何新信息系统的投资能否被执行，都取决于该系统将企业带向较佳管理决策的制定、较有效率的企业流程与较高的企业获利能力的程度高低。下面我们首先通过思科公司的案例感受一下现代企业的集成化信息系统解决方案。

【案例 10.1】 思科公司的集成化信息系统解决方案

作为一个全球知名的 IT 公司，思科公司本身也是 IT 受益者，其内部的运营目前都依赖于内部近千套大大小小的信息系统，目前已经成为现代 IT 应用的典范之一。思科公司信息系统应用的总体框架图按价值链的思路可以总结如图 10.1 所示。分析思科公司的信息应用结构有利于我们更好地从应用和集成角度理解什么是信息系统。

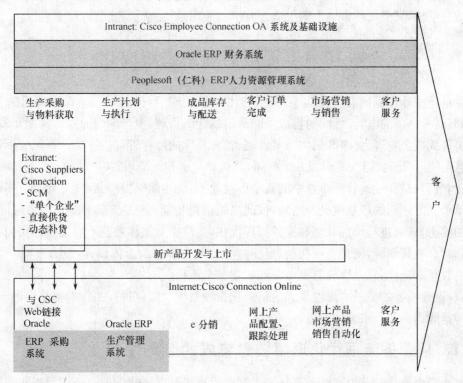

图 10.1 Cisco 公司的信息系统应用结构图

首先从网络大块上看，思科的信息系统应用分为 3 个部分，一个围绕企业内部运营过程而设计的 Intranet（内联网），包括内部采购系统、生产系统、分销系统、销售自动化、客户服务等价值链的基本系统，以及财务系统、人力资源管理等辅助系统；其次是与供应商与分销商等外部合作伙伴共同建立的 Extranet（外联网），在思科公司被称为"Cisco Suppliers Connection"，主要实现了直接供货、动态补货以及自动下订单等功能；最后是思科公司基于 Internet 的应用，名为"Cisco Connection Online"，主要是为了补充 Intranet 和 Extranet 无法实现的功能，特别是为分布在世界各地的合作伙伴、制造商、客户等进行自动化服务的系统应用，实现了网上分销、网上客户服务、网上订单跟踪处理等等多种灵活的功能。

其次从企业内部价值链的分析来看，与价值链中的基本流程相对应的，思科的 ERP 系统分别设置了采购系统、生产管理系统、分销系统、销售系统、客户服务系统等几个系统；而辅助的流程则包括了财务管理系统与人力资源管理等应用。另外从跨组织信息系统来看，供应链管理系统、客户服务系统都已经超越了思科公司的企业边界，成功地为思科公司搭建了基于价值网的信息系统框架。

根据思科公司的信息系统应用的分析，我们可以发现从应用和集成角度理解组织的信息系统，更多是一个个在 IT 市场上可供选择的应用系统，每个应用都具有达成共识的含义及解决问题的范围，比如说 ERP、CRM、SCM、KM、BI、电子商务、办公自动化等。而组织的信息系统就是在企业战略的指导下，由这些应用或者单独的或者共同组合在一起而形成的，为企业提供了应对其问题和挑战的一个个解决方案。

伴随着信息技术(IT)的不断更新与发展，特别是随着 IT 市场的繁荣与成熟，大量的 IT 供应商根据企业的一些共同需求，开发了各种各样商品化的应用系统，企业无须再组织人员自我开发信息系统，只需要在市场上购买适合自己的应用系统进行实施就可以了。

10.1　管理信息系统集成化

不少企业在计算机辅助管理的应用上，作出了很大成绩，提高了一些管理部门的工作效率。例如：财务部门的电算会计、销售或采购部门的合同管理、生产部门的零部件配套表、人事部门的工资或奖金管理、技术部门的档案管理、各种仓库的库存管理。这些计算机应用都属于管理信息系统(MIS)。但没有形成一个整体，是信息化的初级阶段。

由于它们只是孤立地管理企业中的某个单项业务，虽然能够提高某个部门的工作效率，但是各个单项业务之间的信息流是割断的，彼此之间信息传递迟缓、甚至不能直接沟通，造成部门分割的状态，难以进行信息共享和业务流程优化，造成企业整体效益不能提高。我们称之为"信息孤岛"。究其原因，就是企业在信息化时，没有一个统一的总体设计，没有建立一整套标准规范的管理基础，信息系统没有覆盖企业的业务全流程。

所以，企业需要的是一个高度集成的信息化管理系统。仅仅提高工作效率是远远不够的，更重要的是能为企业带来整体效益。

10.1.1　从业务流程优化理解信息集成的必要性

任何一个企业的经营生产活动都是一系列前后连贯又交叉错综的业务流程来实现的。例如，有掌握客户和市场需求的流程、产品研发流程、营销和管理渠道的流程、生产制造流程、采购供应流程等。这些流程相互密切关联，单独运行是没有意义的。人们常说的"产供销严重脱节"，实际上是在说生产、供应和销售这 3 个流程是在各自孤立地运行，没有能够形成一个科学合理的业务模式和数据模型，也不能起到信息集成和共享的作用。

因此，要认识局部流程同整体流程的关系，一项业务流程的输出是另一项业务流程的输入，无数众多的"输入—处理—输出",构成一个完整的全流程。从制造业内部各项管理业务来讲,它们又都是"从获取客户订单开始,到把产品交到客户手中并收到回款,并提供售后服务"这样完整全流程的组成部分。制造业的内部流程必须进一步同它的上游供应商和下游经销商、运输配送商以及产品研发机构等外部流程紧密衔接,才能形成一个覆盖供应链的完整全流程。

10.1.2　信息集成的含义

实现信息集成就是:任何一项数据或信息,由一个部门的专职员工负责,在规定的时间,录入到系统中去,存储在指定的数据库,然后根据业务流程的要求,按照规定的运算方法进行加工处理。也就是同样的数据不需要第2个部门或员工重复录入,减少重复劳动、提高效率、避免差错。同时可以使用系统的员工口令查明每一个数据的来源和录入时间,做到责任分明。也就是"信息来源唯一",而不是多头的。只有信息来源准确可靠,内容完整精确,发布传递及时,才有助于正确决策,避免失误。

信息集成不是最终目的,实现信息集成是为了信息的实时共享。要适应瞬息万变环境变化,要实时做决策,必须要使任何一方的信息要让相关的人员都看到。因此,要送数据到一个统一的数据库,经过统一的处理规则进行加工处理。统一数据库不是一个数据库,而是指同一个数据只从同一个数据库中摘取,来源唯一。处理的规则也是统一的;所有与某项业务流程有关的授权人员,都可以及时地从指定的同一个数据库中,调用原始数据和加工处理后的信息;只有这样管理人员才能实时地了解到相关信息,才能做到对瞬息万变的内外部环境进行实时响应。才能按照同样一个信息来源作出决策,减少互相之间决策之间的矛盾。

10.1.3　信息集成的条件

虽然信息集成有这么多好处,但它是有条件的。

(1) 信息必须是规范的。信息规范通常指数据的名称、代码的定义必须明确一致,数据文件齐全,数据准确、及时、完整。例如,一种物料,不能一个部门叫它螺钉,另一个部门叫它螺栓,还有的叫它国标×××号,实际上指的是同一个东西,但是用的名字不一样。不允许一个物料取几个名字,也不允许几个物料取一个名字。例如,各种小票和报表上的名称也要一致,不能有的写入库量,有的写过磅量,实际上是一回事。这就是不规范。计算机分不出来,就认为是两个东西。看起来信息规范似乎比较容易做到。但是,一个老企业每个业务部门都按照老的习惯用了很多年了,现在要改、要统一,就会遇到"以谁为准"的争议,大家都想用自己的标准来统一,往往互不相让。所以,从不规范到规范,有大量的规范化的工作要做。

(2) 信息处理的流程也必须规范。而信息流程规范化取决于业务流程规范化。业务流程不规范必然造成信息流程不规范,造成数据的流失或不完整。例如,一个销售经理和某个经销商关系不错,就打了一张白条,同意发给他40台彩电,白条上的信息没有进数据库。过后,货物给谁了?货款收回来没有?都说不清楚了。这就是不规范的管理。信息流程规范化是信息公开透明的必要条件,也是建立公平、公正和诚信的市场秩序的前提。

(3) 必须要更新观念、深化改革。从不规范的管理到规范化管理实质上是一场深刻的管理革命。只要有变革(Change),就会有阻力。当信息成为一种"财富"或"权利"的象征时,要做到"共享"会遇到意想不到的阻力。

所以,必须具备这些条件,才能实现信息集成,不然也尝不到信息集成的甜头。最最关键的还是更新观念和改革管理。

10.2 企业资源计划

企业资源计划（Enterprise Resources Planning，ERP）是一种高度集成的信息化管理系统，是目前企业应用最为广泛的系统。企业资源计划这一概念产生于美国，最早出现在 20 世纪 90 年代初期。它并不是产生于理论家的灵感迸发，而是产生于市场竞争的需求和实践经验的总结。由于 IT 技术的飞速发展和企业对供应链管理的需要，迫切需要对已有的基于管理信息系统架构的企业生产经营管理进行整合规范，因此诞生了企业资源计划（ERP）的思想。

美国著名的 IT 分析咨询公司 Gartner Group Inc 对 ERP 的定义可以简明表达如下：ERP 是 MRPII（Manufacturing Resource Planning，制造资源计划）的下一代，它的内涵主要是"打破企业的四壁，把信息集成的范围扩大到企业的上下游，管理整个供应链，实现供需链管理"。换句话说，ERP 是一种企业内部所有业务部门之间、以及企业同外部合作伙伴之间交换和分享信息的系统；是集成供需链管理的工具、技术和应用系统，是管理决策和供需链流程优化不可缺少的手段，是实现竞争优势的同义语。

从 20 世纪 60 年代到现在，依靠系统软件来实现的企业经营管理思想已经过了半个多世纪的发展，不断有新的理论和概念提出来，而其核心却从未发生过变化，即通过更加合理有效的技术手段实现对企业资源（物流、资金流、信息流等）的合理利用，达到企业发展经营的要求。面对着更加激烈的挑战，要想实现这个目标，企业的管理者就不得不面对一系列的挑战：生产计划制定的合理性、成本控制的有效性、设备使用的充分性、作业安排的均衡性、库存管理的准确性、财务分析的时效性、人力资源的激励性等。ERP 思想的发展之路实际上就是企业利用信息资源和 IT 技术去解决这些挑战的循序渐进的过程。

解决企业所面临挑战的一个重要手段就是实现信息集成。从 MRP 到 ERP 的发展过程，实际上就是信息集成覆盖范围不断扩大的过程，从物流到资金流，从企业内部到整个供应链，就像水中的波纹一样，由中心逐渐向外扩张。如图 10.2 所示。

ERP 的形成大致经历了 3 个阶段：

① 物料需求计划（Material Requirements Planning，MRP）；

② 制造资源计划（Manufacturing Resource Planning，MRPII）；

③ 企业资源计划（Enterprise Resource Planning，ERP）；

如何理解从 MRP 到 ERP 的发展？它们信息集成的范围、所能解决的问题和所依据的管理思想是不同，应从这 3 个方面加以理解，如表 10.1 所示。

表 10.1　MRP、MRPII 和 ERP 的比较

	信息集成范围	解决的问题	管理思想
MRP	销—产—供部门物料信息的集成	既不出现短缺，又不积压库存	优先级计划 供需平衡原则
MRPII	物料信息同资金信息的集成	"财务账"与"实物账"同步生成	管理会计 模拟法支持决策
ERP	客户、供应商、制造商信息的集成	优化供需链——协同运营/合作竞争	供需链管理／敏捷制造／精益生产／约束理论／价值链

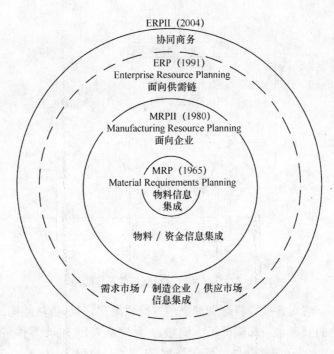

图 10.2　从 MRP 到 ERP 的信息集成发展之路

10.2.1　物料信息的集成——MRP

ERP 信息集成的第一步是实现物料信息的集成。体现物料信息集成的信息化管理系统是 1965 年问世的 MRP（Material Requirements Planning，物料需求计划）。为了更好地理解 MRP 的产生背景，首先需要了解传统的库存订货点理论。

1. 库存订货点理论

20 世纪 60 年代以前，企业生产能力较低，制造资源矛盾的焦点是供与需的矛盾。企业解决物料的供应和需求问题，通常采用控制库存物品数量的方法，为需求的每种物料设置一个最大库存量和安全库存量，也就是物料的库存不能大于最大库存量，而物料的消耗不能使库存小于安全库存量。如图 10.3 所示。由于物料的供应需要一定的时间（即供应周期，如物料的采购周期、加工周期等），因此不能等到物料的库存量消耗到安全库存量时才补充库存，而必须有一定的时间提前量。当剩余库存量可供消耗的时间刚好等于订货所需要的时间（订货提前期）时，就要下达订单来补充库存，这个时刻的库存量称为订货点。

订货点＝单位时段的需求量×订货提前期＋安全库存量

订货点法曾引起人们广泛的关注，按这种方法建立的库存模型曾被称为"科学的库存模型"。然而，在实际应用中却是面目全非。其原因在于订货点法是在某些假设之下，追求数学模型的完美。下面对这些假设进行讨论。

假设 1：对各种物料的需求是相互独立的。

订货点法不考虑物料项目之间的关系，对各项物料分别独立地进行预测和订货。而在制造业中，各项物料的数量必须配套，以便能装配成产品。因此采用订货点法会在装配时发生各项物料数量不匹配的情况。

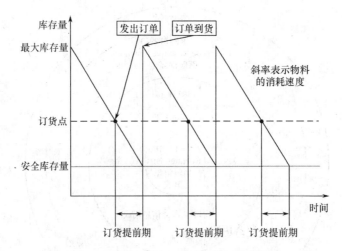

图 10.3　信息系统战略规划的总体思路

　　同时,由于订货点法对各项物料分别独立地进行预测和订货,虽然能提高单项物料的供货率(服务水平),但总的服务水平却降低了。例如,一件产品需用 10 个零件装配而成,假设每个零件的供货率都高达 90%,而联合供货率却降到 34.8%。也就是说,要想在总装配时不发生零件短缺,那只能是碰巧的事。这是由该库存管理模型本身的缺陷造成的。

　　假设 2:物料需求是均匀的。

　　采用订货点理论的条件是需求均匀,但是在制造过程中形成的需求一般都是不均匀的:不需要的时候是零,一旦需要就是一批。采用订货点理论加剧了这种需求的不均匀性。

　　产品的需求是由企业外部多个用户的需求决定的,一般而言,每个用户的需求相差不是很大,所以综合起来,对于产品的总需求是比较均匀,库存水平的变化总体轮廓呈锯齿状。当产品的库存量下降到订货点以下时,要开始组织该产品的装配。

　　产品的装配引起了零件的调用,因此零件的库存水平会突然下降一块。而在此之前,尽管产品库存水平在不断下降,但是由于没有下降到订货点处,并不需要提出订货的要求,因此零件的库存水平一直是维持不变的。

　　同样地,当零件的库存水平未降到订货点以下时,也不必提出订货。于是,原材料的库存水平也是维持不变的。随着时间的推移,产品的库存逐渐消耗,当库存水平再降到订货点以下时,需要继续组织产品的装配,这又会消耗一部分的零件库存。如果这时零件的库存水平也因消耗而下降到零件的订货点以下,就需要组织零件的加工生产,开始消耗一部分的原材料库存。

　　由此可见,在产品的需求率为均匀的条件下,采用订货点的方法,造成了对零件和原材料的需求率不均匀,呈现出"块状"。块状需求与产品的锯齿状需求相比,平均库存水平几乎提高一倍,因而需要占用更多的资金来维持。如图 10.4 所示。

　　假设 3:库存消耗之后,应被重新填满。

　　按照这种假定,当物料库存量低于订货点时,则必须发出订货,以重新填满库存。但如果需求是间断的,那么这样做不但不合理,而且造成库存积压。例如,某种产品一年中可以得到客户的两次订货,那么制造此种产品所需的钢材则不必因库存量低于订货点而立即填满。

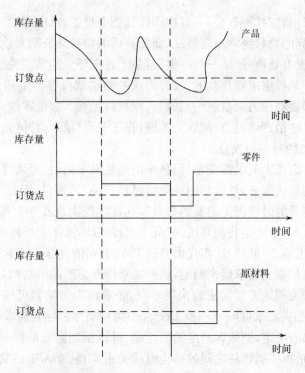

图 10.4　产品、零件、原材料采用订货点法控制示意图

假设 4："何时订货"是一个大问题。

订货点法认为"何时订货"是库存管理的一个大问题。它通过触发订货点来确定物料的订货时间，再通过提前期来确定物料需求时间。这实际上是本末倒置的。真正重要的问题是"何时需要物料"及"需要多少物料"，当这些问题解决以后，"何时订货"的问题也就迎刃而解了。

从以上讨论可以看出，订货点库存控制模型是围绕一些不成立的假设建立起来的，因此其适用范围有限。主要适用于大规模生产环境下，物料的消耗和供应都相对稳定，物料的需求是独立的且物料的价格不是太高的情况。

订货点库存控制模型之所以无法解决"制造资源的供需矛盾"，就在于其对需求的情况不了解，没有按照各种物料真正需用的时间和数量来定货，只依靠维持高库存来提高服务水平，造成较多的库存积压。同时它没有考虑物料之间的相关性，形成"块状"需求现象。因此，订货点方法只能处理独立需求问题，它不能令人满意地解决生产系统内发生的相关需求问题。于是人们提出了这样的问题："怎样才能在规定的时间、规定的地点、按照规定的数量得到真正需用的物料？"换句话说，就是库存管理怎样才能符合生产计划的要求？这是当时生产与库存管理专家们不断探索的中心问题。

由于客户需求不断变化，产品以及相关零部件、原材料的需求在数量上和时间上往往是不稳定和间歇的；产品结构也日趋复杂，特别是离散制造行业（如汽车、机电设备行业）涉及数以千计的零部件和原材料，使得销售、生产、供应以及库存管理的问题更加复杂，传统的库存管理方法无法应对这些问题，由此促进了 MRP 的出现。

2. MRP 的基本原理

企业管理者经常头疼的事情之一，就是"销产供严重脱节"。销售部门好不容易签下的销售合同,生产部门说计划安排不下去;一旦生产计划能安排了,供应部门又说材料来不及供应;在仓库里,生产要用到的物料经常出现短缺,而没有用的物料又长期大量积压。

究其原因,就是没有处理好"销—产—供"链条上每个环节的供需关系。在这个链条上,任何一种物料都是由于某种需求而存在的,没有需求的物料就没有产生和保存的需要。一种物料的消耗量受另一种物料的需求量制约,如购买原材料是为了加工零件,而生产零件又是为了装配产品。因此,解决"销产供脱节"问题的关键,在于平衡"销产供"链条上每个环节的供需关系,这就是 MRP 理念的基本出发点。

要平衡"销产供"链条上的供需关系,信息不沟通是做不到的,必须将销—产—供部门物料的需求和供应信息的集成起来,然后精确地确定每种产品、零部件、毛坯和原材料等的需求数量和需求时间,"在需要的时候提供需要的数量",这样才能实现按需要准时生产,从而实现低库存水平和高服务水平,也就是我们常说的"既不出现短缺,又不积压库存"。

MRP 的基本思想是 20 世纪 60 年代由美国 IBM 公司的约瑟夫·奥列基博士提出。他提出物料的供应量应该根据其需求量来确定,这种需求应考虑产品的结构,因为在产品结构中物料的需求量是彼此相关的。按照需求的来源不同,企业内部的物料可以分为独立需求(Independent Demand)和相关需求(Dependent Demand)两种类型。独立需求是指需求量和需求时间由企业外部的需求来决定,例如客户定购的产品、科研试制需要的样品、售后维修需要的备品备件等;相关需求是指根据物料之间的结构组成关系,由独立需求的物料所产生的需求,例如半成品、零部件、原材料等的需求。MRP 诞生于市场经济环境,独立需求代表了只能由市场决定而不能由企业决定的外部需求,反映出生产必须以市场需求为导向。而相关需求则阐述了物料存在的相关性。

下面以方桌为例来说明其产品结构图,它大体上反映了构成方桌的各种物料之间的构成和数量关系。如图 10.5 所示。

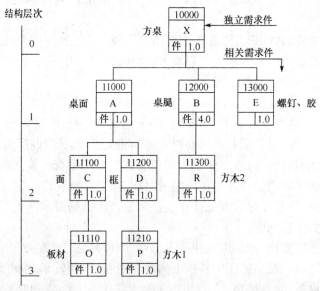

图 10.5 产品结构图

任何一种制造业产品都可以用产品结构树来描述。图 10.5 左边是结构的层次。最顶上第 0 层是产品,即销售出去的成品 X(桌子)。下面有 3 层。一个桌子由一个桌面、4 个桌腿、还有油漆、胶、螺钉组成。桌子面由一个面板和一个框组成。桌腿由一块方木锯出来。桌子面又是由大的板材锯出来的。桌子框是由一个方木裁出来的。每一层的物料都是由上一层分解下来。层次反映了物料需用时间的先后（即优先级），也叫提前期。

对桌子的需求不是由企业决定的，而是由市场决定的，所以桌子是独立需求件。其他物料是我们要生产桌子才用到的，如果不做桌子就不需要，它们的需求数量和需求时间也是由桌子决定的，因此是相关需求件。

从图 10.5 中还可以看出来，最顶层是销售件，是卖出去的产品，所有的最底层（包括 O，P，R，E 4 个）都是采购件。制造业的特点之一就是所有原材料、配套件都是外购的，经过加工最后装配成产品。中间几个（包括 A，C，D，B 4 个）就是加工件。

所以一个产品结构树就把一个企业的销售件、加工件、采购件，也就是销售部门、生产部门、采购部门 3 个部门所处理的物料集成起来。所以一个产品结构树是一个集成销—产—供业务信息的数据结构模型。

我们从产品结构树可以看出上层和下层的关系，有数量的关系，有从属的关系。它解决了要什么和要多少的问题（What? How much?）。但是不一定解决短缺问题，或者是积压库存的问题。因为它还没有解决什么时候要的问题（When?）。怎样才能做到"不短缺又不积压库存"呢？还必须把产品结构放到时间的坐标上去。

制造企业的生产就是将原材料转化为产品的过程，即按照一定的加工顺序，将原材料制造成各种毛坯，再将毛坯加工成各种零件，把零件组装成部件，最后将零件和部件装配成产品。从库存系统的观点，可以把制造过程看做从成品到原材料的一系列订货过程。要装配产品，必须前一阶段发出订货，提出需要什么样的零部件，需要多少，何时需要；同样，要加工零部件也必须向前一阶段发出订货，提出需要什么样的毛坯，需要多少，何时需要；要制造毛坯，就需要对原材料订货。这样，在制造过程中形成了一系列"供方"和"需方"，供方按需方的要求进行生产，最终保住外部顾客的需要。只有在每个环节从时间和数量上去平衡供求关系，也就是做到"在需要的时候提供需要的数量"，才能做到既不出现短缺，以保证生产的顺利进行，又不积压库存，避免产生浪费。

在制造过程中，需方的要求不是可以任意改变的，它完全取决于产品结构、工序和物料的生产或采购周期（即提前期）。如果确定了最终产品的需求数量和需求时间，并且明确每种物料的提前期，就可以按照产品的结构确定每种种物料的需求数量，并且根据物料即提前期，反推出它们的需求时间和投入时间。其数据模型是以时间为坐标的产品结构。

以需求为导向，以交货日期或完工日期为基准倒排计划，推算出工作的开始日期或订单下达日期；这个期间的时间跨度称为"提前期"，意思是提前多长时间开始行动。例如以产品 X 的交货日期为基准，X 的提前期是 2 天，也就是将 A、B、E 组装成 X 需要 2 天时间，因此组装 X 的工作要提前 2 天开始行动。这就意味着 A、B、E 必须提前 2 天准备好，从而确定出 A，B，E 的完工日期。

以此类推，A 由 C 和 D 组装而成，如果 A 的生产周期是 4 天，C 和 D 就需要提前 4 天准备好。用这种方法就可以到推出所有物料的开始日期和交货日期。

从图 10.6 可以看出，按照这种方法排计划，早需要的、生产周期长的物料先下计划；晚需要的、生产周期短的物料晚下计划，称之为"优先级计划"。也就是需要什么就准备什么，什么时候要就按它的周期的长短或提前期的长短来安排它下达计划的日期。这样，从理想状态就可以做到不多不少、不早不晚。

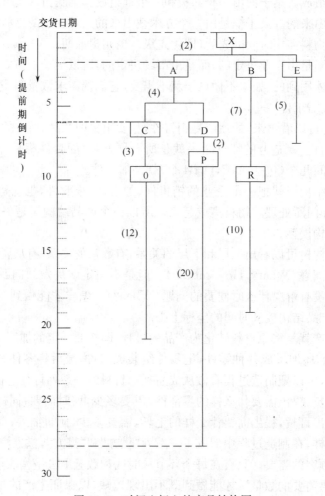

图 10.6　时间坐标上的产品结构图

该模型集成了销售、生产、采购，制造企业 3 大核心业务部门的需求和供应信息。回答了编制计划所需的 3 个基本问题：需要什么？需要多少？何时需要？（What？How much？When？）。由于产成品、采购件和加工件都集成在一个模型中，只要顶层的"独立需求"变化，所有低层的"相关需求"通过展开运算，立即发生相应的变化。生产计划、采购计划根据销售计划同步生成和修订，减少了业务流程的层次，是基于优先顺序的销产供"一体化计划"。

3. MRP 的运行逻辑

MRP 的基本任务是：①从最终产品的生产计划（独立需求）导出相关物料（零部件、原材料等）的需求量和需求时间（相关需求）；②根据物料的需求时间和生产（订货）周期来确定其开始生产（订货）的时间。

MRP 的基本内容是编制物料的生产计划和采购计划。然而，要正确编制物料计划，首先必须落实产品的出产进度计划，即主生产计划（Master Production Schedule，MPS），这是 MRP 展开的依据。MRP 还需要知道产品的零件结构，即物料清单（Bill Of Material，BOM），才能把主生产计划展开成为相关物料的生产计划和采购计划，同时，还必须知道库存数量才能准确计算出物料的生产或采购数量。因此,MRP 计算的依据就是:①主生产计划(MPS);②物料清单(BOM);③库存信息。MRP 的逻辑流程图如图 10.7 所示。

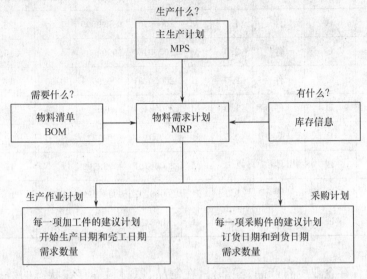

图 10.7　MRP 基本构成示意图

(1)主生产计划(Master Production Schedule,MPS)

主生产计划是确定每一具体的最终产品在每一具体时间段内生产数量的计划。这里的最终产品是指对于企业来说最终完成、要出厂的完成品,它要具体到产品的品种、型号。这里的具体时间段,通常是以周为单位的,在企业的实际生产制造过程中,也可以是日、旬、月。主生产计划详细规定生产什么、什么时段应该产出,它是独立需求计划。主生产计划根据客户合同和市场预测,把经营计划或生产大纲中的产品系列具体化,使之成为展开物料需求计划的主要依据,起到了从综合计划向具体计划过渡的承上启下作用。表 10.2 所示是一个主生产计划的一部分。

表 10.2　主生产计划示例

周次	1	2	3	4	5	6	7	8	9	10
甲产品					10			15		
乙产品				20			25			
丙产品	15	15	15	15	15	15	15	15	15	15

(2)物料清单(Bill Of Material,BOM)

MRP 系统要正确计算出物料需求的时间和数量,特别是相关需求物料的数量和时间,首先要使系统能够知道企业所制造的产品结构和所有要使用到的物料。产品结构列出构成最终产品或装配过程中需要的所有部件、组件、零件,还有它们之间的装配关系、数量要求等。产品结构是 MRP 产品进行拆分的基础。

我们所获得的只是产品结构图,并不是最终所需要的物料清单(BOM)。为了便于计算机识别,必须把产品结构图转换成规范的数据格式,这种用规范的数据格式来描述产品结构的文件就是物料清单。它必须说明组件(部件)中各种物料需求的数量和相互之间的组成结构关系。表 10.3 就是一张简单的与产品 X(桌子)的产品结构相对应的物料清单。

表 10.3　物料清单示例

层次	物料号	物料名称	计量单位	数量	类型	生效日期	失效日期	成品率	累积提前期	ABC 码
1	11000	A	件	1.0	M	20000101	99999999	1.00	26.0	A
.2	11100	C	件	2.0	M	20000101	99999999	1.00	15.0	A
..3	11110	O	件	2.0	B	20000101	99999999	0.90	12.0	B
.2	11200	D	件	1.0	M	20000101	99999999	1.00	22.0	C
..3	11210	P	Kg	0.5	B	20000101	20001231	0.90	20.0	C
1	12000	B	件	1.0	M	20000101	99999999	1.00	17.0	B
.2	12100	R	件	1.0	B	20000101	99999999	1.00	10.0	C
1	13000	E	件	1.0	B	20000101	99999999	1.00	5.0	C

（3）库存信息

库存信息是保存企业所有产品、零部件、在制品、原材料等存在状态的数据库。在 MRP 系统中，将产品、零部件、在制品、原材料甚至工具等统称为"物料"或"项目"。为便于计算机识别，必须对物料进行编码。物料编码是 MRP 系统识别物料的唯一标识。

下面我们就库存信息中的几个主要变量进行说明。

① 现有库存量：是指在企业仓库中实际存放的物料的可用库存数量。

② 计划收到量（在途量）：是指根据正在执行中的采购订单或生产订单，在未来某个时段物料将要入库或将要完成的数量。

③ 已分配量：是指尚保存在仓库中但已被分配掉的物料数量。

④ 提前期：是指执行某项任务由开始到完成所消耗的时间。

⑤ 订购（生产）批量：在某个时段内项供应商订购或要求生产部门生产某种物料的数量。

⑥ 安全库存量：为了预防需求或供应方面的不可预测的波动，在仓库中经常应保持最低库存数量作为安全库存量。

根据以上的各个数值，可以计算出某项物料的净需求量：

$$净需求量＝毛需求量＋已分配量－计划收到量－现有库存量$$

4. 闭环 MRP

MRP 生成的需求计划，只是一种建议性的计划，是否有可能实现，还不能肯定。采购计划可能受到供货能力或运输能力的限制而无法保障物料的及时供应。生产计划由于未考虑生产线的实际生产能力，在执行计划的过程中可能会经常偏离轨道。利用 MRP 原理制定的生产计划与采购计划往往容易造成不可行。

因此，需求计划必须同能力计划结合起来，反复运算，经过平衡以后才有可能执行。换句话说，能力同负荷必须平衡，超出能力的计划是不可能实现的。20 世纪 70 年代，能力管理（Capacity Management）的概念被提了出来，MRP 系统得到了进一步的发展，把能力需求计划和执行及控制计划的功能也包括进来，形成了一个环形回路，称为闭环 MRP。如图 10.8 所示。

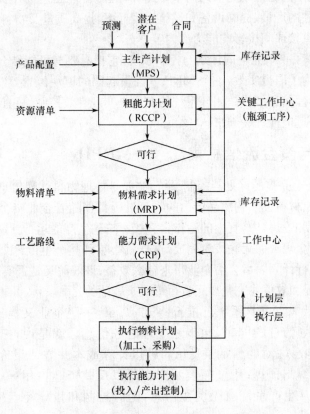

图 10.8　闭环 MRP 的逻辑流程图

能力管理在各计划层的任务是不同的。

（1）在业务规划层，能力管理的任务主要是编制长期能力管理规划。从事长远规划的计划员应提出完成生产计划要求所需的资金、主要外部供应、土地、设施及主要设备和人员技术的能力要求。

（2）在主计划的生产规划层，能力管理的任务是提供粗能力计划（Rough-Cut Capacity Planning，RCCP），即主要资源如关键设备、关键技术、关键场地的能力限制报告，在主计划的主生产计划阶段，这一关键能力报告应反复进行。

（3）在物料需求计划层，主要是进行短期能力管理。能力需求计划（Capacity Requirements Planning，CRP）的任务是针对各工作中心能否保证提供足够的能力。工作中心是一种生产设施，它是由能作为一个独立单元所形成的若干设备及若干人员和必要场地所组成。能力管理就是对这些工作中心产生短期能力需求计划。能力需求计划是以物料需求计划处理结果作为依据，就是把物料需求计划换算成能力需求数量，生成能力需求报表。物料需求计划能告诉每一个工作中心应该作什么，但只是假设这些工作中心能力是足够的，并没有作能力分析。只有能力需求计划才能对能力作出评价。能力需求计划只有当物料需求计划运行以后才能进行。

（4）在车间管理层，能力管理的主要任务是进行能力控制，即检查工作中心的能力输出及对差异采取措施进行控制。

能力计划并不是用已有的能力去限制需求，而是对能力进行规划与调整，使之尽可能地满足物料的需求,也就是满足市场竞争的需求。此外,能力管理也包括在各个时间期段内,合理搭配组合各产品品种的产量、提高设备和设施的完好率、提高质量及物料的合格率以及合理利用企业能力资源等直接或间接影响能力的内容。

闭环 MRP 体现了一个完整的计划与控制系统,它把需要与可能结合起来,或者说把需求与供给结合起来。为了取得实效,一个 MRP 软件最起码的模块配置,应当实现闭环 MRP 系统,建立最基本的管理信息集成。闭环系统的实质是实现有效控制,只有闭环系统才能把计划的稳定性、灵活性和适应性统一起来。

10.2.2 物流与资金流信息集成——MRPII

闭环 MRP 是一个完整的计划与控制系统,主要是处理物料计划信息,对物流的过程进行计划和控制。而从原材料投入到成品产出的物流过程都伴随着企业资金的流通过程,即资金流。在实际的生产制造过程中,资金的运作会直接影响到生产的运行活动。例如,采购计划制定后,由于企业的资金短缺而无法按时完成,这样就影响到整个生产计划的执行。同时,企业的管理层更关心,执行计划以后会给企业带来什么效益;该效益又是否实现了企业的总体目标等。企业的经营状况和效益终究是要用货币形式来表达的。

20 世纪 70 年代末,MRP 系统已推行将近 10 年,一些企业又提出了新的课题,要求系统在处理物料计划信息的同时,同步地处理财务信息。就是说,把产品销售计划用金额表示以说明销售收入;对物料赋予货币属性以计算成本并方便报价;用金额表示能力、采购和外协计划以编制预算;用金额表示库存量以反映资金占用……。总之,要求财务会计系统能同步地从生产系统获得资金信息,随时控制和指导经营生产活动,使之符合企业的整体战略目标。

1977 年 9 月,美国著名生产管理专家奥利弗·怀特提出了一个新概念——制造资源计划(Manufacturing Resource Planning),它的简称也是 MRP,但已经是广义上的 MRP。为了与传统 MRP 有区别,其名称改为 MRPII。

1. MRPII 的原理与逻辑

MRPII 的基本思想就是把企业看作为一个有机整体,从整体最优的角度出发,通过运用科学方法对企业各种制造资源及产、供、销、财各个环节进行有效地计划、组织和控制,使得它们可以协调发展,充分发挥作用。MRPII 的逻辑流程图如图 10.9 所示。

在流程图的右侧是计划与控制的流程,它包括决策层、计划层和执行控制层,可以理解为经营计划管理的流程;中间是基础数据,要储存在计算机系统的数据库中,并且反复调用。这些数据信息的集成,把企业各个部门的业务沟通起来,可以理解为计算机数据库系统;左侧是主要的财务系统,这里只列出应收账、总账和应付账。各个连线表明信息的流向及相互之间的集成关系。

与闭环 MRP 相比,MRPII 把企业的宏观决策纳入系统,就是把说明企业远期经营目标的经营规划、说明企业销售收入和产品系列的销售与运作规划纳入到系统中来。这几个层次,确定了企业宏观规划的目标与可行性,形成一个小宏观层闭环,是企业计划层的必要依据。同时,又把对产品成本的计划与控制纳入到系统的执行层中,要对照企业的总体目标,检查计划执行的效果。这样,闭环 MRP 进一步发展,把物料流动同资金流动结合起来,形成一个完整的经营生产信息系统。

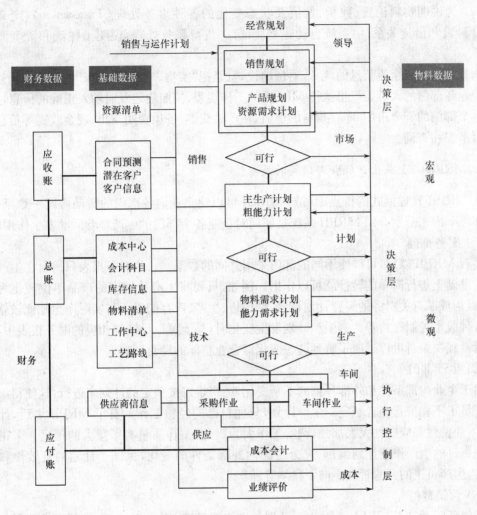

图 10.9　MRPII 的逻辑流程图

2. 物流和资金流集成的方式

MRPII 财务成本系统的所有信息都是从制造/供销系统自动集成过来的,经过事务处理,自动生成凭证,进行过账,自动生成应收账、应付账和总账,最后通过财务和成本分析,支持管理者决策,并进一步控制和指导物流业务。如图 10.10 所示。

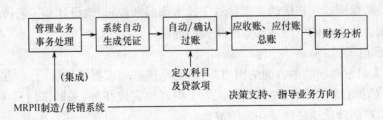

图 10.10　MRPII 的财务成本系统

MRPII 是如何把物流和资金流信息集成起来呢? 主要通过以下两种方式。

（1）为每个物料定义标准成本和会计科目，建立物料和资金流的静态关系。

（2）为说明物料位置、数量、价值及状态变化的各种事务处理（Transaction），定义相关的会计科目和借贷关系，由系统自动建立凭证，并进行账务处理，说明了物流和资金流的动态关系。

物流信息和资金流信息的统一，通俗地说，就是把"实物账"和"财务账"统一起来。只要企业各个业务部门的人员能严格执行 MRPII 的工作规程，按照规定及时输入正确的信息，那么，有关各个部门的资金占用、库存物料的价值、在产品成本、各项费用支出、现金收支等信息都可以随时掌握和查询。

2. MRPII 与企业生产经营部门间的关系

从 MRPII 管理模式的特点中可知 MRPII 可以使企业内各部门的活动协调一致，形成一个整体。下面来分别介绍 MRPII 系统是如何对企业各个部门的生产经营活动发生作用的。

（1）财务部门

实行 MRPII 以后，可以使不同的部门采用共同的数据。一些财务报表只需要在生产统计报表的基础上进行简单的转换就可以作出。例如，只要将生产计划中的产品单位转化为货币单位，就构成了有关财务的经营计划；将各种销售、生产、库存的投入与实际产出相比较就可以得出各种成本控制报告等。当生产计划发生变化时，马上可以反馈到相应的财务报表中，企业的经营者和决策者可以迅速了解到这些变化对企业整体的经营影响。

（2）生产部门

由于企业内部条件和外部环境的不断变化，生产难以按预定的计划来进行，这使得第一线的生产员工不相信管理者制定的生产计划，只凭自己的经验工作。有了 MRPII 之后，计划的完整性、周密性和应变性大大加强，调度工作大为简化，工作质量有了很大的提高。采用计算机实现每日的生产作业计划编制，充分考虑内外部条件的变化，保证了计划的有效性和指导性，使得生产员工的经验管理走向了科学管理。

（3）营销部门

营销部门通过 MRPII 的产品生产计划与生产部门建立密切的联系，按照市场预测与顾客订货，保证了产品生产计划更加符合市场的需求。有了产品的生产计划，签订销售合同就有了可靠的依据，可以大大提高按期交货率，改进营销部门的工作效率。

（4）技术部门

MRPII 的出现大大提高了技术部门在企业生产经营活动中的地位，技术部门提供的是生产过程中产品的基础数据，它不再是一种参考性的信息，而是一种可以用做控制的关键信息。MRPII 要求产品结构及物料清单必须正确，工艺线路准确合理，各个生产部门都必须以技术部门的要求为准，保证达到相应的要求。对于技术部门来说，修改设计和工艺技术需要经过严格的手续，否则会给企业的生产活动造成很大的混乱。

（5）采购部门

以往采购人员常常面临两方面的困境：一方面是供方要求提早订货；另一方面是企业不能提早确定所需的原材料和相关的交货期。为了更好地完成任务，采购部门只能早订货、多订货，给企业的生产经营活动造成了一定的浪费。

MRPII 出现之后，采购部门有可能做到按时、按量供应各种物资。由于 MRPII 的计划与实际的生产活动紧密相连，可以及时得到相关部门的反馈，同时财务信息也十分充分，保证了采购部门可以在第一时间得到订货的计划和相关的资源(资金),避免了以往早订货、多订货给企业造成的浪费,也降低了生产活动出现短缺现象的可能性。

3. MRPII 管理模式的特点

MRPII 管理模式的特点可以从以下几个方面来说明,每一项特点都含有管理模式的变革和人员素质行为变革两方面,是相辅相成的。

(1)计划的一贯性与可行性。MRPII 是一种计划主导型的管理模式,计划层次从宏观到微观,从战略到战术,由粗到细逐层细化,但始终保持与企业经营战略目标一致。"一个计划(one plan)"是 MRPII 的原则精神,它把手工管理中的三级计划统一起来,计划由计划或物料部门统一编制,车间班组只是执行和控制计划,并反馈信息。每层计划下达前都必须反复进行需求与供给或负荷与能力的平衡,使下达的计划是可执行的。这样,保证了计划的一贯性和可行性。为了做到这一点,企业全体员工都必须以实现企业的经营战略目标作为自己的基本行为准则,不允许各行其是。

(2)管理系统性。MRPII 是一种系统工程;它把企业所有与经营生产活动直接相关部门的工作联成一个整体,每个部门的工作都是整个系统的有机组成部分。为了做到这一点,要求每个员工都能从整体出发,十分清楚自己的工作质量同其他职能的关系。只有在"一个计划"的前提下才能成为系统,条条块块分割各行其事的局面将被团队和协作精神所取代。

(3)数据共享性。MRPII 是一种管理信息系统,企业各部门都依据同一数据库提供的信息、按照规范化的处理程序进行管理和决策;数据信息是共享的。手工管理中那种信息不通、情况不明、盲目决策、相互矛盾的现象将得到改善。为了做到这一点,要求企业员工用严肃的态度对待数据,专人负责维护,提高信息的透明度,保证数据的及时、准确和完整。

(4)动态应变性。MRPII 是一种闭环系统,它要求不断跟踪、控制和反映瞬息万变的实际情况,使管理人员可随时根据企业内外环境条件的变化,提高应变能力,迅速作出响应、满足市场不断变化着的需求,并保证生产计划正常进行。为了做到这一点,必须树立全体员工的信息意识,及时准确地把变动了的情况输入系统。

(5)模拟预见性。MRPII 是经营生产管理规律的反映,按照规律建立的信息逻辑很容易实现模拟功能。它可以解决"如果怎样……将会怎样"的问题,可以预见比较长远的时期内可能发生的问题,以便事先采取措施消除隐患,而不是等问题已经发生再花几倍的精力去处理。为了做到这一点,管理人员必须运用系统的查询功能,熟悉系统提供的各种信息,致力于实质性的分析研究工作;并熟练掌握模拟功能、进行多方案比较,作出合理决策,从忙忙碌碌的事务堆里解放出来。

(6)物流和资金流的统一。MRPII 包括了产品成本和财务会计的功能,可以由生产活动直接生成财务数据,把实物形态的物料流动直接转换为价值形态的资金流动,保证生产和财务数据的一致性。财会人员及时得到资金信息用来控制成本;通过资金流动状况反映物流和经营生产情况,随时分析企业的经济效益;参与决策、指导和控制经营生产活动。为了做到这一点,要求全体员工牢牢树立成本意识,把消除浪费和降低成本作为一项经常性的任务。

MRPII 是一个比较完整的生产经营管理计划体系,是实现企业整体效益的有效管理模式。

10.2.3　供需链信息集成——ERP

1. MRPII 思想的局限性

进入 20 世纪 90 年代,随着市场竞争进一步加剧,企业的竞争空间和竞争范围变得更加广阔,80 年代主要面向企业内部资源的 MRPII 理论也逐渐显示出其局限性。

MRPII 思想的局限性主要表现在以下几个方面。

(1) 企业竞争范围的扩大,要求在企业的各个方面加强管理,并要求企业有更高的信息化集成,要求对企业的整体资源进行集成管理,而不仅仅只是对制造资源进行集成管理。现代企业都意识到,企业的竞争是综合实力的竞争,要求企业有更强的资金实力,更快的市场响应速度。因此,信息管理系统与理论仅停留在对制造部分的信息集成与理论研究上是远远不够的,与竞争有关的物流、信息及资金要从制造部分扩展到全面质量管理、企业整体资源(分销资源、人力资源和服务资源等)以及市场信息资源,并且要求能够处理相关的工作流(业务处理流程)。在这些方面,MRPII 都已经无法满足。

(2) 企业规模不断扩大,多集团、多工厂要求协同作战,统一部署,这已超出了 MRPII 的管理范围。全球范围内的企业兼并和联合潮流方兴未艾,大型企业集团和跨国集团不断涌现,企业规模越来越大,要求集团与集团之间,集团内多工厂之间统一进行计划,协调生产步骤,汇总信息,调配集团内部各种资源。这些既要独立,又要统一的资源共享管理是 MRPII 所无法解决的。

(3) 信息全球化趋势的发展要求企业之间加强信息交流和信息共享。企业之间既是竞争对手,又是合作伙伴。信息管理要求扩大到整个供应链的管理,这些更是 MRPII 所不能解决的。

2. 供需链管理的意义

当企业面临全球化的大市场竞争环境时,任何企业都不可能在所有业务上成为最杰出者,因此,只有联合该行业中其他上下游企业,建立一条业务关系紧密、经济利益相关的供应链,并且实施有效的供应链管理,才能实现优势互补,适应社会化大生产的竞争环境,共同增强市场竞争力。

首先,在整个行业中建立一个环环相扣的供应链并加以有效管理,使众多企业能在整体环境下实现协作经营。供应链管理把这些企业的分散计划纳入整个供应链的计划中,从而大大增强了该供应链在大市场环境下的整体优势,同时也使每个企业之间均可实现以最小的个别成本和转换成本来获得更好的成本优势。例如,在供应链管理的统一计划下,上下游企业可最大限度地减少库存,使所有上游企业的产品能够准确、及时地到达下游企业,这样既加快了供应链上的物流速度,又减少了各企业的库存量和资金占用量。通过这种整体供应链管理的优化,来实现整个价值链的增值。

其次,在市场、加工、组装环节与流通环节之间,供应链管理中的配送环节管理起到了重要的纽带作用,它使供应链上的供需连接更为紧密。在市场经济发达国家,为了加速产品流通,往往是以一个配送中心为核心,上与生产加工领域相联,下与批发商、零售商相接,建立一个有机的联系,把它们均纳入自己的供应链来进行管理,起到一个承上启下的作用。供应链管理以配送环节来实现业务跨行业、跨地区甚至跨国的经营,对大市场的需求作出快速的响应。在它的作用下,供应链上的产品可实现及时生产、及时交付、及时配送、及时交货,达到了零库存管理的要求。

最后,先进的 IT 技术为全面的供应链管理提供了底层手段,如网络技术、条形码技术、电子数据交换技术等,使得各企业在业务往来和数据传递过程中实现了电子连接,在管理上也为企业提供了从内部到外部各环节上的管理工具。

实践证明,供应链管理可降低整体物流成本和费用水平,加快资金周转率和信息传递速度,使供应链上的各项资料得到最大化的合理利用。因此,实施全行业的供应链管理是适应国际经济发展潮流、提高科学管理水平的最佳选择,在当今的市场环境下是十分必要的。

3. ERP 系统的管理思想

ERP 的核心管理思想就是实现对整个供应链的有效管理,主要体现在以下 3 个方面。

（1）体现对整个供应链进行管理的思想

现代企业的竞争已经不是单一企业与单一企业间的竞争,而是一个企业供应链与另一个企业的供应链之间的竞争,即企业不但依靠自己的资源,还必须把经营过程中的有关各方如供应商、制造工厂、分销网络、客户等纳入到一个紧密的供应链中,这样才能在生产上获得竞争优势。ERP 系统正是适应了这一市场竞争的需要,实现了对整个企业供应链的管理。

（2）体现精益生产、同步工程和敏捷制造的思想

ERP 系统支持混合型生产方式,其管理思想表现在两方面:其一是精益生产(Lean Production,LP)的思想,即企业把客户、销售代理商、供应商、协作单位纳入生产体系,同他们建立起利益共享的合作伙伴关系,进而组成一个企业的供应链。其二是敏捷制造(Agile Manufacturing,AM)的思想。当市场上出现新的机会,而企业的基本合作伙伴不能满足新产品开发生产的要求时,企业组织一个由特定的供应商和销售渠道组成的短期供应链,形成"虚拟工厂",把供应和协作单位看成是企业的一个组成部分,运用同步工程(Synchronization Engineering,SE),组织生产经营活动,用最短的时间将新产品打入市场,时刻保持产品的高质量、多样化和灵活性,这构成了敏捷制造的核心思想。

（3）体现事先控制与事中控制的思想

ERP 系统中的计划体系主要包括:主生产计划、物料需求计划、生产能力计划、采购计划、销售执行计划、利润计划、财务预算和人力资源计划等,这些计划功能和价值控制功能已完全集成到整个供应链系统中,保证了企业对生产经营活动的事先控制。同时,ERP 系统通过定义事务处理相关的会计核算科目与核算方式,在事务处理发生的同时自动生成会计核算分录,保证了资金流与物流的同步记录和数据的一致性。财务资金现状实现了实时更新,可以追溯资金的来龙去脉,并可以进一步追溯到所发生的相关业务活动,便于实现事中控制和实时决策。

4. ERP 的信息集成

按照 Gartner 公司的定义,ERP 是 MRPII 的下一代,它的主要内涵是"打破企业的四壁,把信息集成的范围扩大到企业的上下游,管理整个供需链"。ERP 似乎没有一个像 MRP 和 MRPII 那样的数据模型,如果说模型,就是供需链的模型,是信息集成范围不断扩大和延伸,管理功能不断增补和完善。

就信息集成来说，Gartner 提出了内部集成和外部集成两个方面。

（1）ERP 的内部集成

在实现内部集成方面，ERP 系统相对于传统的 MRPII 而言，管理功能的扩充主要有以下各项。

① 满足集团企业多元化经营的需求，增加适应不同生产类型信息化管理的需求，如流程行业，以及具有不同生产类型并存的企业的需求。

② 完善和充实企业内部管理功能。如实验室管理（实验设备、设备能力计划等），质量管理（质量标准、抽样规则、质量检验、批次跟踪、废品分析等）、资金管理（融资、投资、股东权益、股金分配等），支持各国政府和地区的法令法规、条例及标准的管理。

③ 在设备管理方面，包括设备维修计划、备品备件采购计划和库存管理，提高设备可靠性，优化资产利用。

④ 增加人力资源管理，如人才计划、招聘、培训、考核、晋升、工资、考勤、员工自助服务和知识管理等。其中考勤、工资级别信息同工作中心能力和计算产品成本的人工费集成。

⑤ 增加物流管理功能。如运输管理（运输计划、车辆调度、运输费用、运输方案优化等）和仓库管理。

⑥ 支持跨国、跨地区经营。增加实时切换多语种、多币制、多汇率、多税制及多工厂管理的功能，满足不同国家和地区的财务、税务、环保、交通等法规的要求。

⑦ 增加售后现场服务、维修和备品备件管理功能。实时向产品研制开发和质量管理部门提供产品实际使用状况的反馈信息，了解产品的生命周期，以利于推陈出新，提高客户满意度。

⑧ 采用高级计划与排产技术（APS），把计划的范围扩大到供需链各个环节，采用各种优化排产方法，支持同步运算，支持分布各地的销售人员向企业有关部门进行远程访问和模拟操作。

⑨ 增加企业高层经理决策支持功能。为管理决策提供决策信息的高层经理信息系统（EIS）及信息智能系统（BI）；支持专家系统、人工智能或基于规则的决策支持系统及各种分析和优化功能。

⑩ 支持同 CAD、PDM 的集成。

⑪ 与分布式控制系统（DCS）和各种数据采集器接口。

⑫ 支持企业信息门户（EIP）。

⑬ 支持电子商务。

（2）ERP 的外部集成

ERP 外部集成的扩展功能主要有以下几个方面。

① 增加优化供应和流通渠道的供应链管理（SCM）功能。实现物料供应、运输配送和交付的协同和同步，选择最佳的供应商（通过供应商关系管理 SRM）、运输路线和运输手段，控制分散在各地的仓库库存（通过仓库管理系统 WMS），控制整个供应链流通领域的提前期，控制总体运营成本。SCM 产品覆盖的范围可以延伸到企业的渠道管理，包括企业的分公司、原始设备制造商（OEM）和销售代理。遇到例外事件，可以按照设定的规则和业务流，提出处理建议，即供应链事件管理（SCEM）。有的 SCM 系统包括了电子采购的功能。SCM 没有统一的标准，依据企业的需求而定。

② 增加前端客户关系管理（CRM）的功能。加强了客户调查、跟踪、分析、收集市场和商业情报、销售管理、客户服务和技术支持的功能。一方面提高客户的满意度和忠诚度，另一方面帮助

企业寻求并定位在最能为企业带来效益的客户群。CRM 系统还实现企业各业务部门对客户信息的实时共享,例如,发生了客户投诉,企业与之相关的所有业务,如质量、供应、产品研发、生产、工艺都能够共享信息,在分析原因的基础上改进。同时,也指导营销业务的工作流程(通过销售团队工作流程自动化 SFA)。例如,提示销售人员在客户意见很大,问题还没有得到圆满解决的时刻,不宜去推销新的产品。什么是经理人员应亲自出面同客户谈判最恰当的时刻等。

③ 加强辅助决策的分析功能。在数据仓库技术基础上,发展数据挖掘技术,实现多维数据的查询分析,开发了联机分析处理(OLAP),为实时决策提供有力工具,这也是 CRM 和 BI 系统的重要组成部分。

10.2.4 协同商务模式——ERPII

2000 年 10 月 4 日 Gartner 公司亚太地区副总裁 B. Bond 等 6 人发表报告:"ERP 已死,ERP II 万岁 —— 下一代的 ERP 的战略与应用",提出了 ERPII 的概念。其原因是在现实的应用中,由于各种概念的炒作,人们已经模糊了 ERP 和 MRPII 的概念,ERP 被理解为面向企业内部的信息集成。这与 Gartner 最初提出的 ERP 设想有了很大差别。于是,在提出一个 ERPII 来实现最初的 ERP"远景设想"。

由于十多年来信息技术的飞速进步和管理思想的发展,ERPII 比起当年的 ERP 设想,有一些"与时俱进"的改进。主要体现在以下两点。

(1) 协同商务

从管理上提出了"协同商务(Collaborative Commerce)"的商务运作模式。它是一种各经济实体之间的实时、互动的供应链管理模式;通过信息技术的应用,强化了供应链上各个经济实体之间的沟通和相互依存;所谓"协同",不仅合作伙伴之间要实时分享信息,而且要共同制定战略计划,确定共同的宗旨,有效地分配资源,消除非增值作业,同步运作,实现共赢。

(2) 企业应用集成和中间件

从技术上讲实现协同商务主要的技术条件是企业应用集成(Enterprise Application Integration,EAI)和中间件,用以实现不同应用系统平台之间的信息集成。这是因为"管理整个供应链"的系统非常复杂,很难由一家软件商提供;各行各业的需求千变万化,使 ERP 软件必须成为一种可配置的产品,才能适应不同行业和企业的要求,这促进了"基于组件和工作流的开发技术"的发展;一个企业不仅为本身的应用会选用不同的软件系统,而且母公司和子公司之间的沟通,主体公司同各种合作伙伴不同系统之间的沟通,都需要一个标准化的"连接器",把不同平台上开发的软件集成起来。于是企业应用系统集成(EAI)这样带有"中间件"性质的技术和产品,以及各个层面的企业信息门户(Enterprise Information Portal,EIP)技术和产品就随着供应链管理信息集成的需求应运而生。没有这些技术的支持,敏捷制造中的虚拟企业或动态联盟都只是空想。

10.2.5 ERP 系统的主要功能模块

从 MRP 到 ERPII 的发展也是功能模块不断扩展的过程。最早 MRP 只有一些关于物料信息集成的模块,到 MRPII 保留了 MRP 的内容,又增加了销售、财务、成本这些模块。到 ERP 又保留了 MRPII 的内容,又增加了很多。现在有一种新的提法叫 ERPII,它把协同商务的概念放进去,把电子商务、互联网放进去。这些系统之间的关系不是相互排斥或替代的,而是包容和扩展的,如图 10.11 所示。

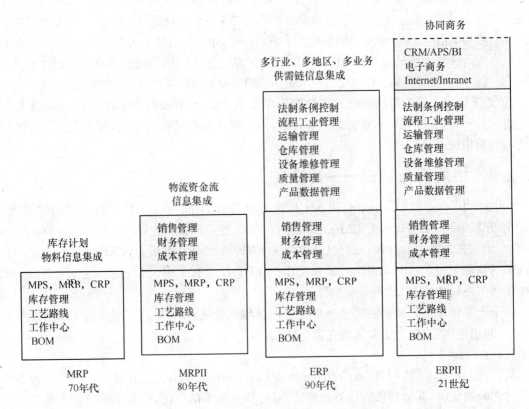

图 10.11　MRP—MRPII—ERP 功能扩展

10.3　客户关系管理(CRM)

10.3.1　客户关系管理提出的背景分析

客户关系管理产生于 1999 年年中,之后得到一致认可和广泛关注。Oracle 等国内外软件商纷纷推出了以客户关系管理命名的软件系统。很多企业开始实施自己的客户关系管理系统。客户关系管理的提出主要基于以下原因:

(1) 需求的拉动。通过信息化使很多企业收到了很好的经济效益。但是,企业信息化很不平衡,有的企业只注重生产、财务、仓储等方面,在销售、营销和服务部门的信息化程度越来越不能适应业务发展的需要,越来越多的企业要求提高销售、营销和服务的日常业务的自动化和科学化。这是客户关系管理应运而生的需求基础。

(2) 技术的推动。计算机、通信技术、网络应用的飞速发展使得客户信息的综合管理成为可能。办公自动化程度、员工计算机应用能力、企业信息化水平、企业管理水平的提高都有利于客户关系管理的实现。同时,由于数据仓库(DW)、商务智能(BI)、知识发现等技术的发展,使得收集、整理、加工和利用客户信息的质量大大提高。

(3) 管理理念的更新。现在是一个变革的时代、创新的时代。比竞争对手领先一步,而且仅仅一步,就可能意味着成功。业务流程的重新设计为企业的管理创新提供了一个工具。在引入客户关系管理的理念和技术时,不可避免地要对企业原来的管理方式进行改变,变革、创新的思想将有利于企业员工接受变革,而业务流程重组等管理理论和方法则提供了具体的思路和方法。

10.3.2　客户管理管理的优势

CRM 是一种以客户为中心的经营策略,它以 IT 为手段,对业务功能进行重新设计,并对工作流程进行重组。有关客户关系管理为企业创造价值的数据很多。

世界经理人文摘网站:"50%以上的企业利用互联网是为了整合企业的供应链和管理后勤";

Harvard Business Review:"客户满意度如果有了 5%的提高,企业的利润将加倍";

Xerox Research:"一个非常满意的客户的购买意愿将六倍于一个满意的客户。"

Yankee Group:"2/3 的客户离开其供应商是因为客户关怀不够";

Aberdeen Group:"93%的 CEO 认为客户管理是企业成功和更富竞争力的最重要的因素。"

另外,根据对成功地实现客户关系管理的企业的调查表明,每个销售员的销售额增加 51%,顾客的满意度增加 20%,销售和服务的成本降低 21%,销售周期减少了三分之一,利润增加 2%。可以说,客户关系管理对企业竞争优势的形成有非常重要的作用。

归纳起来,客户关系管理的作用主要体现在 3 个方面。

(1) 提高效率。通过采用 IT,可以提高业务处理流程的自动化程度,实现企业范围内的信息共享,提高企业员工的工作能力,并有效减少培训需求,使企业内部能够更高效的运转。

(2) 拓展市场。通过新的业务模式(电话、网络)扩大企业经营活动范围,及时把握新的市场机会,占领更多的市场份额。

(3) 保留客户。客户可以自己选择喜欢的方式,同企业进行交流,方便地获取信息得到更好的服务。客户的满意度得到提高,可帮助企业保留更多的老客户,并更好地吸引新客户。

10.3.3　客户关系管理系统的基本功能

CRM 不是单纯的理论,需要进行软件化。CRM 系统的基本功能包括客户管理、联系人管理、时间管理、潜在客户管理、销售管理、电话销售、营销管理、电话营销、客户服务等,有的系统还包括了呼叫中心、合作伙伴关系管理、商务智能、知识管理、电子商务等。

(1) 客户管理。主要功能有:客户基本信息管理;与此客户相关的基本活动和活动历史;联系人的选择;订单的输入和跟踪;建议书和销售合同的生成等。

(2) 联系人管理。主要包括:联系人概况的记录、存储和检索;跟踪同客户的联系,如时间、类型、简单的描述、任务等,并可以把相关的文件作为附件;客户的内部机构的设置概况。

(3) 时间管理。主要功能有:日历;设计约会、活动计划,有冲突时,系统会提示;进行事件安排,如约会、会议、电话、电子邮件、传真;备忘录;进行团队事件安排;查看团队中其他人的安排,以免发生冲突;把事件的安排通知相关的人;任务表;预告/提示;记事本;电子邮件;传真。

(4) 潜在客户管理。主要功能包括:业务线索的记录、升级和分配;销售机会的升级和分配;潜在客户的跟踪。

（5）销售管理。主要功能包括：组织和浏览销售信息，如客户、业务描述、联系人、时间、销售阶段、业务额、可能结束时间等；产生各销售业务的阶段报告，并给出业务所处阶段、还需要的时间、成功的可能性、历史销售状况评价等等信息；对销售业务给出战术、策略上的支持；对地域（省市、邮编、地区、行业、相关客户、联系人等）进行维护；把销售员归入某一地域并授权；地域的重新设置；根据利润、领域、优先级、时间、状态等标准，用户可定制关于将要进行的活动、业务、客户、联系人、约会等方面的报告；销售费用管理；销售佣金管理等。

（6）电话营销和电话销售。主要功能包括：电话本；生成电话列表，并把它们与客户、联系人和业务建立关联；把电话号码分配到销售员；记录电话细节，并安排回电；电话营销内容草稿；电话录音，同时给出书写器，用户可作记录；电话统计和报告；自动拨号。

（7）营销管理。该功能主要包括营销计划的编制和执行、计划结果的分析；清单的产生和管理；预算和预测；营销资料管理；"营销百科全书"（关于产品、定价、竞争信息等的知识库）；对有需求客户的跟踪、分销和管理。

（8）客户服务。主要功能包括：服务项目的快速录入；服务项目的安排、调度和重新分配；搜索和跟踪与某一业务相关的事件；生成事件报告；服务协议和合同；订单管理和跟踪；问题及其解决方法的数据库。在很多情况下，客户的保持和提高客户利润贡献度依赖于提供优质的服务，客户服务和支持对很多公司是极为重要的。在 CRM 中，客户服务与支持主要是通过呼叫中心（Call Center）和互联网实现。在满足客户的个性化要求方面，它们的速度、准确性和效率都令人满意。CRM 系统中的强有力的客户数据使得通过多种渠道（如互联网、呼叫中心）的纵横向销售变得可能，当把客户服务与支持功能同销售、营销功能比较好地结合起来时，就能为企业提供很多好机会，向已有的客户销售更多的产品。客户服务与支持的典型应用包括：客户关怀；纠纷、次货、订单跟踪；现场服务；问题及其解决方法的数据库；维修行为安排和调度；服务协议和合同；服务请求管理。

（9）呼叫中心。主要功能包括：呼入呼出电话处理；互联网回呼；呼叫中心运行管理；软电话；电话转移；路由选择；报表统计分析；管理分析工具；通过传真、电话、电子邮件、打印机等自动进行资料发送；呼入呼出调度管理。

（10）合作伙伴关系管理。主要功能包括：对公司数据库信息设置存取权限，合作伙伴通过标准的 Web 浏览器以密码登录的方式对客户信息、公司数据库、与渠道活动相关的文档进行存取和更新；合作伙伴可以方便地存取与销售渠道有关的销售机会信息；合作伙伴通过浏览器使用销售管理工具和销售机会管理工具，如销售方法、销售流程等，并使用预定义的和自定义的报告；产品和价格配置器。

（11）知识管理。主要功能包括：在站点上显示个性化信息；把一些文件作为附件贴到联系人、客户、事件概况等上；文档管理；对竞争对手的 Web 站点进行监测，如果发现变化的话，会向用户报告；根据用户定义的关键词对 Web 站点的变化进行监视。

（12）商务智能。主要功能包括：预定义查询和报告；用户定制查询和报告；可看到查询和报告的 SQL 代码；以报告或图表形式查看潜在客户和业务可能带来的收入；通过预定义的图表工具进行潜在客户和业务的传递途径分析；将数据转移到第三方的预测和计划工具；柱状图和饼图工具；系统运行状态显示器；能力预警。

（13）电子商务。主要功能包括：个性化界面、服务；网站内容管理；店面；订单和业务处理；销售空间拓展；客户自助服务；网站运行情况的分析和报告。

10.3.4　客户关系管理成功因素

客户关系管理的实现可从两个层面进行考虑：其一是解决管理理念问题，其二是向这种新的管理模式提供 IT 的支持。其中，管理理念的问题是客户关系管理成功的必要条件。这个问题解决不好，客户关系管理就失去了基础。而没有 IT 的支持，客户关系管理工作的效率将难以保证，管理理念的贯彻也失去了落脚点。

许多企业实施 CRM 项目的结果是令人沮丧的，与期望值相差甚远，究其原因，很多都可以归结到管理而不是技术上。从管理的视角来看，客户关系管理的实现有赖于企业员工的艰苦细致的努力工作，客户关系管理需要人主动性的服务内容、态度，而不是简单的建立呼叫中心、进行网络化服务或上一个信息系统就可以完成的。因此，需要及时发现企业与客户的互动所存在的问题，激励员工解决这些问题。实现 CRM 的关键成功因素主要有：

（1）高层领导的支持。这个高层领导一般是销售副总、营销副总或总经理，他是项目的支持者，主要作用体现在 3 个方面。首先，他为 CRM 设定明确的目标。其次，他是一个推动者，向 CRM 项目提供为达到设定目标所需的时间、财力和其他资源。最后，他确保企业上下认识到这样一个工程对企业的重要性。在项目出现问题时，他会激励员工解决问题。

（2）要专注于流程。成功的项目应该把注意力放在流程上，而不是过分关注于技术。技术只是管理的促进因素和凭借手段，本身不是解决方案。因此，项目的关键是研究现有的营销、销售和服务策略，并找出改进方法。

（3）技术的灵活运用。对成功的 CRM 项目来说，技术的选择是非常重要的，需要与要改善的特定问题紧密相关。如果销售管理部门想减少新销售员熟悉业务所需的时间，这个企业应该选择营销百科全书功能。选择的标准应该是，根据业务流程中存在的问题来选择合适的技术，而不是调整流程来适应技术要求。

（4）组织良好的团队。CRM 的实施队伍应该在 4 个方面有较强的能力。首先是业务流程重组的能力。其次是对系统进行客户化和集成化的能力，特别对那些打算支持移动用户的企业更是如此。第三个方面是对 IT 部门的要求，如网络大小的合理设计、对用户桌面工具的提供和支持、数据同步化策略等。最后，实施小组具有改变管理方式的技能，并提供桌面帮助。这两点对于帮助用户适应和接受新的业务流程是很重要的。

（5）极大地重视人的因素。很多情况下，企业并不是没有认识到人的重要性，而是对如何做不甚明了。我们可以尝试如下几个简单易行的方法。方法之一是：请企业的未来的 CRM 用户参观实实在在的客户关系管理系统，了解这个系统到底能为 CRM 用户带来什么。方法之二是：在 CRM 项目的各个阶段（需求调查、解决方案的选择、目标流程的设计等），都争取最终用户的参与，使得这个项目成为用户负责的项目。其三是在实施的过程中，千方百计地从用户的角度出发，为用户创造方便。

（6）分步实现。欲速则不达，这句话很有道理。通过流程分析，可以识别业务流程重组的一些可以着手的领域，但要确定实施优先级，每次只解决几个最重要的问题，而不是毕其功于一役。

（7）系统的整合。系统各个部分的集成对 CRM 的成功很重要。CRM 的效率和有效性的获得有一个过程，它们依次是：终端用户效率的提高、终端用户有效性的提高、团队有效性的提高、企业有效性的提高、企业间有效性的提高。

（8）在管理的改进方面，可以从如下 4 个方面着手。

（1）确定企业的 CRM 策略，以客户为中心，强调服务。这需要高层领导的充分的承诺。

（2）适当调整组织结构，进行业务运作流程的重组。这方面的工作主要是当前业务流程调查与分析、从企业内外征求改进业务流程的好建议、业务流程的改进和目标业务流程的形成。所采取的手段是访谈和调查表。

（3）建立相应的管理制度和激励机制。这方面的工作主要是：理顺和优化业务处理流程；客观设置流程中的岗位；清晰描述了岗位的职责；完善保证职责有效完成的制度体系；建立考评岗位工作情况的定量指标体系。

（4）持续改善，形成稳定的公司文化。

10.3.5　CRM 实施

在 CRM 系统的实施方面，可以遵循如下的路径：

（1）成立 CRM 选型和实施小组。CRM 项目的开发或选择需要有具体的组织进行操作和决策，该小组的职责就是对系统进行选型，评价和比较不同的 CRM 方案，了解软件与现有 ERP 系统、硬件和数据库的兼容性直至系统实施。

（2）调查和分析当前的业务流程，确定需求并进行系统选型。

（3）软硬件准备。购置服务器、ADSL 和其他硬件设备，购置 DB、系统软件和应用软件，进行软硬件服务器的安装和系统软件、应用软件的安装，为系统创建基本的软硬件环境。

（4）对系统的测试环境进行配置和客户化，准备测试数据和正式数据。

（5）对操作人员进行网络培训、系统培训、CRM 功能培训，编写操作手册。

（6）系统切换。在系统测试正常后进行系统的切换，新旧系统的切换，投入使用。

（7）系统评价。对系统进行评价，进行经济效益评价和隐性效益评价。

在实施的过程中，上面的步骤有很多并行的地方，以缩短项目的周期，实现资源的合理利用。

【案例 10.2】　GE 公司客户关系管理

GE 公司的家电事业部把客户咨询电话中心逐渐发展成为具有客户知识管理功能的部门。

GE 公司的家电事业部门在 20 世纪 80 年代初期建立了电话服务中心，接受客户和经销商的咨询，经过 20 年的发展，GE 的客户服务中心已经成为具有客户关系管理功能的重要部门，不仅为公司更快更有效地解决大量的客户问题，而且也创造了一个能将客户资料和信息转化为客户知识的流程。

与国内的家电企业类似，美国家电市场在 20 世纪 80 年代初开始处于饱和状态，每年只有 1%～3% 的增长率，而且 75% 的销售额来自于旧家电更新需求，产品寿命的延长和同质化产品的充斥，使客户对同一品牌的重复购买率不足 30%。

对于 GE 来说，提高产品的客户价值的途径是提高客户对其 6～8 种主要家电产品的重复购买率，公司可以很容易地根据客户产品的使用寿命来推算客户的购买行为，而客户是否重复购买则取决于客户对产品的满意度。那么，客户知识就包含客户使用什么品牌的产品、客户对这个品牌的满意度和客户的购买意愿。比如，GE 知道使用某个出厂 5 年的某款冰箱的客户经常询问某一新款冰箱的功能，就可以专门针对这些客户设计促销方案。

到 1998 年，每年打到 GE 公司家电咨询中心的电话已经超过 300 万，80% 是与产品直接相关的,18％是来自消费者,其余则来自经销商,大多数的咨询电话是售后服务与使用保养问题,也有很多是询问新产品的功能的。

客户服务人员在简短(平均每个电话的对话时间少于4分钟)的电话交流中有机会用3种方式增加客户价值:有效地回答客户问题,增加与客户未来可能购买产品的特定信息,以及得到足以对未来产品的品质与功能有提升价值的信息。在解决客户问题时,GE可以立即改变客户满意度和客户重购比例;得到了客户对现在使用产品状况和对未来产品需求知识,GE可以藉此对本身的产品进行更精确的改造,并设计更加有地放矢的营销计划;基于大量的对客户反应的累积,GE可以设计出让客户更满意的产品。

目前GE家电部门拥有3500万个美国家庭的资料,相当于美国家庭数的1/3。资料库的资料已经由开始的仅由客户服务人员提供,变成由所有的与客户连接点提供,包括客户服务人员、业务人员、产品维修人员、技术工程师、经销商和市场营销人员,每一个群体不仅必须把资料汇集到客户知识管理资料库中,而且还有权力使用资料库中的资料以对新产品开发和营销计划作出支持,在公司内部形成了封闭的客户知识管理环路。充足的客户资料库成为解决客户问题的依据,因为资料库中汇集了大量的公司内部的专家的知识和各类问题处理的答案,客户服务人员可以立即为客户进行问题解答(有75％的客户问题可以马上得到解决),对于不能马上解决的,则进入公司内部给产品专家解决,解决的方法再进入资料库作为以后处理同类问题时参考。

GE家电的客户知识管理为公司带来了巨大的价值,即时问题的解决促成了80％的重购率,客户提供产品的企业品质有了更深一层的认识,同时封闭环路中的客户知识为业务、营销和新产品开发带来了极有价值的依据。

习题 10

1. 简述管理信息系统发展的趋势。
2. 什么是信息集成? 为什么要信息集成? 信息集成的条件是什么?
3. 从信息集成范围、解决的问题和管理思想三方面,简述 MRP、MRPII 和 ERP 的区别?
4. 订货点法理论的主要缺陷是什么?
5. 什么是独立需求和相关需求?
6. 如何理解"时间坐标上的产品结构树"是集成物料信息的模型?
7. 画出 MRP 的逻辑流程图,简述 MRP 的运算原理。
8. 什么是闭环的 MRP? 其对能力的计划在各个计划层次上如何体现?
9. 什么是 MRPII? 简述 MRPII 如何实现物流和资金流信息的统一。
10. ERP 的核心管理思想是什么?
11. 相对 MRPII 而言,ERP 的信息集成范围如何扩展? 功能模块有哪些增加?
12. 什么是客户关系管理? 客户关系管理在现代管理中的作用如何?

第11章 管理信息系统的发展

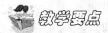教学要点

管理信息系统经过30多年的发展,在结构、内容等方面发生了较大的变化,信息系统的内涵和外延也在不断发展,与先进的 IT 和管理理论相结合,产生了许多新的系统架构和模式。如决策支持系统、数据挖掘与数据仓库系统、知识管理系统、客户关系管理、企业资源计划等。

本章主要内容有:

(1) 决策支持系统的概念、结构及其发展;

(2) 数据挖掘与数据仓库的概念、结构和技术;

(3) 知识管理的概念、基本模式和实施;

(4) 商务智能及智能信息系统的基本概念、技术;

(5) 客户关系管理的基本内容;

(6) 全球信息系统的相关背景和方法论。

11.1 决策支持系统

管理信息系统可以很好地解决劳资、仓库、计划等结构化问题。但在企业的管理中,有许多非结构化或半结构化的问题,如组织战略规划、绩效评价、人才测评等。针对这些管理问题,传统的信息系统无法解决,因此有人将决策模型引入信息系统,从而产生了决策支持系统。决策支持系统作为一种新兴的信息技术,能够为企业提供各种决策信息及许多商务问题的解决方案,从而减轻了管理者从事低层次信息处理和分析的负担,使得他们专注于最需要决策智慧和经验的工作,因此提高了决策的质量和效率。

11.1.1 决策支持系统的概念

1. 管理和决策制定

20 世纪 60 年代末,Mintzberg 对 5 位总经理的工作进行过一项仔细的研究。他发现,管理者扮演着 10 种不同却高度相关的角色。这 10 种角色可以分为人际关系、信息传递和决策制定等 3 个方面,如表 11.1 所示。

表 11.1　管理者扮演的角色

角　色		描　述
人际关系	名义首领	象征性的首领,必须履行许多法律性或社会性的例行义务
	领导者	负责激励和动员下属,负责人员配备、培训和相关的职责
	联络者	维护自行发展起来的外部接触和联系网络,向人们提供恩惠和信息

角　色		描　述
信息传递	监听者	寻求获取各种特定的信息（其中许多是即时的），以便透彻地了解组织与环境；作为组织内部和外部信息的神经中枢
	传播者	将从外部人员和下级那里获得的信息传递给组织的其他成员——有些是关于事实的信息，有些是解释和综合组织的有影响的人物的各种价值观点
	发言人	向外界发布有关组织的计划、政策、行动、结果等信息；作为组织所在产业方面的专家
决策制定	企业家	寻求组织和环境中的机会，制定"改进方案"以发起变革，监督某些方案的策划
	混乱的处理者	当组织面临重大的、意外的动乱时，负责采取补救行动
	资源的分配者	负责分配组织的各种资源——事实上是批准所有重要的组织决策
	谈判者	在主要的谈判中作为组织的代表

管理者从事的这 3 类角色中，决策制定是最核心、最实质性的角色。诺贝尔奖获得者西蒙曾说过"管理就是决策"。决策是非常普遍的行为，所有的管理活动都围绕着决策进行。决策的整体质量对企业的成败有着重大影响，决策的好坏决定了企业的未来。

2. 决策的概念及其特征

决策（Decision Making）是人类社会自古就有的活动，决策科学化是在 20 世纪初开始形成的。二次世界大战以后，决策研究在吸引了行为科学、系统理论、运筹学、计算机科学等多门科学成果的基础上，结合决策实践，到 20 世纪 60 年代形成了一门专门研究和探索人们作出正确决策规律的科学——决策学。决策学研究决策的范畴、概念、结构、决策原则、决策程序、决策方法、决策组织等等，并探索这些理论与方法的应用规律。随着决策理论与方法研究的深入与发展，决策渗透到社会经济、生活各个领域，尤其应用在企业经营活动中从而也就出现了经营管理决策。

一般理解，决策就是作出决定的意思，即对需要解决的事情作出决定。按汉语习惯，"决策"一词被理解为"决定政策"，主要是对国家大政方针作出决定。但事实上，决策不仅指高层领导作出决定，也包括人们对日常问题作出决定。如某企业要开发一个新产品，引进一条生产线，某人选购一种商品或选择一种职业，都带有决策的性质，可见，决策活动与人类活动是密切相关的。时至今日，对决策概念的界定不下上百种，但仍未形成统一的看法，归纳起来，主要有以下 3 种理解。

一是把决策看作是一个包括提出问题、确立目标、设计和选择方案的过程，这是广义的理解。

二是把决策看作是从几种备选的行动方案中作出最终抉择，是决策者的拍板定案，这是狭义的理解。

三是认为决策是对不确定条件下发生的偶发事件所做的处理决定。这类事件既无先例，又没有可遵循的规律，作出选择要冒一定的风险。也就是说，只有冒一定的风险的选择才是决策。这是对决策概念最狭义的理解。

以上对决策概念的解释是从不同的角度作出的，要科学地理解决策概念，应把握以下几层意思。

（1）决策要有明确的目标。决策是为了解决某一问题，或是为了达到一定目标。确定目标是决策过程第一步。决策所要解决问题必须十分明确,所要达到的目标必须十分具体。没有明确的目标,决策将是盲目的。

(2) 决策要有两个以上备方案。决策实质上是选择行动方案的过程。如果只有一个备选方案,就不存在决策的问题。因而,至少要有两个或两个以上方案,人们才能从中进行比较、选择,最后选择一个满意方案为行动方案。

(3) 选择后的行动方案必须付诸于实施。如果选择后的方案,束之高阁,不付诸实施,这样,决策也等于没有决策。决策不仅是一个认识过程,也是一个行动的过程。

3. 决策的类型

现代企业经营管理活动的复杂性、多样性,决定了经营管理决策有多种不同的类型。

(1) 按决策的影响范围和重要程度不同,分为战略决策和战术决策。战略决策是指对企业发展方向和发展远景作出的决策,是关系到企业发展的全局性、长远性、方向性的重大决策。如对企业的经营方向、经营方针、新产品开发等决策。战略决策由企业最高层领导作出。它具有影响时间长、涉及范围广、作用程度深刻的特点,是战术决策的依据和中心目标。它的正确与否,直接决定企业的兴衰成败,决定企业发展前景。战术决策是指企业为保证战略决策的实现而对局部的经营管理业务工作作出的决策。如企业原材料和机器设备的采购,生产、销售的计划、商品的进货来源、人员的调配等属于此类决策。战术决策一般由企业中层管理人员作出的。战术决策要为战略决策服务。

(2) 按决策的主体不同,分为个人决策和集体决策。个人决策是由领导者凭借个人的智慧、经验及所掌握的信息进行的决策。决策速度快、效率高是其特点,适用于常规事务及紧迫性问题的决策。个人决策的最大缺点是带有主观和片面性,因此,对全局性重大问题则不宜采用。集体决策是指由会议机构和上下相结合的决策。会议机构决策是通过董事会、经理扩大会、职工代表大会等权力机构集体成员共同作出的决策。上下相结合决策则是领导机构与下属相关机构结合、领导与群众相结合形成的决策。集体决策的优点是能充分发挥集团智慧,集思广益,决策慎重,从而保证决策的正确性、有效性;缺点是决策过程较复杂,耗费时间较多。它适宜于制定长远规划、全局性的决策。

(3) 按决策总是否重复,分为程序化决策和非程序化决策。程序化决策,是指决策的问题是经常出现的问题,已经有了处理的经验、程序、规则,可以按常规办法来解决。故程序化决策也称为“常规决策”。例如,企业生产的产品质量不合格如果处理? 商店销售过期的食品如何解决? 就属程序化决策。非程序化决策是指决策的问题是不常出现的,没有固定的模式、经验去解决,要靠决策者作出新的判断来解决。非程序化决策也叫非常规决策。如企业开辟新的销售市场、商品流通渠调整,选择新的促销方式等属于非常规决策。

(4) 按决策问题所处条件不同,分为在完全确知条件下的决策、风险型决策和在未完全确知条件下的决策。在完全确知条件下的决策是指决策过程中,提出各备选方案在确知的客观条件下,每个方案只有一种结果,比较其结果优劣作出最优选择的决策。确定型决策是一种肯定状态下的决策。决策者对被决策问题的条件、性质、后果都有充分了解,各个备选的方案只能有一种结果。这类决策的关键在于选择肯定状态下的最佳方案。风险型决策是指这样一类的决策。在决策过程中提出各个备选方案,每个方案都有几种不同结果可以知道,其发生的概率也可测算,在这样条件下的决策,就是风险型决策。例如某企业为了增加利润,提出两个备选方案:一个方案是扩大老产品的销售;另一个方案是开发新产品。不论哪一种方案都会遇到市场需求高、市场需求一般和市场需求低几种不同可能性,它们发生的概率都可测算,若遇到市场需求低,企业就要亏损。因而在上述条件下决策,带有一定的风险性,故称为风险型决策。风险型决策之所以存在,是因为影响预测目标的各种市场因素是复杂多变的,因而每个方案的执行结果都带有很大的随机性。决策中,不论选择哪种方案,都存在一定的风险性。在未完全确知条件下的决策是指这样一类的决策,在决策过程中提出各个备选方案,每个方案有几种不同的结果可以知道,但每一结果发生的概率无法知道。在这样条件下,决策就是未确定型的决策。它与风险型决策的区别在于:风险型决策中,每一方案产生的几种可能结果及其发生概率都知道,未确定型决策只知道每一方案产生的几种可能结果,但发生的概率并不知道。这类决策是由于人们对市场需求的几种可能客观状态出现的随机性规律认识不足,就增大了决策的不确定性程度。

4. 现代企业决策的挑战

决策在很多人看来是简单的事情,认为决策主要依赖于决策者的知识、经验和运气,即认为管理者制定决策是一门艺术,是通过长时间的经验所获得的一项天赋。这样的决策不是建立在科学方法基础上的系统化的定量分析方法,而是源于个人的创造力、判断力、直觉和经验,具有不可模仿性。但是,今天管理所面临的外部环境正在发生迅速变化,商务及其本身的环境日益复杂。这些都为现代企业的管理决策带来了新的挑战。

(1) 决策质量的要求更高

随着技术的迅速发展,客户获得产品和服务的渠道更为通畅,客户的选择余地更大。同时,大规模生产使得产品出现了供过于求的状态,客户成为最稀缺的资源。这迫使企业必须采取“以客户为中心”的经营策略,努力提高产品和服务的质量。

(2) 决策时要考虑的因素更复杂

随着经济全球化的趋势,企业都将面对全球的竞争者和全球范围的消费市场,企业的经营行为受到来自包括消费者、竞争者和政府等各个方面的影响。企业管理者在进行决策时需要考虑更多、更复杂的制约因素。

(3) 决策速度要求更快

随着通信方式的发展、交通的便利及金融体系的完善,企业更难以长久维持自己的竞争优势。企业必须不断地创新,从以规模取胜转变到以速度取胜。这些都要求管理者能够迅速作出正确的决策。

(4) 决策失败的代价更高

企业中采购、生产、销售和服务等方面的联系日益紧密,企业的整个运作系统更加复杂和精密。某一环节的判断失误将产生连锁反应,造成企业重大的损失。

面对这些趋势和变化,管理者必须变得更加精明。他们需要新的工具和技术来帮助他们制定有效的决策。

5. 传统信息系统在决策方面的不足

传统的管理系统可以很好地解决结构化的问题,在管理决策方面却表现出很大的不足,主要体现在:

(1) 分析工作量大

由于企业面临环境的日益复杂性和决策的重要性导致企业在作出决策时必须考虑更多的制约因素及因素之间相互的作用与影响,而且这些因素中很多是来自于企业外部,如政策环境、市场环境等。即使是来自于企业内部的数据，也要进行去伪和归纳，分析工作量非常大，而传统的管理信息系统却没有这样的复杂功能。

（2）分析结果滞后

决策在很多情况下是需要抉择和判断的，是需要进行动态模拟的。但是传统信息系统由于开发方法和设计本身的问题，导致结构比较固定，灵活性较差，统计分析功能较差，分析时间过长，因而贻误了许多商机。

（3）无法按照商务习惯进行分析

传统的报表只能进行简单的汇总。管理者有时为了分析一个关键的商务因素，不得不在一大堆打印的报表中前后翻阅，极不方便。

（4）无法进行复杂的分析

管理者经常希望能综合多种因素来分析问题。如石油价格的上涨和物价指数的波动对企业各方面的影响。如果现在采取降价措施，本年度末公司的市场份额、销售额和赢利是否有所增长？哪些客户对我们企业最关键？他们有什么特征及如何增加他们对我们企业的忠诚度？等等。传统信息系统无法满足此类决策分析要求。

（5）无法提供关键问题的解决方案

例如，对于大型零售企业，为了实现最高效率，如何在一个区域内设立自己的连锁店？如何制定有效的预算计划和现金流计划？如何防止客户的流失？传统的信息系统无法提供这些关键性问题的解决方案。

（6）缺乏量化的衡定指标

随着企业规模的扩大和机构的日益复杂，管理者不能只依赖经验和直觉来评价企业的整体表现，必须借助一些关键的、量化的指标，但通常的信息系统无法做到这一点。

6. 决策支持系统的概念

决策支持系统（Decision Support System，DSS）是在 20 世纪 70 年代由 Keen 和 Scott Morton 首次提出的，之后无论理论还是具体应用系统，都取得了较大的成绩。一般认为，决策支持系统就是结合计算机的计算与存储能力和人的灵活处理能力，以交互方式进行半结构化问题和非结构化问题的系统。确切地说，决策支持系统就是以计算机为工具，应用决策科学及有关学科的理论和方法，以人机交互方式对管理中的半结构化与非结构化决策问题进行辅助支持的信息系统。

决策支持系统具有以下特点：

（1）决策支持系统针对的对象是上层管理人员，为决策层提供决策支持；

（2）决策支持系统把模型等分析技术引入到系统中进行辅助决策；

（3）决策支持系统强调对环境及用户决策方法改变的灵活性和适应性；

（4）强调交互界面的人性化，尽可能采用自然语言，便于非计算机专业人员进行使用；

（5）决策支持系统强调辅助而不是取代决策者。

决策支持系统与管理信息系统有较大的不同。决策支持系统的主要功能有：

（1）管理并随时提供与决策问题有关的组织内部信息，如生产状况、仓储、财务等；

（2）收集、管理并提供决策有关的组织外部信息，如市场情况、政策、法规等；

（3）收集、管理并提供各项决策方案执行情况的反馈信息，如订单执行情况、各种计划落实情况等；

（4）能够管理、存储和调用与决策有关的各种模型，如库存模型、定价模型等；

（5）能够管理、存储和调用与决策有关的各种方法，如回归分析方法、线性规划法等；

（6）能够灵活地运用模型与方法对数据进行加工、汇总、分析、预测，得出所需的信息与预测信息；

（7）能够以方便灵活的接口和界面进行问题求解；

（8）提供良好的数据通信与输出功能，能将结果以直观的方式进行显示。

7. 决策支持系统的主要应用

企业根据自己的情况可以实施不同的 DSS 应用。决策支持系统的主要应用有：

（1）销售支持。系统能够按照定制的时间周期进行比较和趋势分析，可以用来辅助确定产品成功或失败的因素，可以对未来市场的情况作出预测。

（2）客户分析和市场研究。DSS 可以利用统计工具分析每天收集的交易数据，以确定各种类型客户的消费模式，然后采取相应的营销措施，来争取和稳住更多的客户。利用预测模型进行产品的增长模式、企业品牌和形象、客户满意度、市场规模和潜在规模等方面的研究。

（3）财务分析。按特定的周期进行实际费用和花费的比较，审查过去现金流的趋势，并预测未来的现金需求量。进行复杂项目的预算计划和成本分摊，整合各分支机构的财务数据，形成正确、一致的财务报表。

（4）运筹和战略计划。利用决策支持系统的决策模型可以协助制定大规模资本投资计划，并计算投资风险等。

（5）企业分析。可以帮助企业进行关键成功因子（Critical Success Factor，CSF）分析，表 11.2 是企业典型关键性能指标（Key Performance Index，KPI）。通过这些指标的分析和比较，可以很好地为企业进行定位，以发现自身的优势和不足。

表 11.2　企业典型关键性能指标

赢利能力	每个部门、产品和区域的赢利能力，部门之间、产品之间及竞争者之间的比较
财务	流动比率，现金储备情况，资产负债分析，投资回报率
市场	市场份额，广告分析，产品定价，每周（每天）的销售结果，客户的销售潜力
人力资源	人员流动率，工作的满意度
计划	销售增长或市场份额分析
经济分析	市场趋势，对外贸易和汇率、行业趋势、劳动力成本趋势
消费者趋势	消费者的信心级别、购买习惯、人口数据

11.1.2　决策支持系统的组成

1. 决策支持系统的概念模式

决策支持系统的概念模式有助于我们理解决策支持系统的结构。概念模式反映 DSS 的形式及其与真实系统、人和外部环境之间的关系。基本的概念模式如图 11.1 所示，该图较好地表达了决策支持系统的基本思路。决策者通过操作对话系统进行问题求解，对话系统调用数据库和模型库系统，而这些系统也调用了关于决策问题的内部信息、外部信息、有关的环境方面的信息、与人有关的信息等。求解之后通过系统响应对决策者进行决策支持，然后再反馈作用到真实系统。问题来源于真实系统，而系统的目的仍然是真实系统。

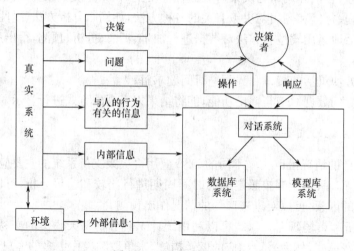

图 11.1　DSS 的概念模式

2. 决策支持系统的系统结构模型

关于决策支持系统的结构有各种各样的描述,如三库结构和五库结构等。尽管 DSS 在形态上各式各样,但它们在结构上主要是由人机接口、数据库、模型库、知识库、方法库 5 个部件组成,每个部件又有各自的管理系统。因此,从一般意义上说,DSS 就是由人机接口、对话管理系统、数据库、数据库管理系统、模型库、模型库管理系统、知识库、知识库管理系统、方法库和方法库管理系统 10 个基本部件进行不同的集成、组合而成的,如图 11.2 所示。

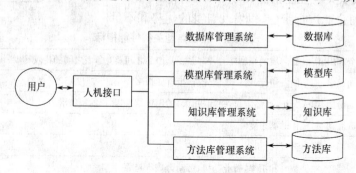

图 11.2　决策支持系统结构图

11.1.3　决策支持系统的发展

决策支持系统在应用和发展过程中引入了很多新的元素,形成了一些新的决策支持系统结构和类型,如注重决策小组决策的群组决策支持系统、引入人工智能的智能决策支持系统等。

1. 群组决策支持系统

群组决策支持系统(Group Decision Support System,GDSS)是在决策支持系统的基础上,利用计算机网络和通信技术,供多个决策者为了共同的决策问题,通过某种约定相互协作地探询半结构化或非结构化的问题解决方案的信息系统。GDSS 是集成多个决策者的智慧、经验及相应的决策支持系统组成的集成系统,它以计算机及其网络为基础解决一些半结构化、非结构化问题,其体系结构如图 11.3 所示。

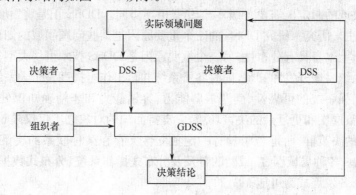

图 11.3　GDSS 体系结构图

群组决策支持系统的主要方式有:

(1) 决策室(Decision Office)。每个决策者拥有一台计算机或终端,在同一个会议室内,每个人可利用各自的 DSS 系统进行决策,GDSS 的组织者协调和综合各决策者的决策意见,使 GDSS 优选出群决策结论。会议室中有大屏幕显示器,显示各决策者的决策方案和结果,以及统计分析数据和有关图形、图像,供会议参加者讨论。这种方式使决策者能面对面地交互讨论,迅速得出 GDSS 结论。其缺点是在决策当中容易受权威人士的影响,从而影响结论的准确性。

(2) 局域决策网(Local Decision Network)。利用计算机局域网使各决策者在各自办公地点进行群组决策。GDSS 组织管理者组织各决策者通过局域网进行通信,传输各自需要的输入、输出信息,交流彼此的意见。GDSS 组织管理者根据各方意见最终得出结论。局域决策网的优点是各决策者可避免受其他决策者的影响,完全根据自己的经验发表看法,最终的结论较客观公正。

(3) 远程会议(Teleconference)。远程会议是指多个地点的会议室通过可视通信设备连接在一起,使用 ISDN、Internet、通信卫星、电子白板等技术组织会议,进行决策。通过这些现代化技术形成远程会议,达到群体决策。这种方式不受地域的限制,使参加决策的人数增多,听取的意见更加广泛。GDSS 中用到了通信技术(包括电子信息、局域或广域网、电话会议、存储和交换设备等)、计算机技术(包括多用户系统、第四代语言、数据库、数据分析、数据存储和修改能力等)、决策支持技术(包括议程设置、人工智能、自动推理技术、决策模型、决策树方法、风险分析、预测方法等),以及结构化的群决策方法(如德尔菲法等)。

GDSS 适用于知识繁多、内部和外部情况复杂、形势变化急剧为特征的决策环境,这种环境使群组决策变得更频繁、更重要。

2. 分布式决策支持系统

分布式决策支持系统(DDSS)是研究由多个物理位置上分离的决策体如何并发计算、协调一致地求解问题的。这些分布在不同物理位置上的决策体构成计算机网络,网络的每个节点至少含有一个决策支持系统或有若干辅助决策的功能。DDSS 包含有机结合起来的软、硬件两部分。人们在研究人类利用知识求解问题的过程中发现,大型复杂系统的求解需要多个专业人员协作完成。例如,在军事指挥决策过程中,由于战场环境复杂,范围广,信息的收集需要分布在不同地理位置的多个传感器和信息处理系统同时工作,以便获得完整、准确的当前形势信息,而且军事决策的制定也需要各级军事专家相互协同。DDSS 正是将"协作"作为一个重要的问题求解方法来研究。研究 DDSS 的一个重要原因是某些问题领域的知识和行为在空间上、时间上或逻辑上本身具有分布性;另一个重要原因是 DDSS 技术可将大型复杂问题分化成多个子问题,使系统易于开发和管理,同时各子系统并行工作可提高整个大系统的求解效率和速度;还有助于增强系统的可靠性、问题求解能力、容错能力和非精确知识处理能力。DDSS 适用于更高的决策层次和更复杂的决策环境,它支持面向的对象已不仅仅限于单个的决策人,或代表同一机构的决策群,而是若干具有一定独立性又存在某种联系的决策组织。随着 Internet 的迅速发展,各种局域网、广域网的普及及分布式操作系统、分布式数据库、知识库等成果的取得,使 DDSS 发展成为可能。

3. 智能决策支持系统(IDSS)

20 世纪 80 年代,人工智能 (Artificial Intelligence, AI)技术尤其是专家系统 (Expert Systems, ES)的蓬勃发展使决策支持系统的发展进入一个新台阶,出现了智能决策支持系统(Intelligent Decision Support Systems, IDSS)。智能决策支持系统把人工智能的定性分析辅助决策和 DSS 的定量分析辅助决策相结合,提高了辅助决策的能力。IDSS 是 DSS 和 AI 相结合的产物,它着重研究把 AI 的知识推理技术和 DSS 的基本功能模块有机地结合起来。DSS 能够较有效地支持半结构化和非结构化问题的解决,这类问题单纯用定量方法无法解决,至少不能完全解决。为此必须在 DSS 中建立知识库,以存放各种规则、因果关系、决策人员的经验等,此外还应有综合利用知识库、数据库和定量计算结果进行推理和问题求解的推理机。近年来,人工智能领域中专家系统(ES)的研究发展很快,专家系统主要参与解决管理科学中半结构和非结构化问题,DSS 主要是运用数据和模型来解决问题,而专家系统主要是运用知识和推理。DSS 与专家系统的结合,使 DSS 注入了新的活力,增强了 DSS 系统的主动功能。它们的互相结合和互相渗透,将会把计算机用于决策支持技术推向一个新的高度。人工智能将为 DSS 提供有效的理论和方法。例如,知识的表示和建模、推理、演绎和问题求解及各种搜索技术,再加上功能很强的人工智能语言等,都为 DSS 的发展转向更加实用的阶段提供了强有力的理论与方法的支持。

4. 决策支持中心

1985 年由 Owen 等人提出一个决策支持中心(Decision Support Center, DSC)的概念,即一个由了解决策环境的信息系统组成的决策支持小组作为决策支持中心的核心,该中心采用先进的信息技术。通常 DSC 在位置上和高层领导十分接近,以便能及时地提供决策支持,决策支持小组随时准备开发或修改 DSS,以支持高层领导作出紧急和重要的决策。DSC 的特点是处在高层次重要决策部位,有一批参与政策制定、决策分析和系统开发的专家,装备有计算机等先进设备,通过人机结合等多种方式支持高层决策者作出应急和重要决策。在 DSC 系统中,决策者将要解决的问题先发送给决策专家小组,通过网络、多媒体设备和其他现代化的设备,召开电视会议,也可通过电子公告牌、电子白板发布各自意见和信息。在这一过程中,可以借鉴 Borland 公司成功的决策方法,如德尔菲法。每位专家把自己的处理意见通过网络发送给小组人员,在此方法中建议专家不面对面交流,也不公布他们的姓名和职务,以免彼此受到影响。此外,专家之间还可采用其他研讨方式对问题进行定性分析、讨论问题和交流思想,直接的交流有助于启发创造性思维,可视化的会议形成了一种学术性的氛围。专家小组在讨论中首先发表自己的意见,根据特尔斐(Delphi)的规则把各种意见综合集成,然后再讨论、再集成,最后得出问题的定性描述模型;然后用同样的工作方式生成定量模型,这时把定量模型和系统的其他信息发送给计算机决策支持系统;最后得出定量分析结果。通过网络把定量分析结果送给专家决策小组,进行又一轮的分析、集成、处理,经过多次循环,直至得到满意的决策意见,将意见交给决策者,为决策提供依据,从而实现了从定性到定量、再到定性的螺旋式上升的决策过程。

5. 综合决策支持系统(SDSS)

SDSS 是在 DSS 原有三库的基础上,结合数据仓库、OLAP 及数据开采技术,形成的综合决策支持系统。SDSS 结构如图 11.4 所示。综合结构体系包括 3 个主体:第一个主体是模型库管理系统和数据库管理系统的结合,它是决策支持的基础,为决策问题提供定量分析(模型计算)的辅助决策信息;第二个主体是数据仓库、OLAP,它从数据仓库中提取综合数据和信息,这些数据和信息反映了大量数据的内在本质;第三个主体是专家系统和数据开采的结合。数据开采从数据库和数据仓库中挖掘知识,并将其放入专家系统和知识库中,通过知识推理的专家系统达到定性分析辅助决策。数据开采的方法和技术主要包括并联规则开采方法、多层次数据汇总归纳、决策树方法、神经网络方法、覆盖正例排斥反例方法、粗集方法、遗传算法、公式发现、统计分析方法、模糊论方法、可视化技术等。综合体系结构的 3 个主体可以相互补充又可以相互结合。可根据实际问题的规模和复杂程度,决定是采用单个主体辅助决策还是采用 2 个或 3 个主体相互结合辅助决策。利用第一个主体的辅助决策系统就是 IDSS,利用第二个主体的辅助决策系统就是新的决策支持系统。将 3 个主体结合起来所形成的 SDSS 是一种更高形式的决策支持系统,其辅助决策能力将比其他各种决策方法更上一个新的台阶。

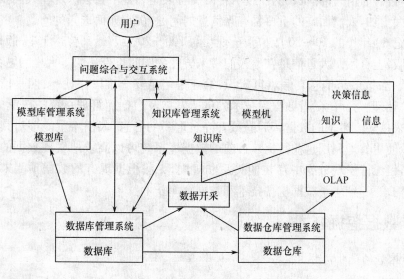

图 11.4　SDSS 结构

【案例 11.1】　武钢计算机决策支持系统能耐大

由武汉钢铁公司(以下简称武钢)技术中心研制的计算机决策支持系统,在武钢新产品性能改善、原料配比优化、降低成本等方面应用取得显著成效。

决策支持系统是武钢技术中心吸收国内外优化技术,结合钢铁工业生产具体情况研制成的一个计算机软件系统,它由数据库、模型库、方法库和知识库组成。该技术把经济和技术二者紧密结合,使得经济和技术指标同时提高,具有很强的针对性、指导性和可操作性。

该计算机决策支持系统不仅在优化产品性能等方面成效显著,在原料配置等方面同样有明显作用。在为武钢炼铁厂5号高炉优化配矿结构中,科研人员收集了5号高炉近几年来的生产日报表数据,和财务部提供的相应年份原料及资源的成本资料,建成一个大型数据库。武钢技术中心采用计算机决策支持系统对数据库进行有用信息的归纳提取和深入分析研究,得出了"提高烧结矿品位可降低铁水成本、增加铁水产量"的结论。武钢公司已采纳这一建议,并在5号高炉实施,从而使铁水成本显著下降。

资料来源:http://business.sohu.com/

11.2 数据挖掘与数据仓库系统

11.2.1 数据挖掘与数据仓库系统简介

随着市场竞争的加剧,企业需要从以前积累的大量原始数据中提取有用的信息,这种需求需要对历史数据进行集成和综合,所需要的信息不仅要能反映情况变化的瞬间状态,而且还能反映它的历史和趋势。而传统 MIS 和 DSS 由于缺乏丰富的数据资源、强有力的分析工具及对数据的综合能力,无法达到这些要求。20 世纪 90 年代初,兴起了决策支持新技术,即数据仓库、联机分析处理 (On-Line Analysis Processing,OLAP) 和数据挖掘。

在信息时代,通信、计算机和网络技术正改变着人类和整个社会。现在人们获取信息的方式和速度大大增加,人们面临的不再是有无信息的问题,而是如何选择的问题。例如,《纽约时报》由 20 世纪 60 年代的 10～20 版扩张至现在的 100～200 版,最高曾达 1572 版;国内很多报纸也是几十版、上百版。大量信息在给人们带来方便的同时也带来了一大堆问题:第一是信息过量,难以消化;第二是信息真假难以辨识;第三是信息安全难以保证;第四是信息形式不一致,难以统一处理。另外,随着数据库技术的迅速发展及数据库管理系统的广泛应用,人们积累的数据越来越多。激增的数据背后隐藏着许多重要的信息,人们希望能够对其进行更高层次的分析,以便更好地利用这些数据。目前的数据库系统可以高效地实现数据的录入、查询、统计等功能,但无法发现数据中存在的关系和规则,无法根据现有的数据预测未来的发展趋势。在这种需求下,产生了数据挖掘技术和数据仓库技术。

11.2.2 数据挖掘技术

1. 数据挖掘的进化历程

从商务数据到商务信息的进化过程中,每一步前进都是建立在上一步的基础上的,如表 11.3 所示。从表中可以看到,从数据收集、数据访问、数据仓库与决策支持到数据挖掘,应用越来越趋于智能性、互动性和主动性。从单纯的数据存储与查询统计到能够对未来作出预测,对用户的支持程度越来越高。

表 11.3　数据挖掘的进化历程

进 化 阶 段	商 务 问 题	支 持 技 术	产 品 厂 家	产 品 特 点
数据收集 (20 世纪 60 年代)	"过去 5 年中我的总收入是多少?"	计算机、磁带和磁盘	IBM，CDC 等	提供历史性的、静态的数据信息
数据访问 (20 世纪 80 年代)	"在武汉的分部去年三月的销售额是多少?"	关系数据库、SQL 等	Oracle, Sybase, IBM，Microsoft 等	在记录级提供历史性的、动态数据信息数据
数据仓库 (20 世纪 80~90 年代)	"在武汉的分部去年三月的销售额是多少?"	联机分析处理（OLAP）多维数据库、数据仓库	Pilot，Cognos，Mi-crostrategy 等	在各种层次上提供回溯的、动态的数据信息
数据挖掘	"下个月武汉的销售会怎么样? 为什么?"	高级算法、多处理器计算机、海量数据库	Pilot, Lockheed, IBM、SGI 等	提供预测性的信息

2. 数据挖掘的定义

在商务应用中有个经典的案例：一家连锁店通过对销售记录的数据挖掘发现小孩尿布和啤酒之间有着惊人的联系，通过观察发现，很多成年男子在为自己购买啤酒的时候会顺便给孩子购买些尿布。原来这两种商品的位置摆放很远，于是他们将货物重新摆放，将这两种首批摆在一起，从而迎合了顾客的需求使销量增加。这就是数据挖掘的典型案例。

关于数据挖掘并没有公认的定义。从技术角度看，数据挖掘(Data Mining，DM)就是从大量的、不完全的、有噪声的、模糊的、随机的实际应用数据中，提取隐含在其中的、人们事先不知道的、但又是潜在有用的信息和知识的过程。这个定义包括几层含义：

(1) 数据源必须是真实的、大量的和含噪声的；

(2) 发现的是用户感兴趣的知识；

(3) 发现的知识要可接受、可理解、可运用；

(4) 并不要求发现放之四海皆准的知识，仅支持特定的问题。

从商务角度看，数据挖掘是一种新的商务信息处理技术，按企业既定业务目标，对大量的企业数据进行探索和分析，揭示隐藏的、未知的或验证已知的规律性，并进一步将其模型化为先进有效的方法。其主要特点是对商务数据库中的大量业务数据进行抽取、转换、分析和其他模型化处理，从中提取辅助商务决策的关键性数据。简而言之，数据挖掘其实是一类深层次的数据分析方法。

3. 数据挖掘与传统分析方法的区别

数据挖掘与传统的数据分析(如查询、报表、联机应用分析)的本质区别是数据挖掘是在没有明确假设的前提下去挖掘信息、发现知识。数据挖掘所得到的信息应具有先前未知、有效和可实用 3 个特征。

先前未知的信息是指该信息是预先未曾预料到的，即数据挖掘是要发现那些不能靠直觉发现的信息或知识，甚至是违背直觉的信息或知识，挖掘出的信息越是出乎意料，就可能越有价值。有效是说挖掘出的信息是对决策有价值的信息，可以发现隐藏在数据中的规律性的东西或忽略了的事实。可实用是指挖掘的信息可以对具体操作起辅助指导作用。

4. 数据挖掘的功能

数据挖掘通过预测未来趋势及行为,作出超前的、基于知识的决策。数据挖掘的目标是从数据库中发现隐含的、有意义的知识,主要有以下 5 类功能。

(1) 自动预测趋势和行为

数据挖掘自动在大型数据库中寻找预测性信息,以往需要进行大量手工分析的问题,如今可以迅速直接由数据本身得出结论。例如,通过数据挖掘进行市场预测,数据挖掘使用过去有关促销的数据,来寻找未来投资中回报最大的用户,其他可预测的问题包括预报破产及认定对指定事件最可能作出反应的群体。数据挖掘对市场细分有较大的支持。

(2) 关联分析

数据关联是数据库中存在的一类重要的可被发现的知识。若两个或多个变量的取值之间存在某种规律性,就称为关联。关联可分为简单关联、时序关联、因果关联。关联分析的目的是找出数据库中隐藏的关联网。有时并不知道数据库中数据的关联函数,即使知道也是不确定的,因此关联分析生成的规则带有可信度。

(3) 聚类

数据库中的记录可被划分为一系列有意义的子集,即聚类。聚类增强了人们对客观现实的认识,是概念描述和偏差分析的先决条件。聚类技术主要包括传统的模式识别方法和数学分类学。20 世纪 80 年代初,Mchalski 提出了概念聚类技术,其要点是,在划分对象时不仅考虑对象之间的距离,还要求划分出的类具有某种内涵描述,从而避免了传统技术的某些片面性。

(4) 概念描述

概念描述就是对某类对象的内涵进行描述,并概括这类对象的有关特征。概念描述分为特征性描述和区别性描述,前者描述某类对象的共同特征,后者描述不同类对象之间的区别。生成一个类的特征性描述只涉及该类对象中所有对象的共性。生成区别性描述的方法很多,如决策树方法、遗传算法等。

(5) 偏差检测

数据库中的数据常有一些异常记录,从数据库中检测这些偏差很有意义。偏差包括很多潜在的知识,如分类中的反常实例、不满足规则的特例、观测结果与模型预测值的偏差、量值随时间的变化等。偏差检测的基本方法是寻找观测结果与参照值之间有意义的差别。

5. 数据挖掘的流程

数据挖掘基本思路如图 11.5 所示。人通过人机界面和接口操作系统,调用挖掘工具,从数据库或数据仓库中挖掘,然后将结果返回,并通过人机接口转换为用户可理解的报表、图形等形式进行输出。图 11.6 描述了数据挖掘的基本过程和主要步骤。

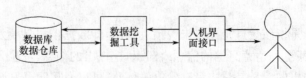

图 11.5　数据挖掘示意图

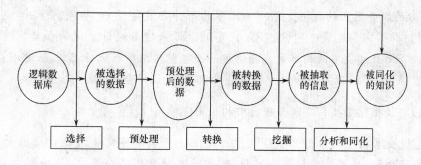

图 11.6　数据挖掘的基本过程和主要步骤

数据挖掘过程中各步骤的大体内容如下：

（1）确定业务对象。确定业务对象就是明确解决的问题，对业务问题进行清晰的定义，认清数据挖掘的目的是数据挖掘的重要一步。挖掘的最后结构是不可预测的，但要探索的问题应是有预见的，为了数据挖掘而数据挖掘则带有盲目性，是不会成功的。

（2）数据准备。数据准备包括：① 数据选择。搜索所有与业务对象有关的内部和外部数据信息，并从中选择出适用于数据挖掘应用的数据。②数据的预处理。研究数据的质量，为进一步的分析做准备，并确定将要进行的挖掘操作的类型。③ 数据的转换。将数据转换成一个分析模型，这个分析模型是针对挖掘算法建立的。建立一个真正适合挖掘算法的分析模型是数据挖掘成功的关键。

（3）数据挖掘。对所得到的经过转换的数据进行挖掘，数据挖掘要采用一定的算法和技术。数据挖掘常用的技术有：人工神经网络、决策树、遗传算法、近邻算法规则推导等。

（4）结果分析。对挖掘出的结果进行解释并评估，评价挖掘结果的正确性和可用性。

（5）知识的同化。将分析所得到的知识集成到业务信息系统的组织结构中去，实现数据挖掘知识和整个系统的同化，作为新的基础进行完善和丰富。

【案例 11.2】　竞技运动中的数据挖掘

美国著名的国家篮球队 NBA 的教练，利用 IBM 公司提供的数据挖掘工具临场决定替换队员。想像你是 NBA 的教练，你靠什么带领你的球队取得胜利呢？当然，最容易想到的是全场紧逼、交叉扯动和快速抢断等具体的战术和技术。但是今天，NBA 的教练又有了他们的新式武器：数据挖掘。大约 20 个 NBA 球队使用了 IBM 公司开发的数据挖掘应用软件 Advanced Scout 系统来优化他们的战术组合。例如，Scout 就因为研究了魔术队队员不同的布阵安排，在与迈阿密热队的比赛中找到了获胜的机会。

系统分析显示魔术队先发阵容中的两个后卫安佛尼·哈德卫（Anfernee Hardaway）和伯兰·绍（Brian Shaw）在前两场中被评为—17 分，这意味着他俩在场上，本队输掉的分数比得到的分数多 17 分。然而，当哈德卫与替补后卫达利尔·阿姆斯创（Darrell Armstrong）组合时，魔术队得分为＋14 分。

在下一场中，魔术队增加了阿姆斯创的上场时间。此着果然见效：阿姆斯创得了 21 分，哈德卫得了 42 分，魔术队以 88 比 79 获胜。魔术队在第四场让阿姆斯创进入先发阵容，再一次打败了热队。在第五场比赛中，这个靠数据挖掘支持的阵容没能拖住热队，但 Advanced Scout 毕竟帮助魔术队赢得了打满 5 场，直到最后才决出胜负的机会。

Advanced Scout 是一个数据分析工具，教练可以用便携式电脑在家里或在路上挖掘存储在 NBA 中心的服务器上的数据。每一场比赛的事件都被按得分、助攻、失误等统计分类,时间标记让教练非常容易地通过搜索 NBA 比赛的录像来理解统计发现的含义。例如,教练通过 Advanced Scout 发现本队的球员在与对方一个球星对抗时有犯规记录,他可以在对方球星与这个队员"头碰头"的瞬间分解双方接触的动作,进而设计合理的防守策略。

【案例 11.3】 数据挖掘技术在商务银行中的应用

数据挖掘技术在美国银行金融领域应用广泛。金融事务需要搜集和处理大量数据,对这些数据进行分析,发现其数据模式及特征,然后可能发现某个客户、消费群体或组织的金融和商务兴趣,并可观察金融市场的变化趋势。商务银行业务的利润和风险是共存的。为了保证最大的利润和最小的风险,必须对账户进行科学的分析和归类,并进行信用评估。Mellon 银行使用 Intelligent Agent 数据挖掘软件提高销售和定价金融产品的精确度,如家庭普通贷款。零售信贷客户主要有两类,一类很少使用信贷限额(低循环者),另一类能够保持较高的未清余额(高循环者)。每一类都代表着销售的挑战:低循环者代表缺省和支出注销费用的危险性较低,但会带来极少的净收入或负收入,因为他们的服务费用几乎与高循环者的相同,银行常常为他们提供项目,鼓励他们更多地使用信贷限额或找到交叉销售高利润产品的机会。高循环者由高和中等危险元件构成。高危险分段具有支付缺省和注销费用的潜力,对于中等危险分段,销售项目的重点是留住可获利的客户并争取能带来相同利润的新客户。但根据新观点,用户的行为会随时间而变化。分析客户整个生命周期的费用和收入就可以看出谁是最具创利潜能的。Mellon 银行认为"根据市场的某一部分进行定制"能够发现最终用户并将市场定位于这些用户。但是,要这么做就必须了解关于最终用户特点的信息。数据挖掘工具为 Mellon 银行提供了获取此类信息的途径。Mellon 银行销售部在先期数据挖掘项目上使用 Intelligence Agent 寻找信息,主要目的是确定现有 Mellon 用户购买特定附加产品:家庭普通信贷限额的倾向,利用该工具可生成用于检测的模型。据银行官员称:Intelligence Agent 可帮助用户增强其商务智能,如交往、分类或回归分析,依赖这些能力,可对那些有较高倾向购买银行产品、服务产品和服务的客户进行有目的的推销。该官员认为,该软件可反馈用于分析和决策的高质量信息,然后将信息输入产品的算法。另外,Intelligence Agent 还有可定制能力。

美国 Firstar 银行使用 Marksman 数据挖掘工具,根据客户的消费模式预测何时为客户提供何种产品。Firstar 银行市场调查和数据库营销部经理发现:公共数据库中存储着关于每位消费者的大量信息,关键是要透彻分析消费者投入到新产品中的原因,在数据库中找到一种模式,从而能够为每种新产品找到最合适的消费者。Marksman 能读取 800～1000 个变量并且给它们赋值,根据消费者是否有家庭财产贷款、赊账卡、存款证或其他储蓄、投资产品,将它们分成若干组,然后使用数据挖掘工具预测何时向每位消费者提供哪种产品。预测准客户的需要是美国商务银行的竞争优势。

11.2.3 数据仓库技术

1. 数据仓库(Data Warehouse,DW)的概念

著名的数据仓库专家 W. H. Inmon 在其著作《Building the Data Warehouse》一书中给予如下描述:"数据仓库是一个面向主题的、集成的、相对稳定的、反映历史变化的数据集合,建立

数据仓库的目的是用于支持管理决策。"对于数据仓库的概念我们可以从两个层次予以理解。首先，数据仓库用于支持决策，面向分析型数据处理，它不同于企业现有的操作型数据库；其次，数据仓库是对多个异构的数据源有效集成，集成后按照主题进行重组，并包含历史数据，而且存放在数据仓库中的数据一般不再修改。

根据数据仓库的含义，其具有以下 4 个特点。

（1）面向主题（Subject Oriented）。主题是一个抽象的概念，是在较高层次上将企业信息系统中的数据综合、归类后进行分析利用的抽象。数据仓库围绕一些主题，如顾客、供应商、产品等。面向主题的数据组织方式就是在较高层次上对分析对象数据的一个完整、统一且一致的描述，能完整刻画各个分析对象所涉及的企业的各项数据及数据之间的联系。操作型数据库的数据组织面向事务处理任务，各个业务系统之间各自分离，而数据仓库中的数据是按照一定的主题域进行组织，一个主题通常与多个操作型信息系统相关。

（2）集成性（Integrated）。数据仓库的数据来源于多个异构数据源，这些数据在进入数据仓库之前要经过清理、转换、集成等步骤，变成按照统一的格式、命名规则、约束域、物理属性和度量等存储的数据。面向事务处理的操作型数据库通常与某些特定的应用相关，数据库之间相互独立，并且往往是异构的。而数据仓库中的数据是在对原有分散的数据库数据抽取、清理的基础上经过系统加工、汇总和整理得到的，必须消除源数据中的不一致性，以保证数据仓库内的信息是关于整个企业的一致的全局信息。

（3）相对稳定性（Non-Volatile）。从数据的使用方式上看，数据仓库的数据是不可更新的，即用户只能查询和分析，而不能修改数据。操作型数据库中的数据通常实时更新，数据根据需要及时发生变化。数据仓库的数据主要供企业决策分析之用，所涉及的数据操作主要是数据查询，一旦某个数据进入数据仓库以后，一般情况下将被长期保留，也就是数据仓库中一般有大量的查询操作，但修改和删除操作很少，通常只需要定期地加载、刷新。

（4）反映历史变化（Time Variant）。数据仓库的数据的不可更新是针对应用而言，即数据对用户是只读的，并不是说数据仓库中的数据永远不变，而是随时间变化定期更新。每隔一定时间，从数据源中抽取一批新的数据，经过清理转换，集成到数据仓库中，而数据仓库中原来的数据经过一定的时间间隔，以更高的层次被综合，数据超过存储期限，则从数据仓库中被删除。操作型数据库主要关心当前某一个时间段内的数据，而数据仓库中的数据通常包含历史信息，系统记录了企业从过去某一时点（如开始应用数据仓库的时点）到目前的各个阶段的信息，通过这些信息，可以对企业的发展历程和未来趋势作出定量分析和预测。

数据仓库是市场激烈竞争的产物，它的目标是达到有效的决策支持。数据仓库技术为解决传统决策支持系统的不足提供了工具。大型企业几乎都建立或计划建立自己的数据仓库，数据库厂商也纷纷推出自己的数据仓库软件。目前，在银行、股票、保险、电信、航空、医疗保健、零售及制造等领域都有应用。如华尔街的多数金融机构采用数据仓库技术进行风险管理，电信行业的 MCI Communications Corporation 电话通信公司和航空领域的 American Airlines（美国航空公司）等都有应用数据仓库技术辅助决策的成功例子。

2. 数据仓库系统体系结构

数据仓库系统由数据获取、数据存储和数据访问等组成。数据仓库从多个信息源中获取原始数据，经过必要的清理转换后装入数据仓库，通过数据仓库访问工具，向用户提供统一、协调和集成的信息环境,支持企业全局的决策过程。数据仓库的结构如图 11.7 所示。

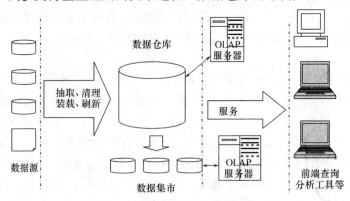

图 11.7　数据仓库的结构

数据仓库主要包括以下部件:

(1) 数据源。数据仓库有多个异构的内部和外部数据源,如 OLTP 系统的操作型数据、文本文件、HTML 文件及知识库等,各数据源的数据组织格式可能不一致,所以在这些数据进入数据仓库之前要进行必要的整理加工。数据源是数据仓库系统的基础,是整个系统的数据源泉。数据源一般包括企业内部信息和外部信息两大类:内部信息包括存放于内部数据库中的各种业务处理数据和各类文档数据,外部信息主要包括各类法律法规、市场信息和竞争对手的信息等。

(2) 数据的存储与管理。数据存储和管理是整个数据仓库系统的核心,数据仓库的真正关键是数据的存储和管理。数据仓库的组织管理方式决定了它有别于传统数据库,同时也决定了其对外部数据的表现形式。要决定采用什么产品和技术来建立数据仓库的核心,则需要从数据仓库的技术特点着手分析。针对现有各业务系统的数据,进行抽取、清理,并有效集成,按照主题进行组织。数据仓库按照数据的覆盖范围可以分为企业级数据仓库和部门级数据仓库(通常称为数据集市)。另外,数据仓库还需要建立源数据库,用于存储数据模型和源数据。其中,源数据定义了数据的意义及系统各组成部件之间的关系。源数据包括关键字、属性、数据描述、物理数据结构、源数据结构、映射及转换规则、综合算法、代码、默认值、安全要求、变化及数据时限等。

(3) DW 管理工具。为数据仓库的运行提供管理手段,包括安全管理和存储管理等。这是由于在数据仓库的日常运行中,需要不断监控数据仓库的状态,包括资源的使用情况、用户操作的合法性和数据的安全性等多个方面。

(4) OLAP 服务器:OLAP 在数据仓库基础上实现多维数据分析和操作,是功能强大的多用户的数据操纵引擎,特别用来支持和操作多维数据结构,为前端工具提供多维数据视图及服务。对分析需要的数据进行有效集成,按多维模型予以组织,以便进行多角度、多层次的分析,并发现趋势。其具体实现可以分为:ROLAP,MOLAP 和 HOLAP。ROLAP 基本数据和聚合数据均存放在 RDBMS 之中;MOLAP 基本数据和聚合数据均存放在多维数据库中;HOLAP 基本数据均存放在 RDBMS 之中,聚合数据均存放在多维数据库中。

(5) 数据抽取模块。该模块是根据源数据库中的数据源定义、数据抽取规则定义,对异地异构数据源进行清理、转换,对数据进行重新组织和加工,装载到数据仓库的目标库中。转换是保证目标库中数据的一致性,这种不一致的形式是多样的,例如,同一字段在不同的系统中有不同的类型,像字段"性别"为男/女或 0/1,有时同一字段有不同的字段名,像字段"现金结余"为 balance 或 curr_bal,为了集成,这些不一致的数据必须进行转换。数据抽取可以手工编程来实现,也可以用数据仓库厂商提供的工具来实现,例如,Microsoft SQL Server2000 的 DTS 工具等。

(6)前端工具。主要包括各种报表工具、查询工具、数据分析工具、数据挖掘工具及各种基于数据仓库或数据集市的应用开发工具。其中,数据分析工具主要针对 OLAP 服务器,报表工具、数据挖掘工具主要针对数据仓库。前端工具最重要的是前端数据访问和分析模块,该模块为用户提供一整套数据访问和分析工具,以实现深层次的综合分析和决策。这些工具不但要提供一般的数据访问功能,如查询、汇总、统计等,还要提供对数据的深入分析功能,如数据的比较、趋势分析、模式识别等。数据访问和分析工具包括用户查询、分析和报表生成工具,数据挖掘工具,多维分析工具,以及用客户/服务器工具开发的前端应用。其中,多维分析工具能够提供多维分析能力,数据挖掘工具分析大量的历史数据,从中发现业务发展规律,预测未来趋势,对于特定的不能直接采用现有工具的业务需求,可考虑用客户/服务器工具开发相应的前端应用。

【案例 11.4】 淘宝数据仓库案例

淘宝通过搭建一个完全自由竞争的互联网交易基础设施,创造出了一个包括了买家、卖家、支付、物流、金融、广告、搜索等环节在内的商业生态系统,从某种程度上说,淘宝的成功意味着网购这一全新商业模式正在颠覆中国传统企业做生意的方式,也在改变着中国消费者的消费行为模式。然而面对淘宝所创造的电子商务传奇,淘宝的管理层清醒地认识到:尽管淘宝的快速发展揭示了中国的确存在巨大的电子商务潜在用户基础,但是在另一方面,中国电子商务市场目前还是一个年轻的、还远没有成熟的市场,处在一个价格敏感和体验式的阶段,因此淘宝要想在新的竞争环境下续写传奇,就需要为店铺和消费者不断提供更新、更全面的服务,从而全面促进客户体验,培育客户的忠诚度,通过企业级数据仓库来洞察与了解客户的需求则是实现以上目标的最有效手段之一。

为了更好地了解客户需求,总结与分析运营和管理的规则,淘宝于 2004 开始基于 Oracle 产品构建企业级数据仓库(EDW),并于 2007 年、2008 年和 2009 年三次利用 Oracle RAC 10g 和 Oracle RAC 11g 对数据仓库系统进行升级。利用 Oracle 的数据仓库技术,淘宝实现了将分散在不同业务系统中的业务数据高效地抽取到集中的数据仓库平台,这些完整记录了访问点击、交易过程、商品类目属性以及呼叫中心客服内容等方面信息的海量数据,通过数据仓库的清洗、整理、过滤、排序、合并等各种技术手段进行综合的处理,形成了包含重要业务信息与知识的数据集市,并生成反映最新状况的统计分析数据、指标和报表,可以精确地反映出在浏览、交易、商品等方面的最新用户行为和业务趋势,使淘宝能够及时了解和掌握用户的核心兴趣和消费特征,在交易中提供精准的个性化服务,同时在店铺的各个发展阶段有针对性地设计增值服务,全方位增强了企业的市场竞争能力。

淘宝实施数据仓库后的主要效益包括:

- 利用 Oracle RAC 的跨节点并行计算的技术支持海量数据处理,实现了数据仓库的动态业务查询与分析;
- 计算能力和节点数按线性比例增加,从容应对业务需求快速变化和数据爆炸式增长的挑战;

- 每天处理几亿次的用户行为,日处理的数据量接近30T;
- 同时每天出具400张左右的报表;
- 近500个ETL任务能够在每天0:30~9:00之间全部准时完成,保证了数据集市中数据的新鲜度可以到最近的一天;
- 提供了基于数据仓库的精确分析的个性化推荐、店铺内推荐、精确邮件定向营销以及购物风尚榜等服务项目;
- 实现了根据业务的发展和要求合理地扩容,在满足迅速增长的市场分析和预测需求同时保持低成本。

部分资料来自:http://ec.cioage.com/art/201011/90594.htm

3. 数据仓库与数据集市

DW是一个或多个数据库(或数据库一部分)的数据备份,并将来自各个数据库的信息进行集成,供直接查询和分析。因此,数据仓库保存了不同层次粒度的数据——从详尽数据到高度汇总的数据,供用户进行数据访问和分析,以便辅助他们进行决策,增强竞争能力。目前数据仓库一般基于传统的关系型数据库管理系统,因为传统的关系型数据库管理系统成本和复杂性低,并且已为广大企业所熟悉,而且它能满足数据仓库应用环境下的大部分功能需求。但在某些规模非常大的决策支持应用场合下,专用的多维数据库具有一定优势。数据集市是支持某一部分或特定商务需求的DSS应用的集合,数据集市中的数据仍具有数据仓库的特点,只不过数据集市中的数据是专为某一部门或某个特定商务需求所定制的,数据集市的结构和数据仓库类似。企业在建立数据仓库的过程中,由于数据仓库的规模较大,在原来分散的操作型环境基础上建立一个大而全的数据仓库,其实施周期长,见效慢,费用昂贵,这是企业不愿意的,所以可以考虑先建立数据集市,再扩充到数据仓库的思想,从企业最关心的业务开始,以最少的投资,完成企业当前的需求,以获取最快的回报,然后不断扩充和完善,直至建立全局的数据仓库。

11.3 知 识 管 理

进入21世纪以来,知识管理成为许多企业所关注的新领域。企业的领导人已经认识到:知识资源正在成为企业今后发展的关键要素之一。要想在激烈竞争的市场经济环境中领先,任何企业都必须认真考虑对自己知识资源的创造和运用,考虑如何在企业经营模式中融入知识管理,考虑知识管理在企业的核心竞争战略中的地位。

据Forrester Research的一项调查显示:企业的信息内容量在以每年200%的速度增长。Gartner Group的一项调查显示:每个员工平均每个星期在不增值的相关文档处理任务上需要花费8个小时,这些任务包括文档的创建、寻找、整理等。我国企业对内、外部信息发布的重视与日俱增,政府部门同样也存在巨大的需求。另外,在对美国80家大企业(包括Amoco,Chemical Bank,Hewlett-Packard,Kodak和Pillsbury等)的调查中表明,4/5的公司认为管理组织内的知识应成为业务战略的重要部分,15%的被访对象认为他们能管理好知识,多数经理认为要想真正实现这个目标还需付出很大努力。从以上数据可以看出,知识管理已经成为当前企业非常重要的组成部分。

11.3.1 知识与知识管理

1. 知识的概念

知识管理的核心是知识,因此首先应该知道什么是知识。从企业的角度来看,知识是企业不可或缺的一种资源,在企业发展中扮演着越来越重要的角色。知识来源于实践,来源于人们对企业内外经营环境的了解,以及在长期经营活动中积累起来的经验。知识又是大量数据和信息的提炼和结晶,对于企业运营和竞争无疑起着重要的作用。

从广义上理解,数据、信息也是知识的表现形式,但是人们更把概念、规则、模式、规律和约束等看做知识。人们把数据看做是形成知识的源泉,好像从矿石中采矿或淘金一样。原始数据可以是结构化的,如关系数据库中的数据;也可以是半结构化的,如文本、图形和图像数据;甚至是分布在网络上的异构型数据。

数据、信息和知识是 3 个不同的概念和层次。数据是基础,是原材料,经过加工产生信息,信息经过一定的吸收和转化变成知识。图 11.8 所示的就是知识的产生和运用的过程。其中第一阶段是知识获取,从数据到信息再到知识进行转换。第二阶段是将知识运用到具体的管理问题,然后产生一定的结果。

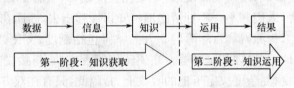

图 11.8　知识的产生与运用

应该说,知识管理中的重点是知识的创造。知识的产生主要经过以下转化过程:

(1)比较分析。比较分析可以产生知识,通过对相关事物的比较分析,发现事物之间的关系和规律,从而掌握该事物有关的知识。

(2)影响分析。在事物的发展规律中有许多影响因素,每种因素有自身的作用,对影响因素的分析可以发现关键因素和一般性因素,从而把握事物的现象和规律,这就是知识创造的一种形式。

(3)关联性分析。事物之间不是孤立的,是相互影响、相互关联的。通过关联分析可以发现事物与事物之间的关系,如人与人之间的关系、人与物之间的关系等。

2. 知识的分类

一般来说,知识可分为隐性知识和显性知识两类。隐性知识就是个人主观的经验性、模拟性、特殊性的知识,通常无法直接辨认。隐性知识一般保存在人身上、关系等形式中,所以难以透过文字、程序或图形等具体形式向外传递,隐性知识的传播比较困难。显性知识则是客观的理性知识、顺序性知识或数字知识。显性知识可以进行清楚的辨认,一般保存在产品、程序、手册等具体的物的形态中,而且可以通过正式形式及系统性语言进行传递。

在知识的传输过程和创造转化过程中,隐性知识和显性知识是不断进行转换的。主要有社会化、外部化、综合化和内在化。

(1)社会化。社会化是个体共享隐性知识的过程。公司职员的内部交流、头脑风暴等属于社会化过程。其显著特点就是将个人未经公开的信息和知识进行交流和传播。

（2）外部化。把个人的隐性知识通过能够让别人理解的方式表达出来，就是知识的外部化。如学者将个人的思考和研究进行整理，并以书籍等方式进行公开就是知识的外部化过程。企业和公司等组织中领导的思考和研究结果以公文的形式下达也应属于知识的外部化。

（3）综合化。把显性知识加以综合，变成更为复杂的显性知识体系称为知识的综合化。

（4）内在化。把新创造的显性知识转化为个人的隐性知识称为知识的内在化。如企业组织的员工培训，将显性知识吸收为员工自己的知识，这就是知识的内部化。

3. 知识转移

知识具有很强的流动性，在组织内部或组织间不断进行转移。知识转移的主要方式有：

（1）多元化转移，指在企业内部或企业之间将有价值的知识进行扩散、复制和共享的过程；

（2）横向转移，指企业将已有的知识资源应用于不同产业、不同市场或不同地点的过程；

（3）纵向转移，指企业将已有知识不断投资于专业化的新的能力建设的过程。

知识转移的价值在于把实践证明有效的知识或技能应用到不同的环境中，以提高知识的产出和应用规模。知识能否有效转移取决于知识的性质、知识转移的障碍及接受方的吸收能力。知识越是以隐性的方式存在，越是复杂，专业化程度越深，转移的难度就越大。由于知识会给个人带来竞争优势，人们并不会心甘情愿地将知识转移出去，因而在知识转移的过程中会有各种障碍，其中包括人为障碍和自然障碍。人为障碍包括制度、文化、观念、组织、管理和社会因素，自然障碍涉及语言、地理和国界等。知识转移能否成功，与接受方的吸收能力也密切相关，接受方的知识深度、复杂度决定了他的吸收能力，因此，只有在双方知识水平匹配的情况下，知识才能有效地转移。

知识转移在推动企业发展的同时，也同样存在着风险，由于人员的流失所造成的知识转移，有可能会削弱知识创造者的竞争力。从这个意义上讲，知识转移是一把双刃剑，因此，组织要采取确实可行的措施以保证知识的顺利和高效转移。

4. 知识管理的概念

福特汽车公司在 1996 年开始，成功地节约了 3 亿美元的费用，其中 2.4 亿美元可以直接归功于他们采用的一套知识管理系统——最优经验答复系统。这套系统正是该公司的信息部门将两位管理专家的经验进行了整理和系统化后的成果。

关于知识管理（Knowledge Management，KM）的准确概念很难给出。知识管理可以理解为：为了达到组织目标而运用 IT 和现代管理工具，有效地进行知识创造、捕捉、整理、定位、传播、应用，从而提高企业的运作水平，增强企业竞争力的理念、方法和工具的总称。知识管理的目的是使组织成员分享所创造的知识并加以应用，以提升组织的竞争力。

知识管理是一种新的管理模式，为了追求知识创新优势，营造一种渠道，使显性知识实现共享，并能与隐性知识结合，有效地产生知识资本创新增量的经营管理模式。在管理方式上，依靠先进的信息通信手段，实现知识共享。在管理内容上，以知识为核心，运用集体智慧（显性或隐性），提高企业的应变能力和创新能力。

根据知识的分类可以知道，显性知识是公开的、较易共享的知识，而隐性知识则是非格式化存在且难以共享的。知识管理就是将显性知识作为存量管理，将隐形知识作为潜力进行挖掘，进行知识创新以获得知识的增量发展。

5. 知识管理的兴起原因分析

【案例 11.5】 微软公司的"知识地图"

有人把微软比做全世界最大的脑力压榨机。在这座知识产出的工厂里,比尔·盖茨是全球知识精英的超级工头。在他的带领下,员工的心血智慧结晶为 Windows、Word 等畅销软件,使微软成为有史以来最具价值的知识创造型企业。

为了让这一群知识精英能够合作无间,微软的 IT 团队花费了相当多的时间和精力,建构起一套敏捷的知识管理系统,微软的人员"知识地图"可以说是这套知识管理系统的最佳代表之一。

这张"知识地图"是 1995 年 10 月开始制作的。当时,微软的资讯系统小组开展了一项"技能规划与开发计划"。他们把每个系统开发人员的工作能力和某特定工作所需要的知识制作成地图,以便协助公司维持业界领导地位的能力,同时让员工与团队的配合更加契合。

微软的这一计划分为 5 个主要阶段:为知识能力的形态与程度建立起架构,明确某特定工作所需要的知识,为个别员工在特定工作中的知识能力表现评分,在线上系统执行知识能力的搜寻,将知识模型和教育训练计划结合起来。

对于员工的知识能力,微软采用了基础水准能力、地区性或独特性的知识能力、全球水准能力和普遍性能力 4 种知识结构形态来评估。这 4 种基本能力各自拥有显性和隐性两种形态,共有 137 项隐性能力,200 项显性能力;每一种能力又分为基本、工作、领导、专家 4 个能力水准,每一个能力水准用 3 到 4 个要点加以说明,既清晰又易于衡量,可以避免工作与员工评价时混淆不清。为了达到工作与员工能力契合的目的,微软 IT 部门的每一项工作都要以所需能力水准来说明。

对员工的评估过程最初是由员工与其上司互动进行的,最后整个小组都参与,这就提供了一个彼此了解员工能力的机会,可以协助微软建立起运用于全公司的能力库存。因此,当管理者想为新专案建立团队时,他无须知道所有员工中谁符合工作条件,而只要向这个系统咨询就可以了。此外,将能力结构与教育资源相结合,不但能够推荐某项特定的课程,而且能够针对不同的知识水准,推荐课程中特定的环节。

微软推动"知识地图"的做法,表现出公司管理阶层重视知识,并支持知识的交流。"知识地图"不但使员工更容易找到所需的知识,也表明企业知识属于企业全体而非个人。现代企业的发展越来越离不开企业的文化建设,知识创造型企业更是如此。知识工作的成败与否视企业文化而定,所以,"知识地图"的好处不应低估。

资料来源:http://www.kmcenter.org/ArticleShow.asp? ArticleID=435

现在人们越来越重视知识在组织发展中的重要性,主要原因有以下 3 点。

(1) 向知识基本资源的转变

Peter Drucker 认为知识已成为一种特定资源,它取代资本与劳动力成为生产的关键要素。创造财富的活动将不是资本分配于生产所用,也不是劳动力,价值将由创新及工作中知识的运用决定。知识生产力将成为公司、行业、国家竞争力的决定因素,而没有任何国家、行业、公司拥有"自然的"优势,它们唯一拥有的能力是运用现有的知识。知识工人将占劳动力的 35%~40%,成为主要社会群体,他们将拥有生产手段与生产工具——前者通过拥有互助基金,成为真正的企业主,后者因为拥有知识,而能自由地流动。

（2）向知识行业的转变

知识行业已成为当今经济的主导产业。Drucker 谈到那些过去 40 年中成为经济核心的产业都将知识与信息的生产与传播作为核心业务，而不是物质。比如说，制药行业的实际产品是知识，药片及处方只不过是知识的包装。电信行业也是这样，它们生产信息处理工具及设备，如计算机、半导体、软件等。此外还有信息制造及分销行业：电影、电视、录像。产生及运用知识的非营业行业包括：教育与医疗保健，它们甚至比知识行业发展还快。知识行业包括服务及制造业：服务业包括那些将知识作为产品（如咨询）及产品是知识运用的行业（如建筑）。制造业包括那些生产高科技产品（软件）及利用知识生产产品的行业。

（3）将发展作为管理重点

在过去的 5～10 年中，西方经理主要将精力集中于通过再造工程降低成本。然而他们发现消除工人工作所有的闲散是与创新观念相违背的。Nonaka 和 Takeuchi 认为正是因为日本工人在组织知识创造方面的技能和专长，使得日本公司能不断创新，他们才得以提高了公司的国际竞争力。组织知识创造指的是一个公司通过组织创立传播新知识的能力，并将它体现到产品、服务及系统中。日本公司在过去的经济衰退中，一般都不精简人员或重组，他们善于利用过程来持续推进创新。

11.3.2　知识管理的实施

1. 知识管理成功的关键因素

任何成功地进行了知识管理的企业一般都经历了两个阶段的工作：首先，企业要积累高质量的知识资产；其次，要能够将这些资产运用到商务活动中。获取知识的目的在于运用知识，产生积极的行动并获得预想的结果。

知识管理同信息系统一样是个复杂的过程，需要系统的思想和方法指导，涉及一系列的因素。根据 Davenport 和 Prusak 的研究，认为进行知识管理最关键，成功因素主要有 5 个。

（1）创造知识导向文化。知识管理的核心到底是什么？是创造知识。现在知识管理中较大的误区就是认为知识管理就是将文档、信息等实现计算机管理，其最大的问题就是忽略了知识的创造过程。在一个组织中应该有创造知识的文化氛围，鼓励员工大胆总结和创造知识，在组织范围内将自己的知识共享，提高组织的竞争力。

（2）提高知识管理的技术架构和组织架构。知识管理的技术架构主要是指进行知识管理的软、硬件设施，如计算机网络、进行知识管理的软件（如 Lotus Notes）等。组织架构则是在组织内有专门负责知识管理的组织分工，如 CKO（Chief Knowledge Officer，首席知识主管）、知识管理项目经理、知识编辑人员和知识网络工程师等。这些人员有的可以专门设立，对较小的组织来说，可以兼任。

（3）高级主管的支持。如同信息管理中所强调的，知识管理也是需要一把手进行支持的，因为知识管理的文化建设、软、硬件购置和开发均需要整体协调和组织，只有主要领导出面才有效果。

（4）知识管理需具有经济效益。知识管理的主要目标是提升竞争力，提高顾客满意度，加快产品周期，改善工作流程，最终的结果是提升了市场占有率和经济效益。

（5）有分量的长期性奖励措施。调查研究显示，知识管理最困难的是如何发现知识并进行共享。很多人不愿将自己的知识共享，因为有降低自己影响力的顾虑。另据调查，89％的人认为知识是获得组织权力的关键,因此需要有足够的奖励措施鼓励大家提供自己的知识并共享,消除员工的顾虑。

2. 知识管理系统

知识管理需要信息技术的支持,将知识用信息系统进行管理,设计成知识管理系统。知识管理系统的基本功能结构如图11.9所示。

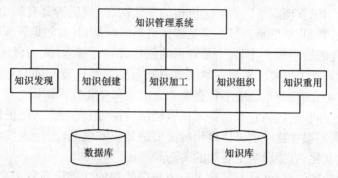

图11.9 知识管理系统的基本功能结构

知识管理系统主要包括知识发现、知识创建、知识加工、知识组织和知识重用等功能。为了进行有效管理,必须将知识和有关内容用数据库和知识库进行保存和管理。

在知识管理系统的构成方面,面对越来越多的技术可能性应当慎重考虑。软件模块的功能并非越多越好,应当经过仔细的考虑和筛选,使得系统具有3个特性:实用性、友好性和可拓展性。

(1)实用性。就是要保证员工能够从使用该知识系统获益,而不是给企业提供一个中看不中用的"花瓶"。

(2)友好性。就是系统应该是容易使用、容易学习的,用户对系统没有畏难情绪,是系统能够迅速推广的一个重要条件。

(3)可拓展性。就是系统要能够适应企业业务的变化。知识管理系统往往是随着企业需求的增加而扩大的,它需要随着所支持的业务一起成长。在系统设计中,往往从一个核心的需求开始,逐步扩大其规模和功能。

基于以上考虑,知识管理系统根据其模块的组合,提供知识管理的各种功能。在实际的应用中,有的企业注重实现个体间的知识共享,因此,知识管理系统需要有良好的知识整理和知识传播的能力;有的企业注重协同性知识工作,通过思想火花的碰撞产生新的知识;有些企业则把重点放在对知识的捕捉、操作与定位,侧重进行与知识相关的信息管理;另外一些企业着眼于建设、开发智力资本,提供自由的、不受限制的、简单易行的对话功能,以提高企业中知识活动的有效性;还有一些企业注重创造一种学习环境,从而使得员工能够保持对新知识的关注。

企业的知识管理系统能以多种形式、采用多种工具来构成,关键是要根据企业业务的需求来规划和设计。基本的功能可以通过知识管理工具的有机组合来实现。而其他软件,如安全管理、中间件、统一的用户界面等,则由第四代开发工具进行开发和设计。对于这些与应用系统密切相关的功能,可以用一个多层次的概念框架来整合它们。知识管理应用系统一般包括视频会议、群组软件、电子布告栏、在线信息服务、互联网、专家系统、文档管理系统等功能模块。

3. 知识管理应该注意的问题

知识管理在发展过程中并不是非常理想，许多企业或组织并没有获得理想的知识管理效果，究其原因，主要是没有将知识管理作为战略性问题进行考虑。知识管理是长期的、有计划性的问题，其核心内容是制定知识管理策略。

知识管理策略主要是解决观念问题，要突破信息时代形成的思维定式，更新知识，使观念向知识时代校正。知识管理策略还要解决机构的文化问题，使机构具有知识时代所要求的组织学习能力并建立知识共享机制。接下来是选择适当的产品，开发知识管理项目。

另外，知识管理的核心是人，因为人是知识的创造者和传播者，人力资源的激活和激励对知识创新和知识管理至关重要。人力资本的解放既需要外部环境，也需要内在条件。外部环境的支持主要有 3 个方面：一是让更多具有企业家潜质和专业技术知识的年轻人，有机会在市场上找到新的发展空间，通过创业和创新来拓展经济的深度和广度；二是提供良好的学习、培训和信息环境，使人们很便捷地就可以得到所需要的知识和信息；三是人性化的管理，真正形成以人为本的企业文化，直接影响了企业的前途和发展。

企业进行知识管理的目标应当是：建设一个知识处理的基础设施及一套完整的知识管理体系，使得整个企业能够有效率、有效益地建立、开发和运用企业所有的知识资产。通过这些措施，提升企业员工的知识能力和组织的行动能力，积累企业的知识资产，来帮助企业实现如盈利水平、市场份额、灵活性和服务质量等各方面的目标。

【案例 11.6】　知识管理失败案例

Pillsbury 公司于 1996 年在研发部门进行知识管理活动，该部门拥有 500 多名科技人员，服务于 14 个业务小组，他们主要从事有关饼干食品类的产品开发。有一个科技人员发现研究的产品质量不稳定，于是推测研发组或内部支持部门的过程技术和技术方案有问题，于是他提议建立一个论坛，希望所有从事饼干研究生产的人都能对此提出意见。

于是 IT 部门在公司里建立了讨论饼干的虚拟社区，并提出了许多令人深思的问题。但过了 6 个月之后，仍没有人回复，该项目失败。这并不是因为研发组内无相关的知识，而是因为组织内无激励机制鼓励人们愿意花时间和精力去解答别人的问题，公司存在的文化也对此类活动不奖励。

实际上，他们的上司对于本部门员工帮助其他部门的员工并不赞成。该项目失败的原因是项目的发起人只看到组织的潜在利益，而未考虑到用什么激励方法去鼓励员工们做贡献，IT 的员工也只注意技术解决方案。总之，每一方都试图解决问题，可没有人问这是否是要解决的正确问题。

资料来源：http://www.e-works.net.cn/ewk2004/ewkArticles/435/Article15961.htm

11.4　智能信息系统

11.4.1　商务智能

1. 商务智能的背景分析

现代信息技术的发展产生了信息经济和信息社会，在这一新型的经济和社会形态中，信息的爆炸式激增又产生了对能够处理和控制信息的新技术的强烈需求。企业发展的节奏越来越快，复杂性越来越高。企业不管大小，都必须对瞬息万变的市场情况作出及时、高效的反应，而这些反应都必须建立在全面、准确、及时的信息的基础上，信息已成为企业经营管理中重要性仅次于人才的第二大要素。商务智能是对企业信息的科学管理和艺术发挥，是按目标管理、按例外管理和按事实管理等先进成熟的管理理念在信息技术推动下的全面实现。

2003年3月3日的美国《财富》杂志上有一篇名为"从冰淇淋中寻找智能"的文章，详细地介绍了美国的冰淇淋厂商Ben&Jerry's如何利用商务智能工具进行生产、销售、营销和财务等方面的分析和管理。其中有这样一个案例，Ben&Jerry's公司接到了许多关于草莓冰淇淋中的草莓不够多的抱怨，通过商务智能工具的分析排除了所有可能出问题的环节，最后该公司发现原来这个冰淇淋的包装上的草莓照片放错了（放了冰冻酸奶的、比较大的草莓照片），当该公司把包装上的照片改小以后，抱怨就随之消失了。

利用商务智能的企业现在已越来越多，遍及各行各业。例如，一家银行把历史遗留的资料库和各部门的资料库连接起来，使分行经理和其他使用者能够接触到商务智能应用软件，从中找出谁是最有利可图的客户，应该把新产品推销给谁。这些商务智能工具在把信息技术人员从为各部门生产分析报告的工作中解放出来的同时，也使各个部门的人能自动接触到更加丰富的资料来源。再如，一家连锁旅店使用商务智能应用软件来计算客房平均利用率和平均单价，从而计算每一间客房所产生的收入。该旅店还通过分析关于市场份额的统计数据和从每一家分店的客户调查中搜集的资料来判断它在不同市场上的竞争地位。通过年复一年、月复一月、日复一日的趋势分析，该旅店就获得了关于每一家分店经营状况的完整而准确的数据。

2. 商务智能的概念

要理解什么是商务智能，首先应理解什么是智能。智能应该包括：认知或理解的能力、全面阅读的能力、传授或获得的知识（包括通过学习、研究或体验而得到的知识）、认知的行为或状态、对知识的应用等。总结起来，智能应该包括信息或知识的输入、加工和输出，能够对知识进行认知、学习、加工、存储和处理，能够将知识以特定的方式进行输出，这就是智能。

商务智能（Business Intelligence，BI）就是利用现代信息技术收集、管理和分析结构化和非结构化的商务数据和信息，创造和累计商务知识和见解，改善商务决策水平，采取有效的商务行动，完善各种商务流程，提升各方面商务绩效，增强综合竞争力的智慧和能力。

商务智能是出现在20世纪90年代的新名词，它是基于信息技术构件的智能化管理工具，帮助管理者正确认识企业和市场，作出正确的决策。虽然商务智能市场至今没有出现爆炸式的增长，但却在持续不断地发展壮大，全世界30%的用户企业都引进了商务智能产品。随着时间的推移，商务智能的概念更加宽泛了，尤其是数据仓库和商务智能技术的日渐成熟，商务智能的概念已经不仅仅是软件产品和工具，而是整体应用的解决方案，甚至升华成为一种管理思想。

商务智能体现的是一种理性的经营管理决策能力，通过理性的管理决策，帮企业提升效率，使它的成本结构得到优化，市场销售行为更为有效，从而保障利润的实现并规避风险，即全面、准确、及时、深入地分析和处理数据与信息的能力。商务智能是指通过对数据的收集、管理、分析及转化，使数据成为可用信息，从而获得必要的洞察力和理解力，更好地辅助决策和指导行动。

商务智能过程中所涉及的信息技术主要有：从不同的数据源（事务处理系统或其他内

容存储系统)收集的数据中提取有用的数据,对数据进行清理以保证数据的质量,将数据经转换、重构后存入数据仓库或数据集市(这时数据变为信息),然后寻找合适的查询、报告和分析工具以及数据挖掘工具对信息进行处理(这时信息变为辅助决策的知识),最后将知识呈现于用户面前,转变为决策。

3. 商务智能系统和事务处理系统之间的区别

商务智能系统和事务处理系统之间的主要区别如表 11.4 所示。商务智能系统与事务处理系统之间的差异主要体现在系统设计和数据类型上。事务处理系统把结构强加于商务之上,交易活动与交易主体无关,都遵循同样的程序和规则,而且一旦一个事务处理系统设计出来以后,轻易不会改变。而商务智能系统则是一个学习型系统,能不断适应商务不断变化的需求。在商务智能系统中,变化越多越好。如果商务智能系统不能变化以解决新的问题,就不能满足商务的需要。从技术的角度讲,商务智能系统中变化的是数据、数据模型、源数据、报告和应用软件。商务智能系统的真正挑战就在于设计和管理一个总在变化的系统。

事务处理系统和商务智能系统的区别还在于各自所管理的数据的类型不同。事务处理系统跟踪的是最近的交易情况,保留极有限的历史情况(通常只有 60～90 天)。而商务智能系统维持来自多个事务处理系统的、好多年的交易情况,因而许多企业都保存有几十甚至上百吉字节(TB)的数据。如美国的希尔斯商店有 70TB 的数据,凯玛特有 90TB 的数据,沃尔玛到 2002 年年底就有 284TB 的数据,联合利华单独北美公司就有 106TB 的数据。

表 11.4　商务智能系统与事务处理系统的差异

项　　目	事务处理系统	商务智能系统
数据类型方面	当下	历史
	不断更新	定期更新
	因来源不同而不同	整合的
	以应用软件导向的	以主题为导向的
	只有细节层面的	细节的、总结过的和衍生的均有
系统设计方面	流程自动化	决策支持
	设计目标为效率	设计目标为效果
	为商务设定结构	适应商务变化
	对事件作出反应	预测事件
	创造最优化的交易环境	创造最优化的查询和分析环境

与传统业务系统不同,商务智能系统需要集成多个系统的综合数据,并保存多年,其数据仓库所需管理的数据量及数据处理的复杂性方面都是传统业务系统难以解决的。BI 是一种运用了数据仓库、在线分析和数据挖掘技术来处理和分析数据的崭新技术。BI 的工作原理主要是通过对数据进行抽取、清洗、聚类、挖掘、预测等处理来产生可透析的各种展示数据,而这些数据可直观地显示分析者所要探询的某种经营属性或市场规律。好的 BI 工具可以针对不同的"维"进行上下钻取、左右拖动及纵横旋转,通过连续的立体动态表来展现各种数据,并对这些数据进行聚类、排序等处理,给管理者带来一种得心应手的分析新感觉。

BI 除了通过动态表示展现数据外,还可通过丰富多彩的图形去展现,也能对图形做拉伸、分块、旋转、透视等多种处理,以更直观可见的方式来展现规律。同时还可对数据做各种标志,比如特别好的销售数据用绿色表示,特别差的销售数据用红色表示等,它也可对数据进行跟踪分析。

4. 商务智能的主要应用

BI最常见的应用就是辅助建立信息中心,通过BI来产生各种工作报表和分析报表。常见的分析有:

(1) 销售分析。主要分析各项销售指标,如毛利、毛利率、坪效、交叉比、进销比、盈利能力、周转率、同比、环比等。而分析维又可从管理架构、类别品牌、日期、时段等角度观察,这些分析维又采用多级钻取,从而获得相当透彻的分析思路。同时根据海量数据产生预测信息、报警信息等分析数据。还可根据各种销售指标产生新的透视表,如最常见的ABC分类表、商品敏感分类表、商品盈利分类表等。

(2) 商品分析。商品分析的主要数据来自销售数据和商品基础数据,从而产生以分析结构为主线的分析思路。主要分析数据有商品的类别结构、品牌结构、价格结构、毛利结构、结算方式结构、产地结构等,从而产生商品广度、商品深度、商品淘汰率、商品引进率、商品置换率、重点商品、畅销商品、滞销商品、季节商品等多种指标。通过对这些指标的分析来指导企业商品结构的调整,加强对竞争能力的合理配置。

(3) 顾客分析。顾客分析主要是指对顾客群体的购买行为的分析。如人群类别的划分、购买特点及支付方式等。

(4) 供应商分析。通过对供应商在特定时间段内的各项指标,包括订货量、订货额、进货量和进货额、到货时间、库存量和库存额、退换量和退换额、销售量和销售额、所供商品毛利率、周转率、交叉比率等进行分析,为供应商的引进、储备、淘汰(或淘汰其部分品种)及供应商库存商品的处理提供依据。主要分析的主题有:供应商的组成结构、送货情况、结款情况,以及所供商品情况,如销售贡献、利润贡献等。

(5) 人员分析。通过对公司的人员指标进行分析,特别是对销售人员指标(销售指标为主,毛利指标为辅)和采购员指标(销售额、毛利、供应商更换、购销商品数、代销商品数、资金占用、资金周转等)的分析,以达到考核员工业绩,提高员工积极性,为人力资源的合理利用提供科学依据的目的。主要分析主题有:员工的人员构成、销售人员的人均销售额、对于开单销售的个人销售业绩、各管理架构的人均销售额、毛利贡献、采购人员分管商品的进货多少、购销代销的比例、引进的商品销量如何等。

商务智能系统的实施有助于提高企业的成功率。组织和商务智能之间的联系在于:任何组织都是一个敏感系统,它洞察环境,作出判断,根据判断采取行动,最后对行动效果加以评价并将经验存储在它的知识库中。这是一个学习型组织的学习过程,而BI系统正是用来支持这个过程的。

(1) 理解业务。商务智能可以用来帮助理解业务的推动力量,认识是哪些趋势、哪些非正常情况和哪些行为正对业务产生影响。

(2) 衡量绩效。商务智能可以用来确立对员工的期望,帮助他们跟踪并管理其绩效。

(3) 改善关系。商务智能能为客户、员工、供应商、股东和大众提供关于企业及其业务状况的有用信息,从而提高企业的知名度,增强整个信息链的一致性。利用商务智能,企业可以在问题变成危机之前,很快地对它们加以识别并解决。商务智能也有助于加强客户忠诚度,一个参与其中并掌握充分信息的客户更加有可能购买你的产品和服务。

（4）创造获利机会。掌握各种商务信息的企业可以出售这些信息从而获取利润。但是，企业需要发现信息的买主并找到合适的传递方式。在美国有许多保险、租赁和金融服务公司都已经感受到了商务智能的好处。

11.4.2 智能代理

智能代理（Agent）又称智能体，是人工智能研究的新成果，它是在用户没有明确具体要求的情况下，根据用户需要，代替用户进行各种复杂的工作，如信息查询、筛选及管理，并能推测用户的意图，自主制定、调整和执行工作计划等。Agent 技术是当前研究的热点问题，它可以解决信息服务的主动性问题，改拉为推送，Agent 具有智能性，可进行高级、复杂的自动处理的代理软件。智能代理可应用于广泛的领域。智能代理的特点主要有：

（1）智能性。具有丰富的知识和一定的推理能力，能揣测用户的意图，并能处理复杂的难度高的任务，对用户的需求能分析地接收，自动拒绝一些不合理或可能给用户带来危害的要求，而且具有从经验中不断学习的能力，适当地进行自我调节，提高处理问题能力。

（2）代理性。在功能上是用户的某种代理，它可以代替用户完成一些任务，并将结果主动反馈给用户。

（3）移动性。可以在网络上漫游到任何目标主机，并在目标主机上进行信息处理操作，最后将结果集中返回到起点，而且能随计算机用户的移动而移动。

（4）主动性。能根据用户的需求和环境的变化，主动向用户报告并提供服务。

（5）协作性。能通过各种通信协议和其他智能体进行信息交流，并可以相互协调共同完成复杂的任务。

11.5 全球信息系统

11.5.1 全球信息系统的产生

信息技术的快速发展和信息系统的广泛应用，对社会和经济带来了巨大的冲击和影响。这些影响主要表现在两个方面：第一，信息技术和信息系统的发展和应用使得传统工业经济向信息经济和知识经济转变；第二，信息技术和信息系统的强大功能和广泛使用极大地推动了经济全球化的发展。经济全球化正在扫除由地方控制的国有公司、国有工业和国有经济。许多地区公司将被快速发展的网络化的公司所替代，它们跨越国家边界。国际贸易的增长极大地改变着世界各地的地方经济。在全球贸易中，每天有价值 1 万亿美元的货物、服务和金融工具易手。从信息技术和信息系统视角来看，经济全球化的最大障碍是如何提高信息的处理效率和降低信息沟通的成本，基于网络的，特别是 Internet 网络，信息系统为解决这种难题带来了发展机遇，全球信息系统是这种问题的有效解决方案。

随着 Internet 技术的发展，许多信息系统的使用范围已经远远超出了一个区域或地区，达到了跨国界的全球范围。随着跨国组织、经济全球化的发展，客观上要求在全球范围内对信息进行采集、存储、处理、传输和使用。全球信息系统（Global Information System）正是这样一种应运而生的信息系统。

全球信息系统是一种支持在全球范围内采集、存储、处理、传输、使用信息的信息系统，它可以支持跨国组织开展经营管理活动，也可以支持在全球范围内开展市场营销活动。电子商务系统、电子数据交换等都是典型的全球信息系统。

【案例 11.7】 NEC 助力资生堂发展全球信息系统

近日,NEC 宣布助力资生堂通过 SAP 公司的基础业务软件"SAP® ERP 6.0"更新核心系统,为其开展全球业务提供支援以及应用支持。

资生堂在"成为源于日本、引领亚洲的全球化企业"的愿景中,伴随着在欧洲、中国、亚洲、美国等各个地域业务的增长,迫切需要建立包含 IT 在内的可支持业务改革的高效经营平台。为此,资生堂计划在 2012 年度前,向全球核心业务领域(销售、物流、生产、会计等)导入"SAP® ERP 6.0"新系统,并开始实施。

为了实现新核心系统更为高效的全球应用,NEC 与资生堂的信息企划部门和业务部门一道,基于全球统一的"业务流程标准"、"编码等数据标准"、"业务评价指标(KPI)",在系统运行时给予了标准化支援,在系统运行后给予了应用支持。

比如,此次 NEC 作为与资生堂的信息企划部门和业务部门一同发起的"标准化维持小组"的一员,针对资生堂海外各公司提出的各种系统变更要求,NEC 对每个受注、出货业务流程都进行了评价,一边协调其他地区和总部的相关部门,一边对应他们的变更需求。同时,在判断系统的妥当性时,NEC 还建立了一套判断体制,定义了全球标准下的统一规则和应用流程,来判断每种要求具体属于全球、区域、本地的哪一层级。通过这些举措,NEC 成为了资生堂内部的系统应用与运行方面的"沟通核心",持续不断地支持资生堂发挥强大的标准化管理能力。

另外,资生堂利用此次导入新核心系统的契机,还重整了各地域(日本、中国、亚洲、欧洲、美国)的信息化体制,通过对各地域内的责任、权限再分配,以及集约"SAP® ERP 6.0"以外的 IT 资产等举措,实现了全球层面的 IT 业务改革,建立了有利于强化总部、各地域的管理职能的计划。

NEC 充分利用自己在全球经营改革、业务流程改革、SAP® ERP 核心系统改革的成功实践经验,以及 NEC 集团在 SAP® ERP 全球导入咨询服务、应用支援服务方面的丰富经验,为资生堂的全球层面的 IT 业务改革提供了强有力的支援。

今后,NEC 作为资生堂的战略伙伴,还将对此次新核心系统以外的领域,如全球 IT 基础设施的整体集约化、强化海外各公司 IT 管理职能等方面,继续进言献策。

同时,NEC 也将充分利用此次的成功经验,为帮助企业客户实现经营、业务革新,继续加速开发并提供全球层面的解决方案。

资料来源:http://tech.qq.com/a/20101027/000335.htm

11.5.2 组建全球信息系统

在开展和组建全球信息系统时,从战略视角来看,需要考虑多个方面的因素。这些因素包括理解组织的经营环境、建立合理的组织结构、设计有效的管理流程和采用有效的技术平台。

1. 理解组织的经营环境

理解组织的经营环境是开展全球信息系统的首要活动。理解组织的经营环境就是要理解推动组织采用全球信息系统的商业方面的驱动力。商业驱动力是组织环境中存在的一种必须响应的力量,这种驱动力影响组织的经营和管理方向。一般地,可以把商业驱动力划分为两种类型,即一般的文化因素和特殊的商业因素。如表 11.5 所示。

表 11.5　全球商业驱动力

一般文化因素	特殊商业因素
全球通信和运输技术	全球市场
开发全球文化	全球生产和运营
全球社会标准的出现	全球协调
政治稳定	全球员工队伍
全球知识库	全球规模队伍

　　一般的文化因素包括：全球通信和运输技术，例如电话、电视、无线电、Internet 网络等；全球运输技术，例如把物质和服务从地理位置不同的地方移动到另外一个地方；全球文化，例如通过电视、电影允许不同文化背景的人对某些事物的看法有相同的正确、错误的看法；全球化的知识库，例如许多国家和地区正在全力发展教育、科学、技能，促进了全球知识的发展和进步。这些一般文化因素引领了国际化，形成了特殊的企业全球化因素，并影响到大多数行业。强大的通信技术的增长和随之浮现的世界文化创造了全球市场的条件——全球的顾客喜欢消费相同的产品，这是文化认同的。可口可乐、美国运动鞋和有线新闻节目现在可销售至拉丁美洲和亚洲。为了响应这个需求，全球的生产和运营开始形成精确的在线协调，在千里之外的中央总部遥控自动化的生产设备。新的全球市场与全球生产和运营的压力进一步呼唤着所有生产因素的全球协调。不仅生产，而且会计、市场和销售、人力资源、系统开发都可以进行全球范围的协调。最后，全球市场、生产和管理创造了强大的、持续发展的全球规模经济。生产由全球需求驱动，可以集中于它容易完成的地方，有效的资源可以集中于较大的生产运转，大工厂的生产运转计划可以进行更高效、更精确的估计。生产的低成本因素可在它们出现的任何地方开发利用，其结果就是公司可以实现全球组织生产的强大的战略优势。这些一般的和特殊的企业驱动器已经大大地扩大了世界的贸易和商业。

　　并非所有行业受到这种趋势的影响是相同的。制造业对于服务业受到较大影响，后者大多仍停留在地方的和高度无效的水平。因此，在开始规划全球信息系统之前，必须认真分析组织的经营环境，考虑各个方面的因素，对全球信息系统有一个整体的全局规划。

　　2. 全球战略和组织结构

　　如果制定了开展全球信息系统的战略，那么下一步要考虑如何构建合理的组织结构。构建合理的组织结构的主要内容是选择全球化的组织战略和确定全球信息系统将要管理的职能领域。目前，有 4 种主要的全球化战略，即出口型战略、多国经营型战略、特许经营型战略和跨国经营型战略。在特定的商业职能领域，每种战略都需要一种商业组织结构。一般地，可以有3 种不同的商业组织结构，即由总部严格控制的集中式结构、由各个分部独立经营的分散式结构以及由各个分部平等协商的协商式结构。全球化组织的商业战略和组织结构之间的关系如表 11.6 所示。

表 11.6　全球企业战略和结构

商业职能	出口型	多国经营型	特许经营型	跨国经营型
生产	集中	分散	协调	协调
财务/会计	集中	集中	集中	协调
销售/营销	混合	分散	协调	协调

商业职能	出口型	多国经营型	特许经营型	跨国经营型
人力资源	集中	集中	协调	协调
战略管理	集中	集中	集中	协调

地区出口型战略的特点是公司的活动高度集中于原产地国家。几乎所有的国际公司都开始于这种方式，也有一些选择其他方式。生产、财务/会计、销售和市场、人力资源、战略管理均在母国设置以最佳化资源。国际销售利用代理合理或子公司的分散化，即使如此，市场营销的主旋律和战略也是完全依赖于地区基地的。

多国经营型战略在母公司基地集中财务管理和控制，而将生产、销售和市场运作分散在其他国家，销售的产品和服务设在不同的国家有助于适应地方市场的条件。这个组织便成了一个设在不同国家的生产和市场的联盟。许多金融服务公司和制造商属于这类模式。

特许经营商是一个老的和新的利益结合体。一方面，产品的创意、设计、筹资和初始生产在母国，而另一方面必须依赖外国人员进行生产、销售。食品特许经营商如麦当劳、肯德基属于这种模式。麦当劳在美国创造了一个新兴的快餐链，并继续大大地依赖美国得到新产品的灵感、战略管理和财务。然而，由于产品易腐烂，必须是当地生产，还要分散生产、密集协调、当地销售、当地聘用人员。

通常，外国的特许经营商模仿母国的单位，但完全协调的世界范围的生产，最优化生产要素是不可能的。例如，土豆和牛肉不能在世界上最便宜的地方购买，必须在产于消费地附近购买。

跨国公司是无国界的，真正的全球管理公司，可能成为将来国际商务的主流。跨国公司没有单一的国家总部，却有许多区域总部，或只有一个世界性的总部。在跨国战略中，几乎所有的增值活动均面向全球视角，而不考虑国家边界，最优化供应源和需求，不管它们在什么地方，都要充分利用地区竞争优势，跨国公司以全球而不是母国作为它们管理的参考框架。管理这种公司像个联邦机构，其中有一个很强的中央管理决策核心，但重大的权力和财务力量遍及全球。实际上很少公司能达到这种跨国状态。

信息技术和全球通信技术的改进给国际公司更多的灵活性以修改它们的全球战略。保护主义和更好地服务于地区市场的需求鼓励分散生产设备，至少成为多国生产。同时，跨国界达到经济规模的驱动使跨国公司朝着一个全球管理愿景和权力与权威集中的方向前进。因此，这里既有非中心化和分散化的力量，也有集中化和全球协调的力量。

3. 设计有效的管理流程和采用有效的技术平台

信息技术和全球通信的改善给跨国公司更多的灵活性去修改它们的全球战略。架构的管理和系统的开发试图跟随全球战略的选择。表 11.7 描述了全球战略和系统结构的典型安排。

表 11.7　全球战略和系统架构

系统结构	战略			
	出口型	多国经营型	特许经营型	跨国经营型
集中式	不合适	合适	合适	合适
复制式	合适	合适	不合适	合适
分散式	不合适	不合适	不合适	合适
网络式	合适	不合适	合适	不合适

不同的组织战略和结构需要采用不同的 GIS 方式。一般地,可以考虑 4 种不同的 GIS 配置战略,即集中式 GIS、复制式 GIS、分散式 GIS 和网络式 GIS。集中式 GIS 表示整个 GIS 的开发、使用、控制都由总部负责,各个分部仅仅是使用。复制式 GIS 表示整个 GIS 的开发由总部负责,但是运行和维护由各个分部使用总部提供的系统来进行。分散式 GIS 表示每个分部都可以开发和单独地运行。网络式 GIS 则表示整个系统的开发和运行是按照统一的集成方式进行的。

组织战略和组织结构确定之后,必须考虑如何实现这些组织战略和结构。这时需要考虑的主要因素是设计组织的管理流程。在设计有效的管理流程时,必须要考虑和解决这些问题:如何发现和管理用户的需求? 如何指导本地的改变适合国际上的需求? 如何协商全球信息系统的开发过程和进度? 等等。

最后一个问题就是考虑技术平台。技术平台是指全球信息系统赖以运行的计算机硬件技术、软件技术及通信技术。这些技术推动了全球信息系统的形成和发展,但是也有一些必须解决的问题。对于硬件技术来说,面对如此众多的国家和地区、商业职能,如何标准化组织的计算机硬件平台,是一项艰巨的任务和挑战。如何使用一个界面友好、大家都能接受的功能和风格的应用程序,是计算机软件技术方面需要解决的问题。怎样快速、有效地解决位于不同国家和地区的组织之间的信息沟通,则涉及通信方面的问题。

11.5.3 管理全球信息系统

表 11.8 列出了开发跨国信息系统的主要管理问题。有意思的是,这些问题也是在开发区域信息系统时所面临的困难。但是,在全球环境下它们变得更加复杂了。

图 11.10 列出了解决这些问题的主要维度。首先,并非所有系统均应按全球基础协调;从成本和可行性的角度看,仅有几个核心系统值得协调。核心系统是支持组织绝对关键职能的系统。其他系统只需部分协调,因为它们只共享关键因素,但它们无须完全相同地跨越国家边界。对这些系统,大量的地方差异是可能的和必要的。最后一组系统是外向的、真正本地化的,并只应适合本地需求。

表 11.8 管理开发全球系统的挑战

用户需求的一致性
引入企业过程的变化
协调应用程序开发
协调软件的发布
鼓励地区用户支持全球系统

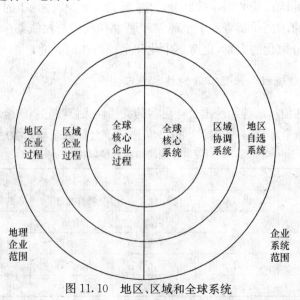

图 11.10 地区、区域和全球系统

1. 定义核心企业过程

如何识别核心企业过程？第一步是定义一个核心企业过程的列表。企业过程是为产生特殊的企业结果的逻辑上相关的任务的集合，例如，正确地按订单送货给顾客或递送创新产品到各个市场。每个企业过程通常涉及许多职能领域，如沟通和协调工作，信息、知识等。

识别这些核心企业过程的方法是引入一个工作流程图进行分析。顾客订货如何获取，一旦他们取到后将会发生什么，谁来满足这个订单，他们如何运给顾客？供应商是谁？他们需要取自制造和生产系统，这些可以自动化吗？

了解并识别公司的企业过程后，对它们进行排序。然后确定哪些过程应当是核心应用、中心协调、设计并在全球实现，哪些应是区域和地区实现。同时，识别关键的企业过程，确实是最重要的一个环节，要经过一段很长的时间去定义一个长远的愿景，并一直进行下去。

2. 识别中央协调的企业过程

通过识别关键的企业过程，开始寻找跨国系统的机会。第二个战略步骤是攻克核心系统，这些系统是真正跨国的。定义与实施跨国系统的财务和政治成本是很高的。因此，保持一个绝对最小化的单子，以经验为指导，选择保守的做法。通过把系统的一个绝对关键的小组分出来，这样就分解了跨国战略的对立面。同时，以外围系统作为技术平台要求的例外，不减弱其开发和进展，以平息反对跨国系统的中央协调战略的那些人的不满。

3. 选择一条路径：增量型、豪华型、演进型

第三步是选择一条道路，避免"吃零食"的方法。"吃零食"的方法将注定失败，因为缺乏可见性，引起因跨国开发而遭受损失的人的反对，还难以说服高层管理接受跨国系统，同样，避免豪华型设计的道路，它试图一次完成所有事情，这也将会导致失败，因为没有能力集中大量的资源。一个替代的方式是在现有系统的基础上演进发展跨国系统，但要具有一个清晰的跨国能力的愿景，描述清楚5年以后组织应该有什么。

4. 使利益清晰

对公司来说这里面是什么？最差的情况是为了建全球系统。从一开始对总部的高层管理和国外部门经理最重要的就是对未来公司和各部门的利益的清楚了解。虽然每个系统提供一个单独的利益给一个特殊的预算，但是，整个全球系统的贡献体现在以下4个方面。

（1）全球系统有助于高效的管理和协调。一个简单的价格标签不能衡量这类贡献，这个利益不能以任何资金模型显示。它是一种能力，在危急中它能根据瞬间的消息从一个区域到另一个区域切换供应商，这种能力可以转移生产以应对自然灾害，还可用于将一个地区的剩余能力转向另一地区而创造巨大的需求。

（2）它有助于改善生产、运营、供应和分配。设想一个全球价值链，拥有全球供应商和分配网络。在第一时间，高层经理可以把增值活动置于最能经济执行的区域。

（3）全球系统意味着全球顾客和全球市场。固定成本可以在一个较大的顾客基础上分期偿还，这将释放生产设备的新的经济批量。

（4）全球系统意味着在一个比较大的资金基础上对公司资金的最佳利用。这意味着资金富足地区可以高效地扩展到资金紧张地区的生产；这样，现金就可以在公司内管理得更有效，并增强利用的效率。

【**案例 11.8**】 高仪供应链实现全球整合

高仪公司(Grohe AG)是全球领先的卫生设备配件制造商和供应商,约占全球市场份额的10％,拥有5200名员工、6家生产工厂、20家销售分公司,业务范围遍及全球130个国家。显然,高仪是一家全球化公司。

2005年,高仪因市场发展成熟、全球竞争更加激烈和产品多样性加强而遭遇了发展瓶颈。要解决这些问题非常困难,因为公司供应链未得到很好的整合,而高额的固定成本又使得这一过程雪上加霜。

为摆脱这一困境,并从优化的全球整合中获得高效率,高仪在整个公司范围内发起了一项名为"创建世界级的高仪"的改革计划。此项计划包括将供应链策略与业务策略结合、供应链整合及协调、减少零部件的飞速增加、自制或外购策略、物流网络优化、制造基地的全球化以及日益扩大的全球采购。

高仪的改革已经为其创造了巨大的价值,包括改善的现金状况、效率、速度、过程优化及品质保证。通过这项全面的计划,公司有望实现其战略目标,进而成为业内为数不多的、最受需求驱动的企业之一。

总结:时至今日,全球化给企业带来了更高的利润,这主要应当归因于营业额的快速增长。随着供应链变得更加智能化,公司同样可以解决效率问题。例如,高度自动化和相互联系紧密的供应链的可视性逐步改善,这将帮助公司识别并消除全球交付的瓶颈和质量问题。

此外,对制造地点和供应商的选择已不再由单个成本元素(如劳动力)决定。智慧的供应链具有分析能力,可根据供应、制造和分销情况评估各种替代供应链,而且可以根据情况的变化重新灵活配置。这样主管们可以制定应对突发事件的计划,并在经济和政治动荡的情况下执行,而不用回归到保护主义或影响全球化的进程。

11.5.4 全球信息系统面临的挑战

虽说 Web 技术的发展对跨国组织的全球信息系统的建立奠定了物质基础,但是无论是 B2B 还是 B2C,全球信息系统也带来了一系列技术、管理、文化、政治、经济等诸多问题和挑战。下面详细探讨这些问题和挑战。

技术方面的障碍主要表现在信息系统的基础设施方面。全球信息系统在实际应用过程中,包括了众多的音频、视频、图形、图像等媒体信息,这些信息是业务沟通过程中的重要内容。如果基于 Web 的应用程序不能快速地显示这些信息,那么这种全球信息系统的应用就可能受到使用者的抵触。另外,许多基于 Web 的信息系统提供了用户交互功能,这些功能也要求信息系统能够快速地有效处理。全球信息系统能否满足显示多媒体信息和用户交互操作的需求,很大程度上依赖于信息系统的基础设施,例如网络带宽是否能满足需要。从现在来看,并不是所有的国家都有满足全球信息系统的基础设施。这种技术障碍严重妨碍了组织之间进行业务沟通的需求。

支付机制上的差异也是阻碍全球信息系统发展的一个瓶颈。特别是在 EC 领域,快速、安全支付是保证业务顺利进行的前提条件。目前,支付机制方面的问题表现在3个方面:①信用卡或借记卡应该成为网上支付的主流手段,但是虽然美国、日本、英国等许多发达国家大量使用信用卡或借记卡,还有许多发展中国家和地区在信用卡或借记卡的使用方面还很少;②信用卡或借记卡方面的安全保障依然存在许多问题;③许多国家或地区在使用信用卡或借记卡方面的限制和约束不完全相同。

毫无疑问,语言上的差异也是影响全球信息系统的一个重要因素,甚至是一个决定性的因素。例如通过网站,我们可以看到英文、日文、韩文等不同语言的特点。语言是人们交流的工具,语言不通是跨国组织开展业务工作的直接障碍。从信息系统的角度来看,语言差异对全球信息系统的影响主要表现在两个方面:①基于什么样的语言进行数据的存储和使用;②使用什么样的语言表现 Web 页面。许多跨国组织在语言方面,偏向于采取本地化的策略,建立本地化的站点。但是,即使是这样,也会存在问题,例如中文网站中会出现简体汉字和繁体汉字的差异。同样,西班牙人使用的西班牙语与拉美国家使用的西班牙语就有很多的差别。

文化上的差异也是不能忽视的问题。文化差异可以表现在多个方面,例如来自不同国家和地区的人的味觉、手势、喜爱的颜色、对待男性或女性的态度、对待儿童或老人的态度、对待工作的态度、对于道德问题的看法等都会有很大的差异。作为一种跨越全球的信息系统,全球信息系统在把一个国家或地区的文化强加给另外一个国家或地区的人们身上时,冲突就会产生了。例如,有些人喜欢红色,但是有些人偏爱白色,另外一些人喜欢蓝色。在食物方面,有些人偏爱咸味,有些人钟情甜味。法国政府禁止在正式发文公函中使用外来语,但是日语中的假名、汉字、英文则比比皆是。美国的 Lycos 公司在自己的搜索引擎上使用了一个金黄色的检索宠物——狗,这个形象得到了美国人的喜欢。但是,韩国对于这个宠物的想法却与美国大相径庭:这是食物。欧洲人则根本不喜欢这种宠物。因此,在开发和使用全球信息系统时,有些基本习惯一定要牢记:在欧洲、亚洲、拉美一些国家,黑色表示凶兆的含义;拉美人认为竖起大拇指是一个粗鲁的动作,阿拉伯国家认为挥手是不好的手势。

与国家经济、科技、安全利益方面的冲突也是阻碍全球信息系统推广和使用的一个原因,企业的经营目的是追逐最大的利益,国家政府的其中一个目标是保护国内人民的经济、科技、安全等方面的利益。企业的目标和国家的目标经常会冲突,特别是在全球信息系统环境下,冲突的几率会更高。例如,设计和制造武器的企业的图纸和技术规格对于企业来说无疑是一笔巨大的财富,但是对于国家来说,这些图纸和技术规则的扩展会影响到国家的安全利益。因此,很多政府,包括美国联邦政府,不允许这些武器公司把自己的武器图纸扩展到其他的国家。另外,许多国家对于商业机密、国家专利、版权等都有严格的管理和规定。这些政策和规定严重影响了全球信息系统的推广和应用。

全球信息系统的发展和应用经常会受到政治方面的阻力。信息是一种权利,因此信息的传播和使用在许多国家都不是随意的。例如,在一些资源丰富的国家,这些资源的位置和数量等信息是不能随意传播的,目的是避免另外一些国家发现和控制他们的资源。有些国家认为,软件本身也是资源,软件的自由交易会影响到国家的经济和政治实力。因此,许多国家会从政治角度对全球信息系统的推广和应用进行各种显性和隐性的限制。

缺乏标准也是阻碍全球信息系统的一个不可忽视的因素。在集成信息系统时,标准方面的差异往往是使得问题复杂化的一个重要因素。例如,美国使用英制单位,包括英寸、英尺、英里、夸特、磅等单位,但是世界上的大多数国家(包括英国)现在使用公制单位,这些公制单位包括厘米、分米、米、千米等单位。在日期、时间、温度等方面,标准也有很大的差异。在工业领域,各种各样的标准差异更多。在全球信息系统传输和处理信息时,标准差异的最大危害在于,同一个数据,不同的标准会有不同的解释。

还有一个问题,就是法律问题。前面提到的很多问题,在全球信息系统的传播和使用过程中可以通过各种协议来解决。但是,有关道德和法律的问题,却是很难解决的。不同的国家和地区往往对道德有不同的看法,也会形成不同的法律。有些国家的法律许可企业使用隐私数据开展市场营销活动,但是有些国家在法律上严格禁止这种侵犯隐私的活动。道德和与道德相关的法律问题很难在跨国活动的协议中明确约定,但是这种不同的看法有可能在今后的商务活动中成为商务纠纷的原因。

【案例 11.9】 中化集团实现全球化掌控

彭劲松瞥了一眼笔记本电脑屏幕右下角的时间显示栏,不知不觉,已经到了中午 12 时 30 分。他随手拿起左手边的电话,"小王,帮我从隔壁京味楼订一份炸酱面。"

电话那头沉默了 3 秒钟,"Mr. Peng, what can I do for you?"

彭劲松突然意识到,这里是在中国中化集团公司(以下简称"中化集团")位于美国休斯敦的分公司。他刚刚于美国中部时间早上 7 时下的飞机,之后直接赶到这里的办公室开始工作。

彭劲松随便要了一份 Pizza,盯着屏幕上的 ERP 操作界面,自己也笑了。是啊,统一了中化集团全球所有下属企业的网络环境后,盯屏幕盯得时间长了,稍不注意,还真以为自己在北京总部的办公室里呢。而这些,都是彭劲松在担任中化集团信息技术部总经理这些年间搭建起来的。

1. 紧跟业务的脚步

信息化从来都不会独立存在,而是和业务紧密联系的。作为一个全球化的企业,中化集团的信息化建设也是在全球视野下进行的。

中化集团的前身中国进口公司成立于 1950 年,是新中国第一家专业从事对外贸易的国有进出口企业,当时就负责中国能源方面的进口。经过几十年的发展,中化集团现在的业务涉及农业、能源、化工、金融和房地产五大板块,并在新加坡、英国伦敦、美国休斯敦等地设有分公司。现在的中化集团,总资产接近 700 亿元,17 次进入《财富》全球 500 强,2007 年名列第 299 位。

企业的成长不会是一帆风顺的,许多人仍然对 1998 年那次亚洲金融危机记忆犹新,中化集团在那次危机中也曾面临资金链断裂的危险,当时的不良资产和潜在亏损达上百亿元。那次金融危机之后就任中化集团的总裁刘德树,发现了企业当时在管理和内控机制上的弱点和不足。

从 1999 年开始,面对经济全球化进程加快和中国市场经济体制改革不断深化的大趋势,中化集团确立了"培育市场经济条件下盈利能力"的核心战略思想,开始推行市场化发展战略,实施战略转型。同年,中化集团请国际著名的战略咨询公司为企业做了全面的管理咨询,对中化集团的方方面面提出很多建议。其中有一项就是信息化对企业管理改善带来的影响,包括上 ERP 系统。

后来的几年中,中化集团以风险管控为核心,逐步建立各业务环节相互监督制约的内控体系。彭劲松说:"可以说,在整个公司管理改善的过程中,信息化伴随着公司管理改善的推进和发展。"

经过多年的市场化经营运作,中化集团逐步形成了五大业务板块。彭劲松说:"这是中化集团发展 10 年间,由战略转型和管理改善带来的成果。"面对中化集团五大不同的业务板块及快速发展,公司的信息化建设确定了两大宗旨:一是中化集团的信息化建设要紧密围绕管理改善工程和业务转型战略开展；另一个是，经过多年建设，中化集团全球信息化已经形成的五个统一，即统一规划、统一实施、统一标准、统一管理和统一监测。

2. 服务即产品 项目即订单

"我们要做到，公司业务开展到哪儿，公司业务向哪个方向发展，信息化就保障到哪里。我们的保障不是维护，而是保证业务的进展。"

中化集团五大业务板块——农业、能源、化工、金融和房地产，每项业务都独具特色。尤其是金融和房地产，更是和中化集团以前的传统业务类型相去甚远。彭劲松怎么能做到对这么多不同类型业务的保障呢？

中化集团对信息系统和业务模型进行了思考。如果对不同的业务设计不同的系统，就容易形成信息孤岛，或者叫个性化。中化集团不是 IT 公司，彭劲松将自己的工作重点放在通过信息化迅速支撑业务。通过深入分析业务模型，并且把它分解，发现共性。彭劲松抓住这些业务的共性，进行梳理。他举例说："化肥和石油具有共性，他们产、供、销的业务流程环节是一样的，审批的前、中、后台的控制也是一样的。合同都涉及对客户的授信，还款周期也都必须进行信用控制。"

石油和化肥两项业务的共性还是比较好理解的，可是，中化集团五大业务板块之中的房地产及金融中的共性又在哪里呢？

通过对各个不同类型的业务的分析，将它们的共性与个性列出矩阵表就会发现，不同业务的具体操作有自己的个性，但是，整体流程的设计管控是具有共性的。

例如金融，中化集团下属的中国对外经济贸易信托投资有限公司主要提供信托业务。在为某企业进行的一个信托项目中，对这家公司进行的前期评估同样涉及信用审核、成本测算等，这些也是费用，即成本。项目后期也有应收账款。

再比如招标业务。招标卖的是服务，按照国际型企业的通用理解，服务也就是产品；招标项目中的押金，也就相当于预付款；招标活动中，有代为采购业务，也就有了采购订单；服务结束以后，也要对客户进行管理；招标费就是应收款。

2007 年，中化集团重组了沈阳化工研究院。问题是，对这家新加入的科研单位应该如何实行 ERP 管理呢？为此，中化集团延续了以前的做法，对他们的业务模式进行分析。科研单位主要是科研费用的支出，而且对每笔支出实行项目管理。对一个科研项目费用的管理，可以算出产品研发出来以后的经济价值。所以，在对沈阳化工研究院进行信息化实施时，彭劲松调用了一个 ERP 里本来就有的项目订单管理。他说："透彻理解 ERP 的精髓所在，会发现这个功能其实已经被别人考虑进去了，你只需要找出这个功能应该和业务怎样结合。"他还说："进行一个全球化大型集团公司的信息化建设，能理解到这一点，他们的信息化就一定做得非常好；不能理解到这一点，他们的信息化就谈不上五个统一。"

3. 从软到硬的统一

"现在，你可以听到大家都在说自己的系统做到了统一。不过，我们的统一是真正的、实实在在的统一。"

（1）统一规划。彭劲松对业务共性的理解帮助他统揽全局，统一规划才能使信息化建设既不重复，又不落后，投入最小产出最高，最终形成与业务紧密联系的信息系统。

（2）统一实施。为中化集团全球所有下属企业进行 ERP 实施工作，主要由中化集团信息技术部的员工完成。即使有些个别项目要求更高的能力，他们也会是项目组的主要成员，以保证可以按照五个统一的原则控制项目，保证项目实施。彭劲松算了笔账，"2006 年全年的实施项目,如果全部使用外包,可能费用会达到上千万元。但是我们只花了大约 200 万元,其余的部分完全是由我们内部人员自己消化完成的。而且,我们队伍的实施效率很高,通常国内企业两周以内就能完成一家企业的 ERP 实施任务;国外企业,由于涉及语言版本的翻译问题,实施时间稍微长一些,但也不会多于 3 个月。"现在,在中化集团全球大约 100 余家下属企业中,已经有 83% 在业务操作中实际使用 ERP 系统。

信息化基础设施是保证统一实施的基础,而这些,中化集团也做到了全球统一。"已经实施的企业不允许随意更换,新重组的企业,旧有系统标准与集团不一致的必须换掉。"彭劲松说。而且,中化集团全球 ERP 的服务器只有一台,就在北京中化集团总部。通过采用虚拟化技术,满足全球所有子公司的业务需要。

(3)统一标准。中化集团全球所有的供应商及客户数据都存储在一台主数据系统中,一个客户只有一个代码,保证了他在中化集团所有下属企业中授信等级的统一。不仅便于查询,更重要的是,可以对授信风险进行有效的控制。在中化集团,这样的标准统一甚至已经细化到 Office 版本。当人们发现,Office2007 与其他版本的文件沟通存在不便的时候,彭劲松已经注意到了这一点。通过统一 Office 版本,降低了全球各个企业之间在沟通中不必要的操作成本。

(4)统一管理。中化集团的邮件系统有一个非常大的特点,在全球无论是国内还是国外都是使用 Sinochem.com 单域名管理。同时,为了保留特种行业的资产价值,原有的域名对外保留。但是,进入内部系统以后会进行解析,解析成统一的域名进行管理。此外,为了实现统一管理,中化集团全球的信息化规章制度都由总部制定。彭劲松说:"全球公司,不管你说什么语言,信息化方面都要听我们的管理。"

(5)统一监测。进入中化集团信息技术部,很容易发现,在敞开式办公区的墙上挂着四个大型液晶屏。那里显示的是中化集团全球 100 余家下属企业网络运行的实时状况,由专门人员负责进行监测。

4. 固化制度

信息化是集团化管控必不可少的手段,同时,在系统中固化的制度才是一个全球性集团公司能够持续高速发展的根本。

在彭劲松眼里,信息化分两部分:一部分是业务的生产力;一部分是信息化管理转化生产力。这两者是不同的。他认为,第一部分的信息系统本身就生产力,就像一个工厂为了生产出桌子所必备的锯子、刨子等工具。我们谈的真正的信息化,实际上核心是由信息化支持下的集中管理。

彭劲松说:"中化集团的信息化不是代替手工,而是流程在管理中的体现。"结合中化集团业务的深化,根据业务流程的特点,强调流程节点的管控。现在,中化集团绝大多数业务的解决方案,都可以通过 ERP 覆盖。对于有些不进 ERP 的操作,就像加油站的加油枪,那不属于核心业务管理的范畴。但是,加油的数据汇总完了以后是进入 ERP 系统的。

中化集团的集团管控侧重两点。第一,流程优化。企业的好坏主要看流程是不是科学、合理。流程优化本身是人为的东西,要把它们固化下来,仅仅靠口头协定是不行的,信息系统是一个很好的固化流程和提高流程效率的手段。第二,风险管控。业务上有很多风险,资金、财务、人员的风险等。信息系统不是替人去控制风险,而是为控制风险提供及时准确的信息。

通过信息化,中化集团实现了全球财务垂直和集中管理。一个集团公司,它所经营的业务种类可以很多,地域范围可以很广。但是,对于财务,不可能采用不同的财务标准。全球化结算需要借助信息系统的支持,彭劲松说:"中化集团现在实现了资金财务的一体化管理,只有集团总公司拥有资金运作的职权,其他公司没有。"

中化集团信息技术部的机房旁边就是审计部。只要公司决定进行审计,不需要跟金融公司打招呼。信息技术部配合审计部的工作,在总部直接就可以完成对其全球任何一家下属公司的审计。彭劲松说:"我们3家上市公司的审计,每次都OK。"

有了信息系统,才能做到前台(业务)、中台(风险管理)和后台(财务)的统一管理。彭劲松说:"集团化管理完全是业务流程驱动,该谁做的就做,完全消除了人的因素,这是制度化。"

习题 11

1. 什么是结构化决策和非结构化决策。
2. 决策支持系统有何特点?
3. 管理者在管理活动中的作用主要有哪些?
4. 简述决策存在的问题。
5. 什么是群体决策支持系统? 群体决策支持系统有哪些类型?
6. 什么是数据挖掘?
7. 什么是数据仓库? 数据仓库有何特点?
8. 什么是知识? 数据、信息、知识和智慧之间的关系如何?
9. 知识有哪些类型?
10. 何为知识管理?
11. 知识转换的方式有哪些?
12. 什么是商务智能?
13. 从案例 11.6 你可以得到什么启示?

第 12 章　管理信息系统开发实例

教学要点

本章将以某大学的学生兼职职介管理作为背景,结合前面章节介绍的系统分析、系统设计和系统实施的方法,介绍建立一个实际的大学生职介管理信息系统的全过程和一般方法,以期读者对信息系统的开发方法有一个更加直观的认识。

本章主要内容有:

(1) 大学生职介系统开发的需求和可行性分析;

(2) 大学生职介业务流程调查和分析;

(3) 系统数据流程调查、新系统逻辑方案的确定;

(4) 系统设计与实施。

本章技术性较强,因此适用于对信息系统设计有较高要求的专业进行教学内容的消化和吸收。

12.1　总　体　规　划

作为信息系统开发的第一个阶段,总体规划是系统开发的必要准备和总部署。在这个阶段,根据用户的需求和现状,规划系统的目标范围、功能结构、开发进度、投资规模、参与人员和组织保证,制定规划和实施方案,并进行项目开发的可行性分析。总体规划的重点是确定系统目标、总体结构和子系统划分。

12.1.1　系统简述

随着大学生在学习过程中对社会实践的需求增加及为缓解家庭窘迫状况的需要,兼职活动的升温现象并非偶然。但是,校园中的各种求职、兼职工作信息的发布还停留在海报、派发广告等单一层面及被动加入的落后形式上,不仅效率不高、可信度差,而且还要付出较昂贵的中介费用,再加之校方在此方面的管理显得捉襟见肘,容易出现各种意想不到的问题。不愿掏腰包给中介机构的同学大都有较为尴尬困难的求职经历。

校园网的建设为建立信息发布提供了良好的硬件和软件平台,建立一个以校园网为依托的、专门面向大学生的职介管理系统,具有很强的现实意义和可行性。这个系统将提供兼职岗位信息的免费查询、现今最紧俏行业动态分析、兼职急聘信息及完备的职业培训服务和职场规划等针对性极强的相关互动服务。通过这个系统,大学生可以足不出户,只需轻点鼠标,就能找到度身订做的最适合自己的兼职职位。

12.1.2　可行性分析

可行性分析的任务是明确应用项目开发的必要性和可行性。必要性来自于实现开发任务的迫切性,而可行性则取决于实现应用系统的资源和条件。这项工作需建立在初步调

查的基础上,对新系统要达到的功能目标、业务范围、系统配置、开发计划、资金投入、人员要求等提出建议,论证开发新系统的必要性和可实现性、技术上的合理性、经济上的可行性等。可行性分析还应包括环境可行性、效益可行性等。最终提出可行性报告,供项目审核部门讨论批准。

12.1.3　大学生职介管理信息系统的目标

大学生职介管理信息系统的目标是:

(1) 不同对象的不同需要

大学生职介管理信息系统为招聘单位和求职学生提供双向交流的平台:为大学生提供每月约 2000 余份兼职岗位信息,为兼职招聘单位提供完备详细的求职学生个人信息。

(2) 完备的信息发布和管理功能

为大学生求职和兼职急聘信息提供完备的信息发布平台,并提供方便、快捷的管理手段。同时定期发布现今不同行业的就业动态分析,让大学生做到心中有数,有助于对整个人才供求状况有一个综合权威的把握。

(3) 具有系统维护功能

所有的数据需要长期保存,并要可靠运行,因此系统的维护功能必不可少。维护工作要求简单易行,可以方便快速完成。

(4) 规范的表格打印功能

在进行计算机信息处理的同时,还应当根据传统的表格样式提供规范的打印功能。

(5) 要注意实用性和易用性的结合

考虑到系统用户的计算机水平的参差不齐,在系统设计中要同时考虑实用性和易用性,要求界面直观易用,使用方便快捷。

12.2　系统分析

系统分析首先对企业进行详细调查,了解用户需求、业务流程,了解信息的输入、存储和输出,然后建立新系统的逻辑模型。借助数据流程图、数据字典及相关文档,编写新系统的系统分析说明书。

12.2.1　业务流程分析

通过对大学生职介管理活动的调查分析,弄清了职介管理工作的业务流程和管理功能,系统的业务流程如图 12.1 所示。

从业务流程图上分析,系统主要具有以下几项管理功能:

(1) 雇主信息发布:雇主可以通过系统发布招聘信息及有关兼职的意见和建议。

(2) 学生求职信息发布:需要兼职的大学生通过系统发布求职信息,并且可以通过系统学习求职知识,接受必要的职前培训。

(3) 职介匹配:通过雇主发布的供职信息和学生的求职信息,按照招聘条件进行匹配,为学生提供相应的兼职信息。

(4) 信息统计发布:系统定期或不定期地发布热门兼职职位排名、职介成果简报、急聘信息等,为大学生求职、雇主招聘提供参考。

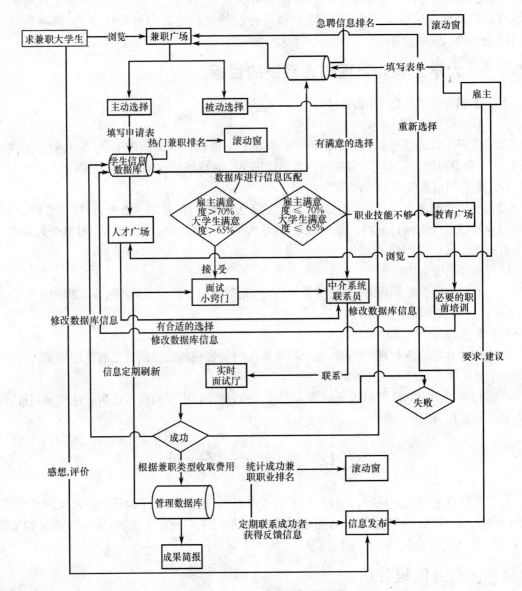

图 12.1　职介系统业务流程图

12.2.2　新系统的逻辑模型

1. 数据流程图

首先是数据的收集和对数据的分析,然后采用结构化分析方法 SA,自顶向下、逐层分解。

第一步绘制系统环境图(说明系统的外部实体及系统与这些外部实体之间的数据交换),第二步相对概括地反映出信息系统的最主要的处理功能、外部实体、数据流和数据存储等,第三步分解加工及绘制各级子图。如图 12.2、图 12.3、图 12.4、图 12.5、图 12.6 所示。

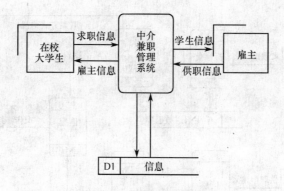

图 12.2　顶层数据流程图

第一层DFD

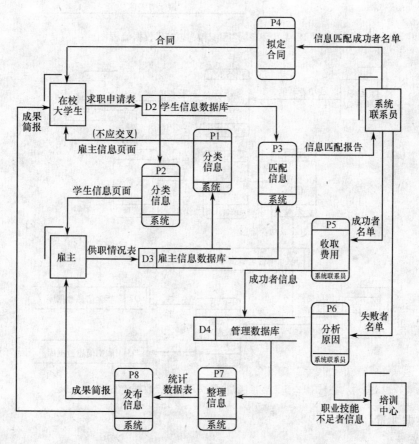

图 12.3　第一层数据流程图

2. 数据字典

数据流程图描述了系统的分解及整个系统中信息的流动、存储、变化的全过程,但是对于系统中各个成分的含义还缺乏明确的定义和描述,因此可以借助数据字典对 DFD 中的数据元素、数据流、处理逻辑、数据存储和外部实体等作出严格的定义。

下面是大学生职介管理信息系统的数据字典(由于篇幅原因,在此仅给出部分)。

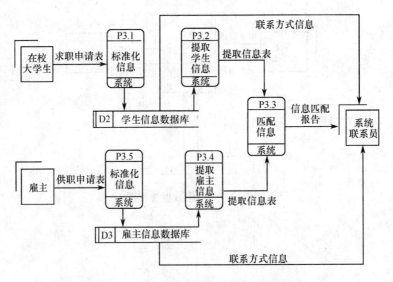

图 12.4 第二层"匹配信息功能"数据流程图

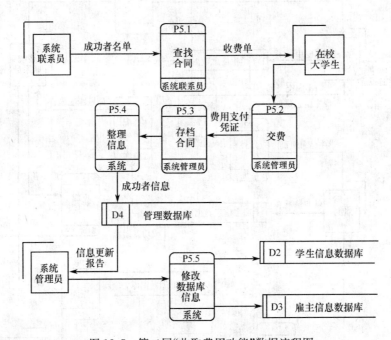

图 12.5 第二层"收取费用功能"数据流程图

(1) 数据元素
① 有关学生

数据元素条目	
名称:姓名	总编号:1—101
别名:S—name	编　号:101
说明:在校大学生姓名	
数据值类型:离散	
类型:字符	
长度:8	
有关数据结构:求职大学生求职申请表	

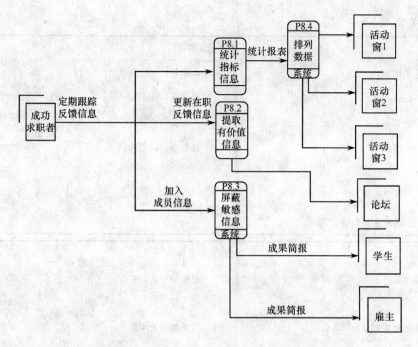

图 12.6 第二层"发布信息功能"数据流程图

数据元素条目	
名称:性别	总编号:1—102
别名:S—sex	编　号:102
说明:在校大学生性别	有关编码说明:
数据值类型:离散	男(0)女(1)
类型:字符	默认:0
长度:2	
有关数据结构:求职大学生求职申请表	

数据元素条目	
名称:年龄	总编号:1—103
别名:S—age	编　号:103
说明:在校大学生年龄	有关编码说明:
数据值类型:离散	
类型:数字	
长度:2	
有关数据结构:求职大学生求职申请表	

数据元素条目	
名称:所在学校	总编号:1—104
别名:S—school	编　号:104
说明:在校大学生所在学校	有关编码说明:
数据值类型:离散	
类型:字符	
长度:60	
有关数据结构:求职大学生求职申请表	

② 有关雇主

数据元素条目	
名称:雇主名称	总编号:1—113
别名：C—name	编　号：113
说明:雇主姓名	有关编码说明:
数据值类型:离散	姓名或公司名称:
类型:字符	
长度:8	
有关数据结构:雇主供职情况表	

数据元素条目	
名称:工作性质	总编号:1—114
别名：C—job	编　号:114
说明:雇主需要兼职职位	有关编码说明:
数据值类型:离散	
类型:字符	
长度:100	
有关数据结构:雇主供职情况表	

数据元素条目	
名称:工作时间	总编号:1—115
别名：C—time	编　号:115
说明:雇主要求工作时间	有关编码说明:
数据值类型:离散	
类型:字符	
长度:50	
有关数据结构:雇主供职情况表	

数据元素条目	
名称:薪资待遇	总编号:1—116
别名：C—pay	编　号:116
说明:雇主提供薪金	有关编码说明:
数据值类型:离散	
类型:数字	
长度:4	
有关数据结构:雇主供职情况表	

(2) 数据流和数据存储

数据存储条目

名称:学生信息数据   总编号:4—01

说明:求职大学生求职申请表内容   编　号:D2
　　　学生登录后应填写的个人基本情况及要求

结构:

姓名 *

性别 *

年龄

专业 * ⎫
　　　⎬ 学生个人基本情况
年级 ⎪

所在学校

联系方式 * ⎭

职业选择 * ⎫
　　　　 ⎬ 对职业的要求
薪金底线 ⎪

时间空档 * ⎭

身高

口才 ⎫
　　 ⎬ 此项目由网站人员面试学生后填写
形象 ⎪

备注 ⎭

有关的数据流:
　　在校大学生→D2
　　D2→P2
　　D2→P3

信息量:
　　1000 条/天

有无立即查询:有

数据流条目

名称:雇主信息   总编号:3—03

简要说明:向在校的求兼职大学生提供雇主的信息   编　号:003

数据流来源:雇主信息数据库

数据流去向:在校大学生

包含的数据流结构:

雇主基本情况

雇主名称

工作时间

工作性质

工作地点

薪资报酬

其他要求

专业

年级

所在学校

性别

口才

形象

(3) 处理逻辑

处理逻辑条目

名称:分类信息   总编号:5—001

说明:将雇主相关信息传给需要兼职的在校大学生   编　号:P1

输入:D3→P1

输出:P1→在校大学生

处理:从雇主信息库将相关可公开信息发送到大学生查询的页面

处理逻辑条目

名称:分类信息   总编号:5—002

说明:将求职在校大学生信息传给有需求的雇主   编　号:P2

输入:D2→P2

输出:P2→雇主

处理:从大学生信息库将相关可公开信息发送到雇主查询的页面

处理逻辑条目

名称:拟订合同   总编号:5—004

说明:需要兼职的大学生与系统联系员拟订合同   编　号:P4

输入:系统联系员→P4

输出:P4→在校大学生

处理:系统联系员通过匹配后的信息联系相关的大学生,并与之签订合同并存档

处理逻辑条目

名称:分析原因   总编号:5—006

说明:对未达成合同的事例原因进行分析   编　号:P6

输入:系统联系员→P6

输出:P6→培训中心

处理:对未成功的匹配进行失败分析,将分析结果告知大学生,并建议其到相关的培训中心学习

处理逻辑条目

名称:整理信息   总编号:5—007

说明:即时对信息进行整理   编　号:P7

输入:D4→P7

输出:P7→P8

处理:系统从管理数据库提取成功者的信息进行整理后发布

12.3　系　统　设　计

系统设计的主要任务是:系统模块结构的设计、硬/软件平台的选型、数据库和数据文件设计、代码设计、I/O设计、模块接口设计等。

12.3.1　系统开发平台的选择

系统采用C/S的体系结构。Client(客户端)负责显示用户界面信息和访问数据库;Server(服务器端)则用于提供数据服务。

(1) 硬件配置

机架式服务器:PⅢ 1GB(双CPU)/256MB内存/36.4GB SCSI硬盘/10/100M自适应网卡/1U高度。

(2) 软件配置

网络操作系统:Windows 2000;数据库服务器:Microsoft SQL Server 2000;客户机平台:Windows 95/98/NT/2000;前端开发工具:Visual Basic。

12.3.2 功能设计

1. 功能模块的设计思路

系统采用基于角色的权限控制策略：对于不同操作级别的人，看到的界面及操作都是不同的。例如，超级管理员能够浏览所有的界面信息，可以进行所有的操作；而对于注册客户级别的用户，在浏览信息的基础上，只能进行部分的操作。

对于求职者（注册客户级别的操作员），本系统提供两种求职途径：第一，根据自己的意愿，利用客户管理模块——浏览职介信息选项中的查询功能，进行模糊匹配，查看系统数据库所存数据中是否有与自己意愿相一致的工作信息；第二，求职者可根据数据窗口中的供职信息选择自己想要申请的工作。

对于供职者，本系统提供录入信息窗口。若加入信息为新公司的信息，则要将新公司的信息插入公司表中；若是数据库中已有的公司，则直接进行相应的操作。

对于一般级别的客户，系统操作员通过职员管理模块——客户信息管理选项的操作来实现个人信息的录入，使之成为具有操作本系统扩展功能注册客户级别的用户。采用交互式方式的信息管理思想，高效录入、查询和修改。

2. 功能模块的阐述

(1) 客户管理模块

浏览职介信息选项，设有查询条件、查询结果、最新工作 TOP10、最有人气工作 TOP10 四个板块。其中对工作编号、工作公司、工作时间、工作名称、工作分类、薪金、工作地域的查询条件的选择设置，逐层或直接筛选，筛选结果显示在查询结果数据窗口中。

客户信息管理选项，设有工作预定一览、客户信息、申请信息一览 3 个板块。对于已经注册成功的用户可显示用户信息，单击预定信息弹出工作详细信息，有权申请此工作。如图 12.7所示。

图 12.7　"客户信息管理"界面

工作预定选项,设有预定信息和数据信息两个板块。客户可在预定信息中填写申请编号、客户编号、工作类型、具体工作类型、工作公司、工作时间、工薪要求、工薪数额、工作地点、具体地点等信息,进行工作预定、保存。在数据信息窗口中显示出预定的工作信息。如图 12.8 所示。

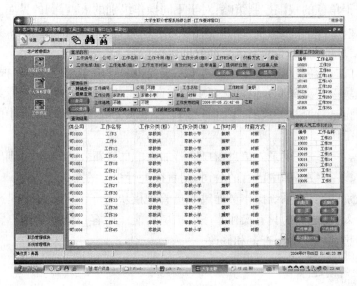

图 12.8 "工作预定"界面

(2) 职员管理模块

职介信息管理选项,设有信息输入、信息管理、公司信息 3 个模块。如图 12.9 所示。

图 12.9 "职介信息管理"界面

客户信息管理选项,设有用户区、用户基本信息两个板块。用户区部分信息包括用户 ID、用户权限、姓名、性别、出生年月、身份证号、住址、电话、手机及电子邮箱等信息。如图 12.10 所示。

图 12.10 "客户信息管理"界面

工作授予管理选项,设有查询板块和申请信息数据显示窗口。在查询板块中,职员可根据两种方式查询申请信息,决定是否授予工作。

(3) 系统管理模块

系统管理模块主要负责系统的维护:用户备份和恢复系统数据,报表格式的设置和变动,系统管理员的设置与管理,等等。

12.3.3 数据存储设计

1. E-R 图

经过对系统的分析,绘制了系统的 E-R 图,如图 12.11 所示。

2. 数据库设计

本系统数据库涉及的表共 10 个,分别为:

t_company:用于存放供职者信息。

t_custom_basic:用于存放求职者信息。

t_employ_basic:用于存放系统操作员的信息。

t_job:用于存放工作的相关信息。

t_job_apply:用于存放工作申请的相关信息。

t_job_order:用于存放工作预定的相关信息。

t_region:用于存放工作地域的信息。

t_paytype:用于存放付薪方式及薪金的信息。

t_job_daytype:用于存放工作时间的信息。

t_job_type:用于存放工作分类的信息。

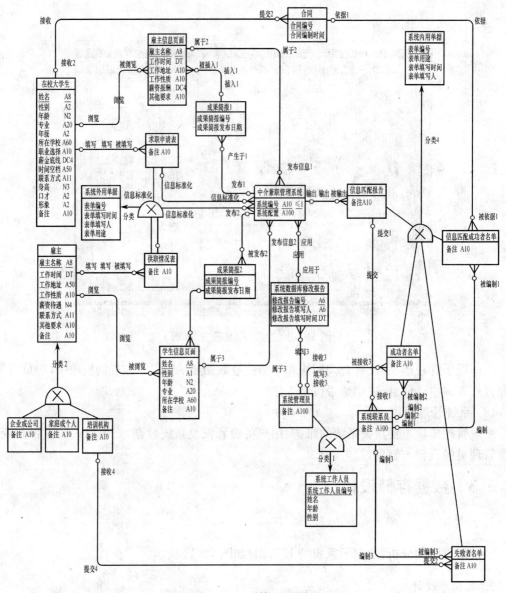

图 12.11 系统 E-R 图

（1）t_company 供职者信息表

字 段 名	类 型	长 度	字段含义	备 注
Company_ID	varchar	10	公司编号	not null PK
Company_password	varchar	10	公司密码	允许为空
Company_name	varchar	30	公司名称	允许为空
Company_linkman	varchar	8	联系人	允许为空
Company_address	varchar	50	地址	允许为空
Company_phone	char	11	电话	允许为空
Company_mobilephone	char	11	手机	允许为空
Company_email	char	30	电子邮件	允许为空
Company_authority	int	4	权限	允许为空

（2）t_custom_basic 求职者信息表

字 段 名	类 型	长 度	字 段 含 义	备 注
Custom_ID	varchar	10	用户编码	not null PK
Custom_password	varchar	10	用户密码	允许为空
Custom_name	varchar	8	姓名	允许为空
Custom_PIN	varchar	18	身份证号	允许为空
Custom_sex	char	1	性别	允许为空
Custom_birthday	char	8	出生年月	允许为空
Custom_address	varchar	50	地址	允许为空
Custom_phone	char	11	电话	允许为空
Custom_mobilephone	char	11	手机	允许为空
Custom_email	varchar	30	电子邮件	允许为空
Custom_authority	int	4	权限	允许为空

（3）t_emply_basic 操作员基本信息表

字 段 名	类 型	长 度	字 段 含 义	备 注
emply_ID	varchar	10	操作员编码	not null PK
emply_password	varchar	10	操作员密码	允许为空
emply_name	varchar	8	姓名	允许为空
emply_PIN	varchar	18	身份证号	允许为空
emply_sex	char	1	性别	not null 0：女 1：男
emply_birthday	char	8	出生年月	允许为空
emply_address	varchar	50	地址	允许为空
emply_phone	char	11	电话	允许为空
emply_mobilephone	char	11	手机	允许为空
emply_email	varchar	30	电子邮件	允许为空
emply_authority	int	4	权限	允许为空

（4）t_job 工作信息表

字 段 名	类 型	长 度	字 段 含 义	备 注
job_ID	varchar	10	工作编码	not null PK
Company_ID	varchar	10	公司编码	允许为空
job_name	varchar	20	工作名称	允许为空
job_Typegeneral	char	4	工作分类（大）	允许为空
job_Typedetail	char	4	工作分类（小）	允许为空
job_description	varchar	1000	工作说明	允许为空
job_Daytype	char	1	工作时间	允许为空
job_paytype	char	2	付薪方式	允许为空
job_pay	int	4	薪金	允许为空
job_RegionGeneral	char	6	工作地点（粗）	允许为空
job_RegionDetail	char	6	工作地点（细）	允许为空
job_Publishtime	datetime	8	发布时间	允许为空
job_endtime	datetime	8	有效时间	允许为空
View_authority	int	4	浏览权限	允许为空
View_total	int	4	总申请量	允许为空
Job_total	int	4	提供职位数	允许为空
Job_current	int	4	已招募人数	允许为空

(5) t_job_apply 工作申请的相关信息表

字 段 名	类 型	长 度	字 段 含 义	备 注
Apply_ID	varchar	10	申请编号	not null PK
Custom_ID	varchar	10	用户编码	允许为空
job_Typegeneral	char	4	工作类型	允许为空
job_Typedetail	char	4	具体类型	允许为空
Job_company	varchar	10	工作公司	允许为空
Job_keyword	varchar	100	关键字	允许为空
Job_Daytype	char	1	工作时间	允许为空
Job_paytype	char	1	付薪方式	允许为空
job_pay	int	4	薪金	允许为空
job_RegionGeneral	char	6	工作地点(粗)	允许为空
job_RegionDetail	char	6	工作地点(细)	允许为空

(6) t_job_order 工作预定信息表

字 段 名	类 型	长 度	字 段 含 义	备 注
Custom_ID	varchar	10	用户编码	not null PK
job_ID	varchar	10	工作编码	not null PK
isSuccess	char	1	是否成功	允许为空

(7) t_job_region 工作地域信息表

字 段 名	类 型	长 度	字 段 含 义	备 注
region_ID	char	6	地点编码	not null PK
region_Name	varchar	20	地点名称	允许为空

说明:对于工作地域的编码可以沿用现有的邮政编码体系。

(8) t_paytype 付薪方式及薪金的信息表

字 段 名	类 型	长 度	字 段 含 义	备 注
payType_ID	char	2	付薪方式编码	Not null PK
payType_Name	varchar	20	付薪方式名称	允许为空

说明:具体付薪方式的编码及其含义见"代码设计"部分。

(9) t_job_daytype 工作时间的信息表

字 段 名	类 型	长 度	字 段 含 义	备 注
dayType_ID	char	1	日期编号	允许为空
dayType_Name	varchar	10	日期名称	允许为空

(10) t_job_type 工作分类信息表

字 段 名	类 型	长 度	字 段 含 义	备 注
Type_ID	char	4	类型编码	not null PK
Type_Name	varchar	20	类型名称	允许为空

12.3.4 代码设计

代码是代表客观存在的实体或属性的符号,代码设计的任务就是设计出一整套供管理信息系统开发和运行所需要的代码系统。代码设计的基本原则是:代码要具有唯一性、标准性、通用性、可扩充性、稳定性和结构尽量简单等特点。综合考虑以上要求及系统的需要,我们设计了如下代码体系。

（1）工作地域信息编码

对于工作地域的编码，考虑到系统应用范围的扩展和代码的通用性，我们借用邮政编码作为编码体系。

邮政编码全都是6位数，每一个地方的邮政编码都不一样。邮政编码的前两位代表省份或直辖市。第三、四位代表地、市、州。第五、六位代表县、镇或者一个居住的小区。

（2）付薪方式编码

考虑到付薪方式的特点，本系统中采用顺序码的编码方式，其具体含义如下：

00	面议
01	时薪
02	日薪
03	周薪
04	月薪
05	年薪
11	时薪＋提成
12	日薪＋提成
13	周薪＋提成
14	月薪＋提成
15	年薪＋提成

（3）工作时间方式编码

工作时间方式采用顺序码的编码方式，其具体含义如下：

0	未知
1	兼职
2	全职
3	兼职或全职

12.4 系 统 实 施

系统的实施是新系统付诸实现的阶段，本阶段根据前面对系统所做的分析、设计，完成系统环境的实施、程序设计、系统调试和系统转换4大任务，最后把一个可以实际运行的系统交付给用户。本阶段需要大量的人力、物力，占用时间也较长，必须在用户的支持下，做好系统实施的组织工作，在系统转换期间，还要进行人员的培训，安排好新旧系统的顺利过渡。

下面仅仅列出部分程序功能及其相关说明，有关程序代码由于篇幅的关系在此没有列出。系统的源文件 src 目录下有：job. pbw，job. pbt，job. pbl，custom. pbl，employ. pbl，common. pbl 等。下面分别予以说明。

12.4.1 系统菜单说明

如图 12.12 所示。

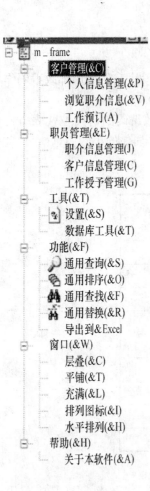

系统主菜单和各个级联菜单如左图所示。

1. 客户管理所在 PBL　custom. pbl
   - 个人信息管理　w_custom_manage
   - 浏览职介信息　w_job_info
   - 工作预订　w_job_apply
2. 职员管理　所在 PBL　employ. pbl
   - 职介信息管理　w_ employ_jobmanage
   - 客户信息管理　w_ employ _custommanage
   - 工作授予管理　w_employ_jobgiven
3. 工具　所在 PBL　job. pbl & common
   - 设置　w_ setting
   - 数据库工具　w_dbtool
4. 功能　所在 PBL　common. pbl
   - 通用查询　w_ search
   - 通用排序　w_ sort
   - 通用查找　w_ find
   - 通用替换　w_ replace
   - 导出到 Excel　w_dwtoexcel
5. 窗口
   - 层叠
   - 平铺
   - 充满
   - 排列图标
   - 水平排列
6. 帮助　所在 PBL　job. pbl
   - 关于本软件　w_ about

图 12.12　系统功能菜单及其说明

12.4.2　主要窗口介绍

(1) 客户管理窗口介绍

功能窗口	程　　序	功能说明
个人信息管理	w_custom_manage	主要实现对客户信息的管理
浏览职介信息	w_job_info	主要实现客户对职介信息的浏览
工作预订	w_job_apply	主要实现客户对期望职介信息的预订

(2) 职员管理窗口介绍

功能窗口	程　　序	功能说明
职介信息管理	w_employ_jobmanage	主要实现职员对职介信息的管理
客户信息管理	w_employ_custommanage	主要实现职员对客户信息的管理
工作授予管理	w_employ_jobgiven	主要实现职员对客户申请的管理

(3) 公用窗口介绍

功能窗口	程　　序	功能说明
通用查询	w_ search	提供一种通用查询功能,满足职员对系统自带查询功能不足的要求而设
通用排序	w_ sort	提供一种通用排序功能,满足职员对系统自带排序功能不足的要求而设
通用查找	w_ find	提供一种通用查找功能,满足职员对系统自带查找功能不足的要求而设
通用替换	w_ replace	提供一种通用替换功能,满足职员对系统自带替换功能不足的要求而设
导出到 Excel	w_dwtoexcel	提供一种通用导出到 Excel 的功能

参 考 文 献

[1] 薛华成. 管理信息系统(第三版). 北京:清华大学出版社,1999.

[2] 黄梯云. 管理信息系统(修订版). 北京:高等教育出版社,2000.

[3] 陈晓红. 管理信息系统教程. 北京:清华大学出版社,2003.

[4] 李东. 管理信息系统理论与应用. 北京:北京大学出版社,2001.

[5] 张国锋. 管理信息系统. 北京:机械工业出版社,2001.

[6] 甘仞初. 管理信息系统. 北京:机械工业出版社,2001.

[7] Reaph M. Stair,George W. Reynolds. 信息系统原理. 北京:机械工业出版社,2000.

[8] 周玉清等. ERP 原理与应用. 北京:机械工业出版社,2002.

[9] 高洪深. 决策支持系统(DSS)——理论、方法、案例. 北京:清华大学出版社,1996.

[10] 陈国青等. 信息系统的组织·管理·建模. 北京:清华大学出版社,2002.

[11] 高阳. 计算机网络原理与实用技术. 长沙:中南工业大学出版社,1998.

[12] 左美云等. 信息系统的开发与管理教程. 北京:清华大学出版社,2001.

[13] 斯蒂芬·哈格等. 信息时代的管理信息系统. 北京:机械工业出版社,2000.

[14] 陈佳. 信息系统开发方法教程. 北京:清华大学出版社,1998.

[15] 马丁·威尔逊. 信息时代——运用信息技术的成功管理. 北京:经济管理出版社,2000.

[16] 琳达. M. 阿普盖特等. 公司信息系统管理——信息时代的管理挑战. 大连:东北财经
大学出版社,2000.

[17] 岳剑波. 信息管理基础. 北京:清华大学出版社,1999.

[18] 高纯. 信息化与政府信息资源管理. 北京:中国计划出版社,2001.

[19] 王士同. 人工智能教程. 北京:电子工业出版社,2001.

[20] 小詹姆斯. I. 卡什等. 创建信息时代的组织. 大连:东北财经大学出版社,2000.

[21] 李师贤等. 面向对象程序设计基础. 北京:高等教育出版社,1998.

[22] 陈晓红. 工商管理案例集. 长沙:湖南人民出版社,2000.

[23] 中国软件行业协会人工智能协会. 人工智能辞典. 北京:人民邮电出版社,1992.

[24] 陈晓红. 电子商务实现技术. 北京:清华大学出版社,2001.

[25] Gary P. Schneider,James T. Perry. 电子商务. 北京:机械工业出版社,2000.

[26] 方美琪. 电子商务概论. 北京:清华大学出版社,2000.

[27] 陈晓红. 决策支持系统理论与应用. 北京:清华大学出版社,2000.

[28] 姜同强. 计算机信息系统开发——理论、方法与实践. 北京:科学出版社,1999.

[29] 罗超理等. 管理信息系统原理与应用. 北京:清华大学出版社,2002.

[30] 李劲东等. 管理信息系统原理. 成都:电子科技大学出版社,2003.

[31] 王要武. 管理信息系统. 北京:电子工业出版社,2003.

[32] 苏选良. 管理信息系统. 北京:电子工业出版社,2003.

[33] Kenneth C. Laudon. Information Systems and the Internet. 北京:机械工业出版
社,1999.

[34] Robert A. Schultheis. Management Information Systems. 北京:机械工业出版
社,1998.

[35] 严建援. 管理信息系统. 太原：山西经济出版社，1999.

[36] Kenneth C. Laudon，Jaudon P. Laudon. 葛新权，孙志恒，王斌，王慧译. 管理信息系统精要. 北京：经济科学出版社，2002.

[37] 潘惠明. 信息化工程原理与应用. 北京：清华大学出版社，2004.

[38] 张维明，肖卫东，杨强. 信息系统工程. 北京：电子工业出版社，2003.

[39] 吴琮璠，谢清佳. 管理信息系统. 上海：复旦大学出版社，2003.

[40] 闪四清. 管理信息系统教程. 北京：清华大学出版社，2003.

[41] 纪燕萍，王亚慧，李小鹏. 中外项目管理案例. 北京：人民邮电出版社，2002.

[42] ［美］小塞廖尔．J．曼特尔等著．林树岚等译. 项目管理实践. 北京：电子工业出版社，2002.

[43] ［美］凯西·施瓦贝尔著．王金玉等译. IT 项目管理. 北京：机械工业出版社，2003.

[44] ［美］米尔顿·罗西瑙著．苏芳译. 成功的项目管理. 北京：清华大学出版社，2004.

[45] 左美云. 企业信息管理. 北京：中国物价出版社，2002.

[46] ［美］詹姆斯·刘易斯著．赤向东译. 项目计划进度与控制. 北京：清华大学出版社，2002.

[47] ［美］Kathy. Schwalbe. Information Technology Project Management. 北京：机械工业出版社，2003.

[48] 袁慧，孙志茹. 网络环境下企业管理信息系统的发展方向. 情报科学，2001(3).

[49] 胡彬．陈湘玲. 论网络环境下的企业管理信息系统．情报理论与实践，2002(2).

[50] 陈延寿. 信息道德若干问题的探讨. 情报杂志. 2004(2).

[51] 马费成，李纲，查先进. 信息资源管理. 武汉：武汉大学出版社．2001.

[52] 董东，李铁楠. 组件技术在 Web 开发中的应用．河北师范大学学报（自然科学版），2002(2).

[53] 孙志恒. 企业信息系统的安全与控制. 机械工业学院学报，2003(1).

[54] 尹春华，顾培亮．决策支持系统研究现状及发展趋势[J]. 决策借鉴，2002(2).

[55] 刘从新．决策支持系统在现代企业管理中的作用[J]. 中外管理导报，2002(1)．

[56] 邬永欣．数据仓库的概念和发展方向．深圳大学学报（理工版），1997，14(2～3).

[57] 江兵，夏辉，刘洪．企业信息技术外包的策略分析．管理工程学报，2002(2).

[58] Earl, Michael J. The risks of IT outsourcing［J］. *Sloan Management Review*，1996 Spring. 37：26～32.

[59] 王苗．商务智能是什么、不是什么？ http：// www. chinabi. net.

[60] www. e-works. net. cn.

[61] 陈启申. ERP——从内部集成起步. 2 版. 北京：电子工业出版社，2005.

[62] Kenneth C. Laudon，Jaudon P. Laudon. 管理信息系统精要. 葛新权，孙志恒，王斌，王慧译. 北京：经济科学出版社，2002.

[63] 潘惠明. 信息化工程原理与应用. 北京：清华大学出版社，2004.